涡轮机械与推进系统出版项目

航空发动机技术出版工程

航空动力系统整机
多学科设计优化

尹泽勇　米栋　等　著

科 学 出 版 社

北 京

内 容 简 介

本书简要介绍多学科设计优化的代理模型、优化策略及优化方法,建立基于多学科设计优化技术的航空动力系统整机多学科设计优化方法,针对涡轴发动机整机、涡扇发动机整机、涡喷发动机整机及直升机传动系统主减速器主传动链等多学科设计优化工作,较详细地叙述方法的构成、执行的步骤及应用的效果。

本书可供航空动力系统及燃气轮机专业的工程技术人员参考,也可作为高等院校航空动力系统等专业多学科设计优化课程的辅助教材。

图书在版编目(CIP)数据

航空动力系统整机多学科设计优化 / 尹泽勇,米栋等著. —北京:科学出版社,2022.11
(航空发动机技术出版工程)
国家出版基金项目 涡轮机械与推进系统出版项目
ISBN 978 - 7 - 03 - 073584 - 3

Ⅰ.①航… Ⅱ.①尹… Ⅲ.①航空—动力系统—系统设计—研究 Ⅳ.①V228

中国版本图书馆 CIP 数据核字(2022)第 202170 号

责任编辑:徐杨峰 / 责任校对:谭宏宇
责任印制:黄晓鸣 / 封面设计:殷 靓

科学出版社 出版
北京东黄城根北街 16 号
邮政编码:100717
http://www.sciencep.com

南京展望文化发展有限公司排版
广东虎彩云印刷有限公司印刷
科学出版社发行 各地新华书店经销
*
2022 年 11 月第 一 版 开本:B5(720×1000)
2025 年 2 月第五次印刷 印张:19 1/4
字数:374 000
定价:150.00 元
(如有印装质量问题,我社负责调换)

涡轮机械与推进系统出版项目
顾问委员会

航空发动机技术出版工程
专家委员会

航空发动机技术出版工程
编写委员会

航空发动机技术出版工程
设计系列
编写委员会

涡轮机械与推进系统出版项目
序

涡轮机械与推进系统涉及航空发动机、航天推进系统、燃气轮机等高端装备。其中每一种装备技术的突破都令国人激动、振奋，但是由于技术上的鸿沟，使得国人一直为之魂牵梦绕。对于所有从事该领域的工作者，如何跨越技术鸿沟，这是历史赋予的使命和挑战。

动力系统作为航空、航天、舰船和能源工业的"心脏"，是一个国家科技、工业和国防实力的重要标志。我国也从最初的跟随仿制，向着独立设计制造发展。其中有些技术已与国外先进水平相当，但由于受到基础研究和条件等种种限制，在某些领域与世界先进水平仍有一定的差距。在此背景下，出版一套反映国际先进水平、体现国内最新研究成果的丛书，既切合国家发展战略，又有益于我国涡轮机械与推进系统基础研究和学术水平的提升。"涡轮机械与推进系统出版项目"主要涉及航空发动机、航天推进系统、燃气轮机以及相应的基础研究。图书种类分为专著、译著、教材和工具书等，内容包括领域内专家目前所应用的理论方法和取得的技术成果，也包括来自一线设计人员的实践成果。

"涡轮机械与推进系统出版项目"分为四个方向：航空发动机技术、航天推进技术、燃气轮机技术和基础研究。出版项目分别由科学出版社和浙江大学出版社出版。

出版项目凝结了国内外该领域科研与教学人员的智慧和成果，具有较强的系统性、实用性、前沿性，既可作为实际工作的指导用书，也可作为相关专业人员的参考用书。希望出版项目能够促进该领域的人才培养和技术发展，特别是为航空发动机及燃气轮机的研究提供借鉴。

张彦仲

2019 年 3 月

航空发动机技术出版工程

序

　　航空发动机被誉称为工业皇冠之明珠,实乃科技强国之重器。

　　几十年来,我国航空发动机技术、产品及产业经历了从无到有、从小到大的艰难发展历程,取得了显著成绩。在世界新一轮科技革命、产业变革同我国转变发展方式的历史交汇期,国家决策进一步大力加强航空发动机事业发展,产学研用各界无不为之振奋。

　　迄今,科学出版社于 2019 年、2024 年两次申请国家出版基金,安排了"航空发动机技术出版工程",确为明智之举。

　　本出版工程旨在总结、推广近期及之前工作中工程、科研、教学的优秀成果,侧重于满足航空发动机工程技术人员的需求,尤其是从学生到工程师过渡阶段的需求,借此也为扩大我国航空发动机卓越工程师队伍略尽绵力。本出版工程包括设计、试验、基础与综合、前沿技术、制造、运营及服务保障六个系列,2019 年启动的前三个系列近五十册任务已完成;后三个系列近三十册任务则于 2024 年启动。对于本出版工程,各级领导十分关注,专家委员会不时指导,编委会成员尽心尽力,出版社诸君敬业把关,各位作者更是日无暇暑、研教著述。同道中人共同努力,方使本出版工程得以顺利开展、如期完成。

　　希望本出版工程对我国航空发动机自主创新发展有所裨益。受能力及时间所限,当有疏误,恭请斧正。

2024 年 10 月修订

前　言

　　本书所指航空动力系统主要包括涡喷、涡轴、涡扇等各类航空发动机,以及直升机、螺旋桨飞机的动力传输系统。它们都是十分复杂的高技术工程系统,其设计涉及热力、气动、燃烧、结构、强度、寿命等许多学科,且这些学科间存在着高度非线性时变耦合关系。多学科设计优化(multidisciplinary design optimization,MDO)是一种通过充分探索并利用复杂工程系统中各学科间相互作用的协调机制来设计复杂系统和子系统的方法。它在设计过程中充分考虑系统中所涉及的各学科间的耦合作用,合理平衡各学科要求间的冲突,利用多学科设计优化策略与优化搜索算法寻求系统最优解,从而提高产品综合性能、缩短研制周期并减少全寿命周期成本。

　　中国航空发动机集团有限公司(简称中国航发)湖南动力机械研究所是国内最早从事航空动力系统 MDO 技术研究与应用的单位之一。本书作者所在团队于20 世纪 90 年代末开始研判 MDO 技术的发展动向,2000 年着手航空发动机 MDO关键技术的研究与工程应用工作。遵循由易到难、由简单到复杂的原则,分多个阶段各有侧重地对 MDO 的一些关键技术开展研究、开发及应用工作。2015 年出版并于 2016 年获得第六届中华优秀出版物(图书)奖的《航空发动机多学科设计优化》一书,对前期工作进行了阶段总结。

　　近年来,团队成员及其工作范围均有所扩大,在高精度代理模型、高效优化策略、先进智能优化方法等关键技术方面开展了进一步的工作。另外,发动机整机多学科设计优化包括对总体方案、压气机、燃烧室及涡轮等系统的优化,其优化规模十分庞大,耦合关系非常复杂,学科要求尖锐冲突,能否有效进行整机多学科设计优化是衡量 MDO 技术水平高低的主要标志之一。因此,团队成员努力针对涡轴发动机整机、涡扇发动机整机、涡喷发动机整机、直升机传动系统主减速器主传动链等进行了多学科设计优化研究、应用及验证。本书是对近年来这些工作的一个总结。

　　本书共 10 章。第 1 章概要介绍 MDO 的内涵及近期的发展、本团队之前所开展的航空发动机及直升机传动系统 MDO 研究工作,以及航空动力系统整机多学科设计优化的工作内容及特点。第 2~4 章内容大多简略引自相关文献。第 2 章简要叙述代替"真实"物理分析模型以大幅减少各学科分析时间的高精度代理模型近似技术。第

3 章简要叙述 MDO 常用的单级及多级优化策略。第 4 章简要叙述多目标优化问题、几种传统优化方法以及几种智能优化方法。第 5~10 章是本书重点,分别结合涡轴发动机整机、简化及完整涡扇发动机整机、涡喷发动机整机、直升机传动系统主减速器主传动链多学科设计优化,较详细地叙述本团队所建立的 MDO 方法、具体执行步骤以及应用的效果。其中,第 5 章叙述如何利用基于本征正交分解的二级系统综合方法处理涡轴发动机多学科设计优化问题。第 6、7 章叙述如何利用嵌套或独立协作优化方法及几种多目标优化方法处理涡扇发动机整机多学科设计优化问题。第 8 章叙述涡喷发动机兼顾最大转速状态与巡航状态性能的整机多学科设计优化,优化前后压气机部件对比试验验证,以及分别安装优化前后压气机部件的整机对比试验验证。第 9 章叙述如何利用多目标优化方法处理直升机传动系统主减速器主传动链多学科设计优化问题。第 10 章对另一直升机传动系统主减速器主传动链进行了多学科设计优化,与第 9 章最大的区别是,物理建模中使用了分析精度更高的热弹流润滑分析方法以及结构强度有限元法,使得最终的优化效果更好,另外二者采用的优化策略也不一样。

本书第 1~3 章由中国航空发动机研究院尹泽勇、中国航发湖南动力机械研究所米栋执笔,第 4 章由厦门大学曾念寅、尹泽勇执笔,第 5 章由中国航发湖南动力机械研究所张立章、刘思凡执笔,第 6 章由厦门大学闫成、中国航发湖南动力机械研究所郑岩冰执笔,第 7 章由中国航发商用航空发动机有限责任公司(简称中国航发商发)罗钜、中国航发湖南动力机械研究所罗丰执笔,第 8 章由米栋、张立章执笔,第 9 章由张立章、中国航发湖南动力机械研究所吴沛执笔,第 10 章由中国航发湖南动力机械研究所钱正明、文长龙、黄山执笔。全书由尹泽勇统稿。

中国航发湖南动力机械研究所蔡显新博士、黄兴博士、张绍文博士,中国航发商发邱超研究员、郭福水博士,西北工业大学李磊教授,大连理工大学徐胜利教授等提供了技术资料;西北工业大学岳珠峰教授、北京航空航天大学申秀丽研究员、大连理工大学王博教授等提出了审查意见,中国航空发动机研究院李敏高级工程师、中国航发湖南动力机械研究所罗鹏博士等帮助进行书稿准备。在此一并致谢。

航空动力系统多学科设计优化技术是一门极具潜力的方向性新兴技术,必将变革航空动力系统设计乃至研发工作。唯愿本书的出版能为包含航空动力系统整机多学科设计优化在内的航空动力系统多学科设计优化工作的发展及应用再起到一定的推动作用。

由于作者水平有限,书中疏漏在所难免,恳请读者批评指正。

2022 年 6 月

目　录

第3章　MDO 策略

第4章　传统及智能多目标优化方法

第 5 章　涡轴发动机整机多学科设计优化

第 6 章　涡扇发动机简化的整机多学科设计优化

第7章　涡扇发动机整机多学科设计优化

第8章　涡喷发动机整机多学科设计优化及试验验证

第9章　直升机传动系统主减速器主传动链多学科设计优化

第10章　考虑热弹流润滑的直升机传动系统主减速器主传动链多学科设计优化

第1章
绪　论

1.1　MDO 的内涵、发展及应用

1.1.1　MDO 的内涵及发展

在工程设计中,可以采用设计优化方法将工程设计问题转化为最优化问题。该方法利用数学规划法或其他方法,借助计算机的运算能力和逻辑判断能力,从满足设计要求的可行方案中,按照预定的目标自动寻找最优设计方案。用数学语言来表达,即为寻求含某些变量的函数在一定条件下的极值(极大值或极小值)问题。这里所要考虑的变量相当于所要选择方案的参数,在工程设计中称为设计变量;需优化的变量函数称为目标函数;关于变量所要满足的条件及其他规定条件称为约束条件;求出的变量的解称为最优解,对应的函数极值相当于优化目标。

结构优化是设计优化方法最早的工程应用领域之一,应力约束下的结构轻量化设计及降应力设计是早期结构优化的研究重点。多学科设计优化在结构优化的基础上发展而来。对于航空航天这类多学科耦合的复杂系统,其整体性能不仅由各个单独学科中的性能决定,而且与各学科的相互作用有关。然而,采用传统的设计方法不能充分考虑学科间的相互作用,从而导致对系统的描述不够准确。为解决传统设计方法的局限问题,美国国家航空航天局(National Aeronautics and Space Administration,NASA)兰利研究中心的高级研究员 Sobieszczanski-Sobieski 提出了多学科设计优化方法,以解决这类复杂耦合系统的设计问题。

MDO 充分考虑各学科耦合和协同作用,采取有效的优化策略来寻求最优解,从而提高产品质量,缩短研制周期。自提出以来,它已经历了几十年的发展。伴随着先进计算机设计工具的使用以及优化方法在航空工业及其他领域的应用,MDO 在理论、算法、软件框架及应用等方面取得了长足的进步。在 MDO 提出的初期阶段,研究主要聚焦于 MDO 的理论基础,如设计问题的 MDO 建模、优化方法、灵敏度分析等。此后,对 MDO 的研究扩展到更多领域,如数学、计算科学等,而且 MDO 的应用领域也变得更加宽广。近年来,对 MDO 的研究除了更深入地研究数学列式和优化方法等理论,代理模型、多目标优化以及不确定性优化等也获得了人们越来越

多的关注。目前,MDO 的应用不再局限于传统的工程设计学科,已经包含更多的复杂学科,在诸如经济、环境保护等学科中也日益受到重视。

自提出以来,MDO 研究得到了诸多国家政府部门、工业界和学术机构的大力支持,其典型发展历程如图 1.1 所示。

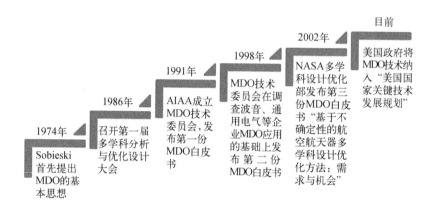

图 1.1　MDO 发展历程

1974 年,NASA 兰利研究中心的高级研究员 Sobieszczanski-Sobieski 提出了 MDO 的基本思想,之后 MDO 广阔的工程应用前景吸引了包括航空发动机企业在内的航空航天企业的参与,并促使企业界从传统设计模式向并行化先进设计模式转化。美国航空航天学会(American Institute of Aeronautics and Astronautics, AIAA)、NASA、美国空军(United States Air Force, USAF)等于 1986 年组织了第一届多学科分析与优化设计大会,并于 1991 年成立 MDO 技术委员会(MDO Technical Committee, MDOTC),后者先后发布了第一份和第二份 MDO 白皮书。2002 年, NASA 多学科设计优化部在广泛征求工业界和学术界意见的基础上,发布了第三份 MDO 白皮书"基于不确定性的航空航天器多学科设计优化方法:需求与机会"。这份白皮书规划了他们在未来若干年内要进行的研究工作,其重点是在飞行器设计优化中考虑不确定性因素的影响。其后,美国机械工程师协会(American Society of Mechanical Engineers, ASME)也于 2013 年成立了叶轮机械 MDO 专题分会。目前,美国、欧洲等都将 MDO 技术作为研究重点,以期解决复杂系统的设计问题。

近年来,国内外对 MDO 的研究蒸蒸日上,理论方法体系愈发完善,涉及了系统分解技术、复杂学科建模技术、代理模型技术、优化策略技术、优化方法技术、灵敏度分析技术和计算框架技术等;研究范围从早期的航空航天领域逐步拓展到汽车、船舶、机械和建筑等多个领域。工业实践应用成果愈加丰硕,如 F/A-18E/F 战斗机的改进研制、A380 客机的机翼优化、GE90 涡扇发动机的改进设计和福特汽车综合性能的优化等。图 1.2 分别给出了《工程索引》(The Engineering Index, EI)和

《科学引文索引》(Science Citation Index,SCI)收录的各年份 MDO 相关文献数量。从图中可以看出,从 20 世纪 90 年代开始,MDO 得到了广大研究者的关注,相关文献整体大致呈现出增长的趋势。

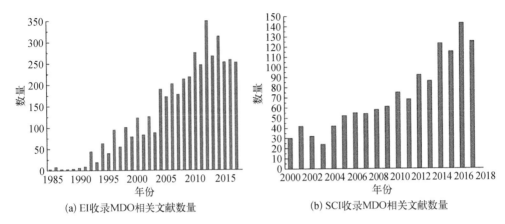

(a) EI收录MDO相关文献数量 (b) SCI收录MDO相关文献数量

图 1.2　历年 MDO 相关文献数量

1.1.2　MDO 的应用

1. MDO 在航空发动机领域的研究及应用现状

航空发动机是飞机的心脏,具有技术难度高、经费投入多、研发风险大、研制周期长等特点,其设计是一个极为复杂的系统工程,涉及热力、气动、结构、强度、振动、寿命、燃烧、传热、机械传动、控制、润滑、电气、工艺、材料、可靠性、维修性、保障性、计算机(软件工程、数据库技术、网络技术、可视化技术、虚拟现实技术)等众多学科。这些学科之间存在复杂的耦合关系,并且各学科间的性能指标存在严重冲突。如何针对上述特点设计出高综合性能、低成本的先进航空发动机是后工业化时代一个具有战略意义的高难度问题。MDO 的发展给航空发动机的设计提供了新的方法和工具,各大航空发动机公司及科研机构均投入巨大资源进行航空发动机 MDO 研究。

在零件级 MDO 方面,目前研究成果很多。普惠公司的 Martin 等建立了三维轴流气冷涡轮叶片 MDO 方法,并使用该方法对如图 1.3 所示 F100 发动机二级涡轮叶片叶栅内部冷却结构进行了多学科设计优化,选取肋条位置、扰流柱高度等 24 个参数作为设计变量,以叶片材料能承受的最高温度、应力、叶片持久寿命和马赫数等为约束,使用遗传算法进行求解。优化后,截面

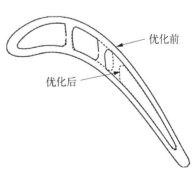

图 1.3　普惠公司气冷涡轮叶片 MDO

平均温度降低了 50℃,平均冷却效率从原始设计的 25.9% 提高到 29.7%,同时应力、寿命和马赫数分布满足要求。

罗尔斯·罗伊斯公司对如图 1.4 所示某低压导叶进行了多学科设计优化,选取了叶型造型参数、叶根倒角等 58 个参数作为设计变量,以进口马赫数、进口角、噪声和强度为约束,综合气动损失、出口角等构造气动性能目标函数,结合克里金(Kriging)和贝叶斯(Bayes)方法训练代理模型,经过 2 600 多轮优化,在强度和噪声满足要求的情况下,叶片数从 42 降低到 14,巡航状态、最大爬升状态、最大起飞状态的气动损失系数分别由 2.8%、3.7%、4.4% 降低到 2.3%、2.9%、2.8%。

俄罗斯中央航空发动机研究院对如图 1.5 所示某离心叶轮进行了多学科设计优化,选取流道参数、大小叶片造型参数等 33 个参数作为设计变量,以流量、效率、压比、强度、寿命等为约束条件,优化目标为质量最小。通过近一个月的优化工作,离心叶轮盘体厚度降低,优化后离心叶轮强度、振动及寿命满足要求,压比不变,喘振裕度提高 1.3%,级效率增加 0.07%,离心叶轮质量减少 6.2%。

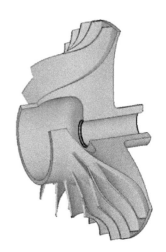

图 1.4　罗尔斯·罗伊斯公司
低压导叶 MDO

图 1.5　俄罗斯中央航空发动机
研究院离心叶轮 MDO

此外,还有许多相关研究单位也对航空动力系统零件级 MDO 开展了一系列研究。研究工作主要是以跨声速风扇叶片、对转风扇叶片、离心叶轮、涡轮叶片端壁、涡轮叶片冷却通道、涡轮实心叶片和涡轮冷却叶片等为研究对象,对诸多 MDO 关键技术进行了探讨,包括参数化建模、多学科耦合分析、优化算法、代理模型、优化策略和软件平台等。Deng 等研究了基于克里金模型的跨声速风扇叶片的优化;Joly 等考虑了气动和强度学科,开展了对转风扇的 MDO 研究;Zangeneh 等考虑了气动和强度学科,基于响应面模型对某离心叶轮进行了多个工况点的多学科设计优化;Demeulenaere 等利用遗传算法和神经网络模型,考虑了气动和强度学科,对某离心叶轮进行了优化;Yang 等对比了基于克里金模型的协作优化方法和二级集成系统综合方法,并将其应用于涡轮叶片气动-传热-结构耦合优化中;Lu 等以气动效率和冷却效率为目标,采用 NSGA-Ⅱ优化方法对涡轮气冷叶片进行了优化;Valero 等改进了传统的响应面模型,并同时将其用于涡轮叶片气动、强度优化中;Chi 等讨论了高压涡轮叶片端壁的冷却设计优化,采用遗传算法和响应面模型同时优化了气动效率和端壁温度;韩永志等引入基于克里金模型的近似技术,建立了一种三维涡轮叶片的多学科设计优化方法;虞跨海等建立了一个涉及结构、气动、传热、振动、强度和寿命等学科的涡轮冷却叶片多学科设计优化系统,进行了薄壁冷却叶片的多学科设计优化;孙杰等发展了涡轮冷却叶片热-固一体化设计优化方法,并以某航空发动机涡轮转子叶片为原型,分析了冷却孔的位置、形状、大小和数量对热应力与冷却效果的影响;杨俊杰等通过分析涡轮转子叶片的气动、传热和结构三个学科的设计过程和数据传递关系,建立了涡轮叶片的气-热-结构多学科设计优化框架;李磊等开发了涡轮动叶的设计平台,并利用该平台进行了某型冷却叶片的多学科设计优化,有效提高了该叶片的综合性能;罗磊等为改善叶片表面温度场,提高叶片气动效率,对燃气涡轮动叶进行了叶型以及冷却结构的气-热耦合优化。

相比于零件级 MDO,航空发动机部件级 MDO 规模更大,复杂程度也更高。一个部件通常包含多级转子叶片、多级静子叶片、多级轮盘、机匣、转子轴及轴承组件等结构,因此针对它优化更加困难。部件级 MDO 的研究工作主要集中在以离心式压气机、涡轮转子和涡轮级实心叶片为研究对象的 MDO 关键技术的探讨、开发和应用方面。其中,德国宇航中心通过 MDO 方法对如图 1.6 所示某型对转风扇进行优化,选取 106 个叶片造型参数作为设计变量,以两个转子叶尖的最大位移为目标函数,施加的约束条件包括效率、总压比、马赫数等气动性能指标和应力、频率等强度指标。先使用进化算法和高精度的计算流体动力学(computational fluid dynamics,CFD)/FEM 对叶片进行初步优化,之后基于初步优化数据通过训练样本点建立克里金模型,进行加速优化。经过 2 923 轮优化后,在对转风扇等熵效率保持较高水平(93.4% ~ 93.5%)的基础上,在 100%转速状态下两个转子叶尖的最大位移分别减小了 33.3%、66.7%。

国内,于明等建立了离心式压气机的多学科设计优化系统,并以总压比、等熵效率和流量为优化目标,对某离心式压气机进行设计优化;舒彪等分析了某型涡轮级叶片设计中存在的多变量优化问题的实施,并基于响应面模型初步实现了涡轮叶

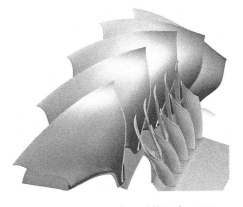

图 1.6 德国宇航中心对转风扇 MDO

片在气动设计过程中耦合流场、应力场和温度场的仿真优化计算；王荣桥等采用代理模型代替精确的流场分析和有限元分析，并研究了四种多学科多层优化策略在涡轮盘叶片结构设计中的应用；申秀丽等综合考虑了气动流道与叶片轮盘关键结构特征的制约和平衡关系，建立了关于高压涡轮气动流道和转子强度分析的多学科优化模型，进行了以气动流道效率和转子结构质量为目标的涡轮流道多学科多目标优化。

目前，针对带复杂气冷叶片的涡轮级 MDO 的研究还相对较少，未来的研究工作势必会朝着更复杂部件和更多学科的方向发展，也必将涉及更为耗时的多学科系统分析。

对于总体多学科设计优化和整机多学科设计优化，国内外公开的研究文献较少，且研究工作主要集中在发动机概念或初步多学科设计优化及其相关平台的开发和应用方面。但是，总体多学科设计优化和整机多学科设计优化将逐步融入发动机设计体系建设中，其发展必然会改变传统发动机设计模式，例如，在美国政府主导和促进下，政府、研究机构、企业界、军方等早已共同开发了数值推进系统仿真 (numerical propulsion system simulation, NPSS) 平台。NPSS 平台通过计算集群和面向对象的软件框架形成的高性能计算系统，在不同的保真度层次上将组件、学科等耦合起来，完成整个发动机系统的仿真。NPSS 平台显著缩短了构建和执行大规模全系统集成仿真的时间。例如，采用 NPSS 平台不到 15 h 就完成了对 GE90 - 94B 发动机的整机全三维稳态气动仿真。然而，目前尚未见该系统应用于总体多学科设计优化的报道。罗尔斯·罗伊斯公司开发了初步设计阶段多学科设计系统 Genesis，集成了热力循环、几何尺寸、重量、成本等计算工具，目前正在开发该系统的自动优化功能。MTU 公司开发的模块化性能和发动机设计系统 (modular performance and engine design system, MOPEDS) 可以进行发动机总体性能多学科设计优化，从而找到最优的发动机循环参数。其主要优化目标是燃油消耗 (fuel burn, FB) 最小，但 MOPEDS 的任务只能正确地预测出 FB 的趋势，未过多考虑 FB 的精确性。与 NPSS 平台相比，MOPEDS 以初期设计的一维-二维仿真为主，未对所有组件采用更高保真度的方法进行建模。MOPEDS 中包含的模型都是 MTU 自主开发并经过验证的，目前只包括热力学、气动、强度设计、重量评估、噪声评估与成本评估等几个学科。初步多学科设计优化 (preliminary multidisciplinary design optimization, PMDO) 系统是加拿大普惠公司开发的航空发动机设计初期的多学科设计优化工具，该系统主要应用在航空发动机的概念设计阶段和初步设计阶段，PMDO - Lite 是其简化版本，包括总体性能、尺寸、重量、污染排放、噪声评估、成本、维修性等几个学科。PMDO - Lite 的目标是利用零维和一维的设计工具自动生成航空发动机的子午截面，并根据给定的目标和约束对其进行优化，其优化速度较快，但精度偏低。此外，国外一些学者也开展了航空发动机总体多学科设计优化与整机多学科设计优化工作。Vinod 等设计了包括概念设计阶段和初步设计阶段的循环设计、流道设计、引擎机舱设计、系统级力学与架构设计的集成初步设计（integrated preliminary design，IPD）系统，该系统可以减少设计循环时间，并提高发动机截面设计的保真度。

在国内，申秀丽等构建了包含气动、结构强度和转子动力学三个耦合学科的设计系统，对发动机整机流道进行了多学科优化分析，得到了最小重量和最大效率的最优解；胡燕华针对传统的零维性能计算的局限性和不精确性，进行了发动机 S2 性能计算的研究，并提出了一种基于二维模型的发动机整机多学科设计优化方法；黄红超等基于 Isight 优化平台，对变循环发动机的性能进行了优化分析；Yan 等构建了可包含多个目标函数的航空发动机嵌套及独立的协作优化方法，并使用该方法对包含 3 个复杂耦合子系统、6 个耦合学科的航空涡轮风扇发动机进行了多学科设计优化；张立章等对 MDO 的降维方法、代理模型、优化策略展开了研究，并将提出的二级集成系统综合－本征正交分解（bi-level integrated system synthesis-proper orthogonal decomposition，BLISS－POD）多学科设计优化构架应用于某涡轴发动机 MDO 中。

从国内外航空发动机零部件及整机的多学科设计优化研究现状可以看出，MDO 在航空发动机设计中的应用前景十分广阔，零件级 MDO 和部件级 MDO 已广泛开展研究，而总体多学科设计优化及整机多学科设计优化有待进一步开展研究。作为航空发动机设计过程中最先启动且最后结束的工作，总体多学科设计优化及整机多学科设计优化必须在满足客户需求的情况下，设计出满足各个学科约束的性能及结构。与整机多学科设计优化相关的各个学科既复杂又高度耦合，整机多学科设计优化是一个不断修改、反复迭代的过程，多学科设计优化在发动机整机设计中必将具有广阔的应用前景。

2. MDO 在直升机传动领域的研究及应用现状

直升机动力传输系统与发动机、旋翼系统并称直升机三大关键动部件，其功用是将发动机的功率按一定比例传递到各自转速均远低于发动机的旋翼、尾桨，承受来自发动机、旋翼和尾桨的载荷并传输至机体，同时带动直升机附件。一种动力传输系统与一种直升机配套，并且其结构复杂紧凑、传动链长、传递功率大、轴速比高、各运动副间产生大量热量（"干运转"时尤其严重）。

直升机动力传输系统的设计涉及机械传动、润滑、传热、结构、强度、振动等学科，学者及工程师在单一学科优化方面已经开展了大量研究和应用工作，例如，孟祥战研究了航空发动机星型齿轮传动系统的设计优化，以系统体积和中心距最小为目标函数，以齿轮的接触强度、弯曲强度和胶合强度等强度约束条件开展优化求解；秦大同等也对齿轮传动系统的优化问题进行了研究，建立了以等强度原则和可靠性为约束、以体积最小为目标的设计优化数学模型，利用 MATLAB 的优化工具进行优化，对实例进行分析计算。

在传动系统多学科设计优化方面，研究成果较少。俞必强等提出了如图 1.7

所示的一种三冗余传动系统设计方案,采用三组动力单元并行输入,并互为备份,通过机械式复合轮系传动系统实现对各输入轴运动和动力的传动及耦合,保障系统在部分输入单元发生故障时自动完成切换,维持连续稳定的动力输出。其对传动方案进行了深入研究,给出了系统的结构布局方案,导出了为达到三路传动等效作用需满足的配齿关系。之后,基于多学科设计优化方法建立了三冗余传动系统的优化模型,将其划分为差动轮系和定轴轮系两个并行子系统,采用基于离散变量的多学科变量耦合优化方法进行优化求解,得到满足配齿关系、强度要求和动力学要求的最优设计方案。经过优化,差动轮系部分和定轴轮系部分的体积分别减小了34.6%和58.5%。

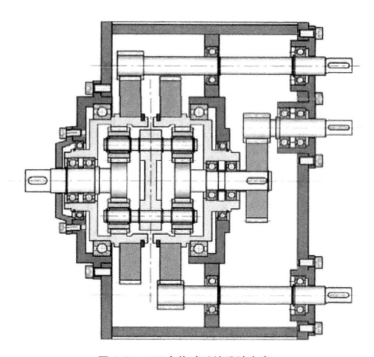

图 1.7　三冗余传动系统设计方案

作为传动系统重要组成部分的齿轮,一直受到研究者的重点关注。虽然齿轮设计涉及机械传动、传热、强度等多个学科,但一些学者主要在单一学科方面开展了大量的优化研究工作。例如,王优强等在考虑不同啮合点处的曲率半径、卷吸速度、轮齿载荷随时间变化的基础上,研究了轮齿表面连续波状粗糙度对弹流润滑的影响;王鸣采用MATLAB求解了圆柱齿轮优化问题,延长了其使用寿命,减小了其体积和质量;何兵等采用离散差分进化算法,以齿轮和齿轮轴最轻为优化目标进行了优化,结果表明该算法具有较高的精度和可靠性。

在齿轮多学科设计优化方面,国内外部分学者开展了初步的研究工作。夏泽斌等为提高飞机机电作动器(electro-mechanical actuators,EMA)的性能,采用设计空间缩减多学科协同设计优化方法对其行星齿轮减速器进行了研究,建立了由 1 个目标函数、5 个设计变量和 8 个约束方程构成的设计优化模型,优化后的体积相对减少量为 13.0%,表明设计优化的数学模型能够真实反映设计问题,优化结果符合实际,准确可靠。仝令胜等为降低多学科设计优化过程中不确定性因素对系统性能的影响,建立了基于一次可靠性方法的协同优化的数学模型,并运用该模型实现了减速器齿轮传动的多学科设计优化,具有实际工程意义。罗潘等将多学科设计优化引入弧齿锥齿轮设计中,以大小弧齿锥齿轮体积之和最小、弧齿锥齿轮齿根弯曲应力最小以及工作噪声最小为目标函数,以齿数、齿宽中点螺旋角、齿宽和大端模数为设计变量,考虑齿面接触疲劳强度、齿根弯曲疲劳强度、环境保护等 8 个方面的约束,建立了弧齿锥齿轮的多学科设计优化数学模型。根据该数学模型,运用多目标遗传算法对实例进行优化求解,优化后大小弧齿锥齿轮的体积之和减小 15.0%,齿根弯曲应力减小 10.6%,弧齿锥齿轮的工作噪声降低 6.7%。周为民等在充分考虑单级圆柱齿轮减速器各设计参数的模糊性和随机性的基础上,建立了基于模糊可靠约束的单级圆柱齿轮减速器的多学科协同设计优化方法,给出了实例,并验证得到了满意结果。

1.2 作者团队在航空动力系统领域开展的 MDO 工作

作者所在的中国航发湖南动力机械研究所及中国航发商发 MDO 团队是国内最早进行 MDO 研究及应用的团队之一。作者团队自 20 世纪 90 年代开始追踪、分析 MDO 技术的研究动向,并对 MDO 在航空动力系统的工程应用进行了探索。针对先进航空动力系统设计面临的各学科间耦合关系复杂、指标冲突严重等困难,作者团队对航空动力系统 MDO 的各项关键技术开展了研究、开发及应用工作。

在航空发动机多学科设计优化领域,作者团队遵循由易到难、由简单到复杂的原则,分四个阶段对 MDO 的多项关键技术进行研究、开发及应用工作(图 1.8):第一阶段,通过对单级优化策略、改进的单目标转换法、正交试验设计以及基于响应面的代理模型技术等的研究,对关键零件如压气机叶片、涡轮叶片、直升机传动系统主减速器机匣等开展了多学科设计优化;第二阶段,针对部件如某涡轮级叶片,重点研究了多级优化策略在航空发动机多学科设计优化中的应用;第三阶段,针对总体多学科设计优化,以某双转子涡扇发动机为对象探究了基于非劣解法的多目标遗传算法。

在前三个阶段工作的基础上,作者团队这几年在第四阶段工作中,针对几类航空动力系统开展了整机多学科设计优化,研究应用了几种优化策略、多种代理模型技术及多种多目标优化方法。

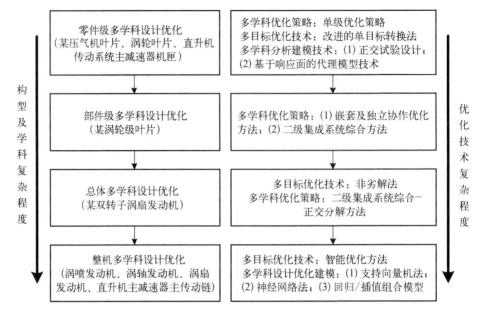

构型及学科复杂程度

优化技术复杂程度

零件级多学科设计优化 （某压气机叶片、涡轮叶片、直升机 传动系统主减速器机匣）	多学科优化策略：单级优化策略 多目标优化技术：改进的单目标转换法 多学科分析建模技术：（1）正交试验设计； （2）基于响应面的代理模型技术
部件级多学科设计优化 （某涡轮级叶片）	多学科优化策略：（1）嵌套及独立协作优化 方法；（2）二级集成系统综合方法
总体多学科设计优化 （某双转子涡扇发动机）	多目标优化技术：非劣解法 多学科优化策略：二级集成系统综合- 正交分解方法
整机多学科设计优化 （涡喷发动机、涡轴发动机、涡扇 发动机、直升机主减速器主传动链）	多目标优化技术：智能优化方法 多学科设计优化建模：（1）支持向量机法； （2）神经网络法；（3）回归/插值组合模型

图 1.8　多学科优化复杂度示意图

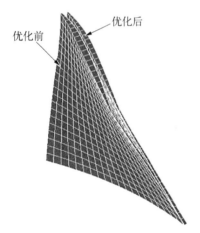

优化后

优化前

图 1.9　优化前后叶片三维模型对比

在航空发动机零件级多学科设计优化中,曾以如图 1.9 所示某轴流压气机叶片为对象,采用多目标优化技术开展了多学科设计优化工作。

在航空发动机部件级多学科设计优化中,作者团队曾以如图 1.10 所示某涡轴发动机单级涡轮级叶片为例,综合考虑涡轮级气动效率、强度、振动、寿命、温度和重量等多方面因素,进行多学科设计优化。整个优化过程中采用协作优化方法,选用通用的优化平台 Isight 和工程分析软件,各学科仿真分析模型中设计变量、学科约束的选取均来源于工程实际需要,多学科设计优化数学模型具有较好的通用性和实用性。

在航空发动机多学科总体设计优化中,作者团队曾进行了多方面的探索和研究。例如,针对发动机总体设计方案,作者团队以小涵道比混合排气式涡轮风扇发动机为算例(图 1.11),采用一种基于帕累托(Pareto)最优解的多目标遗传算法——NSGA-Ⅱ算法,集成发动机性能模型、流路尺寸模型和质量模型,以单位推力、耗油率等为目标函数进行了多目标设计优化,获得了目标空间内分布均匀的 Pareto 最优解集,有效克服了发动机总体性能方案设计时对人工经验依赖较重的缺点,实现了可选性和先知经验的融合,为决策者进行目标权衡提供了充分依据。

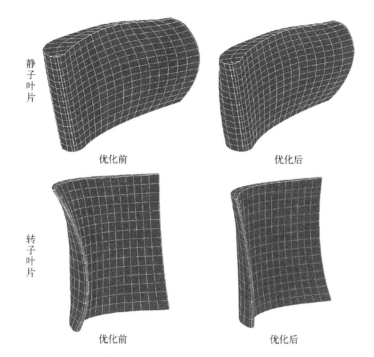

图 1.10　优化前后静子叶片与转子叶片三维模型对比

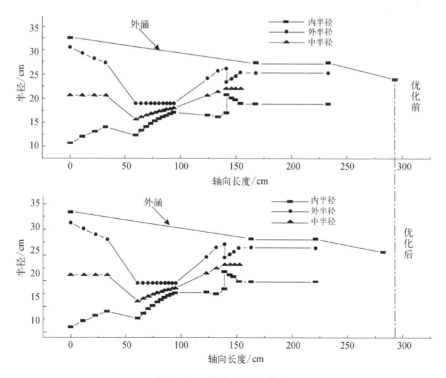

图 1.11　优化前后涵道比

在直升机传动系统多学科设计优化领域,同样遵循从零部件到总体开展工作的思路,作者团队也首先对直升机传动系统的机匣、齿轮等典型零件级 MDO 和部件级 MDO 开展了研究,与传统设计方法相比,提高了直升机动力传输系统的设计能力,克服了直升机动力传输系统设计面临的诸多困难。例如,其曾对如图 1.12 所示某直升机动力传输系统主减速器下机匣进行了多学科设计优化,考虑了结构、润滑、强度、寿命等学科。

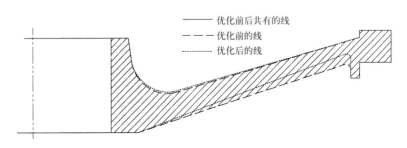

图 1.12　优化前后主减速器下机匣对比

通过前期及近年来的研究与应用工作,作者团队建立并应用了将在 1.3 节中简要说明的基于多目标多学科设计优化的航空动力系统整机设计方法,还开发并完善了包括新开发程序及修改程序的航空动力系统多目标多学科设计优化集成软件系统。为了表明该方法的有效性,分别以涡轴发动机、涡扇发动机、涡喷发动机以及直升机传动系统主减速器主传动链为例,进行了航空动力系统整机多学科设计优化工程应用研究,并针对涡喷发动机开展了优化后压气机性能和强度试验验证以及整机试验验证。

1.3　航空动力系统整机多学科设计优化的工作内容及特点

无论是航空动力系统中的各类航空发动机整机及直升机传动系统整机,还是这些整机中的一个部件、一个组件乃至一个零件,它们本质上都是一个复杂的工程技术系统。

不过,整机的构型复杂程度,其设计中所包含的学科数目、应当考虑的因素以及计算分析工作量,都远比作为其一部分的部件、组件、零件更高更多,而且整机多学科设计优化问题一定是多目标多学科设计优化问题。因此,虽然航空动力系统整机多学科设计优化工作内容的形式与其部件级、组件级、零件级多学科设计优化工作一样,也由系统分解、系统建模、系统求解三部分组成,即这三部分工作中的"系统"二字是泛指,可以指代一个零件、一个组件、一个部件、一台整机等多学科设计优化工作任一对象,但前者具有更大的难度以及多目标多学科设计优化的特殊之处。

为此,本节先在图 1.13 中示出航空动力系统整机多学科设计优化工作流程,然后对其各部分进行简要说明。

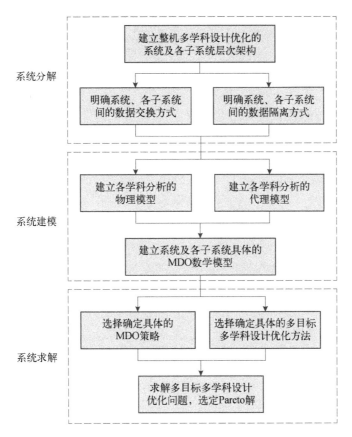

图 1.13 航空动力系统整机多学科设计优化工作流程

1.3.1 系统分解

整机多学科设计优化的系统分解,是把航空动力系统整机设计这样一个非层次或层次/非层次混合的大型复杂架构,分解成通常由一个系统级及若干个子系统级这样由两个层级构成的层次架构,以利于高效、准确地开展后面的整机多学科设计优化系统建模及系统求解工作。

系统分解不是简单的割裂,而是科学合理地划分系统级与子系统级之间,以及各子系统级之间的任务。需要注意的是,系统分解中明确的数据交换方式及数据隔离方式,既要在整机多学科设计优化中保证物理机理不变,又要在一定范围内和程度上屏蔽风扇、增压级、压气机、燃烧室、涡轮等部件相互之间的干扰,使整机多学科设计优化能用有限的时间完成成千上万种设计方案的分析与优化。

在开展系统分解时,通常将上述各部件划分至相应子系统中,按之前整机设计的方式,以总体设计为龙头,将其优化作为系统级工作展开。但是,也可以视情将总体优化工作或其大部分工作放在某一子系统级内完成,而在系统级则进行或主要进行各子系统间的协调或耦合工作。这就是说,系统分解的目的之一是使系统及各子系统各自的优化工作量均衡,以便于高效地采用并行计算的方式同步完成各层次、各部分的所有优化工作。

1.3.2 系统建模

整机多学科设计优化系统建模包括物理建模、代理建模以及数学建模。

物理建模是选择整机设计包含的如气动、热力、燃烧、传热、结构、强度等所有各学科中相对成熟可靠的理论、方法及数值分析软件,针对系统及各子系统的设计工作开展计算分析。这种模型通常更准确,但耗时更多,不适用于整个优化过程中的所有工作。

代理建模特别适用于整机多学科设计优化计算分析繁杂、优化迭代次数巨多的工作。它以数理统计方法为基础,利用少量接近真实状态的物理试验及经检验可靠的数值分析方法,建立近似但快速的简化模型,以取代上述复杂物理模型。可以说,正是大量有效代理模型的建立及应用,才使得整机多学科设计优化在工程中得以实际应用。

数学建模则是针对整机多目标多学科设计优化问题,在系统分解及前面系统建模工作的基础上,具体明确系统及各子系统中所有学科设计分析的设计变量、约束条件及目标函数。其选取的多少及取值的范围在很大程度上决定了整机多目标多学科设计优化工作能否实际操作,也在很大程度上决定了结果的优化程度。在实际整机多学科设计优化工作环境下,不要求绝对地将设计优化对象中包含的每一个可能变化的量都作为设计优化过程中允许变化的设计变量、目标函数或约束条件中的量,可以视情把其中的一部分甚至是工作环境下允许的很大一部分作为设计变量、目标函数或约束条件中的量直接参与整机多学科设计优化过程,其他的则作为不变量或参数间接参与整机多学科设计优化过程,本书尤其是第5~10章一般只关注前三类量。当然,也可分先后阶段开展整机多学科设计优化工作,各阶段数学模型中的设计变量、目标函数及约束条件可以不一致。

1.3.3 系统求解

在进行整机多学科设计优化系统求解时,优化策略及多目标优化方法的效果及效率同样十分重要。

虽然 MDO 策略中的单级优化策略及多级优化策略均可使用,但对于航空动力系统整机这类包含大量部件、组件、零件,且存在大量学科耦合的极复杂优化对象,通常以选用多级优化策略为宜,但目前常见的均为二级优化策略。

前面已指出,如果说对于一个零件、一个组件,甚至一个部件,优化目标不多,甚至是单一的,则整机多学科设计优化问题可以说一定是多目标问题,且各个目标之间往往互相矛盾,因此选择、确定具体的多目标优化方法也至关重要,它与优化层次架构、优化策略、代理模型等一起,决定了航空动力系统整机多学科设计优化的可行性及优越性。

最后必须指出,在航空动力系统整机多学科设计优化中,系统分解、系统建模及系统求解这三部分工作实质上是互相关联的,从一开始就应当统筹安排。

参考文献

陈建江,2004. 面向飞航导弹的多学科稳健优化设计方法及应用[D]. 武汉:华中科技大学.

陈小前,颜力,黄伟,等,2020. 高超声速飞行器多学科设计优化理论及应用[M]. 北京:科学出版社.

韩永志,高行山,李立州,等,2007. 基于 Kriging 模型的涡轮叶片多学科设计优化[J]. 航空动力学报,22(7):1055 - 1059.

何兵,车林仙,刘初升,2012. 基于离散差分进化算法的齿轮优化设计[J]. 机械传动(10):39 - 42.

胡燕华,2010. 基于二维模型的发动机总体设计多学科优化方法研究[D]. 南京:南京航空航天大学.

黄红超,王占学,刘增文,等,2012. 基于 Isight 的变循环发动机性能优化[J]. 机械设计与制造,2(2):217 - 219.

李磊,敖良波,王心美,等,2012. 航空发动机涡轮动叶设计平台的构建与验证[J]. 航空发动机,38(3):24 - 28.

李立君,2007. 航空发动机总体多学科多目标设计优化[R]. 株洲:中国航空动力机械研究所.

刘飞春,2006. 航空发动机涡轮级叶片多学科设计优化研究与应用[D]. 北京:中国航空研究院.

罗磊,卢少鹏,迟重然,等,2014. 气热耦合条件下涡轮动叶叶型与冷却结构优化[J]. 推进技术,35(5):603 - 609.

罗潘,梁尚明,蒋立茂,等,2012. 基于多目标遗传算法的弧齿锥齿轮多学科优化设计[J]. 机械设计与制造(8):6 - 8.

孟祥战,2004. 航空发动机星型齿轮传动系统优化设计[D]. 南京:南京航空航天大学.

米栋,2004. 航空发动机压气机叶片多学科设计优化技术研究[D]. 北京:中国航空研究院.

秦大同,邢子坤,王建宏,2008. 基于动力学和可靠性的风力发电齿轮传动系统参数优化设计[J]. 机械工程学报,44(7):24 - 31.

申秀丽,龙丹,董晓琳,2014. 航空发动机初步设计阶段涡轮流道多学科优化设计分析方法[J]. 航空动力学报,29(6):1369 - 1375.

舒彪,韩前鹏,2005. 基于多学科涡轮叶片气动设计优化[J]. 南京航空航天大学学报,37(6):714 - 719.

孙杰,宋迎东,孙志刚,2008. 涡轮冷却叶片热-固耦合分析与优化设计[J]. 航空动力学报,23(12):2162 - 2169.

仝令胜,石博强,申焱华,等,2010.基于 FORM 的齿轮传动多学科优化设计[J].机械工程学报, 46(3):42-46.

王健,2017. MDO 方法在水面舰船总体概念设计中的应用研究[D].北京:中国舰船研究院.

王鸣,2011.基于 MATLAB 算法的圆柱齿轮优化设计[J].武汉理工大学学报,35(4):866-869.

王荣桥,贾志刚,杨俊杰,等,2012.基于多层优化策略的涡轮盘叶设计研究[J].航空动力学报, 27(6):1201-1209.

王优强,卞荣,2009.连续波状粗糙度对直齿轮热弹流润滑的影响[J].机械工程学报,45(8): 112-118.

吴立强,2004.多学科设计优化技术在航空发动机涡轮叶片设计中的应用研究[D].北京:中国 航空研究院.

夏泽斌,段富海,金霞,等,2018.飞机 EMA 行星轮减速器多学科协同优化设计[J].机电工程技 术,47(1):31-36.

肖根升,2005.基于正交试验设计和响应面模型的多学科设计优化及其应用研究[D].北京:中 国航空研究院.

杨俊杰,王荣桥,樊江,等,2010.涡轮叶片的气动-热-结构多学科设计优化研究[J].航空动力学 报,25(3):617-622.

尹泽勇,米栋,2015.航空发动机多学科设计优化[M].北京:北京航空航天大学出版社.

尹泽勇,米栋,吴立强,2007.航空发动机多学科设计优化技术研究[J].中国工程科学,9(6): 1-10.

于明,刘永寿,李磊,等,2012.基于 MDO 方法的离心式压气机设计系统[J].机械强度,34(2): 239-244.

俞必强,李威,王文瑞,2014.三冗余传动系统的优化设计[J].北京科技大学学报,36(1):110- 114.

虞跨海,岳珠峰,2007.涡轮冷却叶片参数化建模及多学科设计优化[J].航空动力学报,22(8): 1346-1351.

张立章,尹泽勇,米栋,等,2015.基于改进的 BLISS2000 优化策略的涡轮级多学科设计优化[J]. 机械强度,37(4):639-645.

张立章,尹泽勇,米栋,等,2017.基于自适应本征正交分解的涡轮级多学科设计优化[J].推进技 术,38(6):1249-1257.

周为民,林国湘,谢文,等,2011.基于模糊可靠度约束的单级圆柱齿轮减速器的多学科协同优化 设计[J].机械设计与制造(9):188-190.

AIAA Technical Committee for MDO, 1991. White paper on current state of the art: Multidisciplinary design optimization[R]. Washington: AIAA Technical Committee for MDO.

AIAA Technical Committee for MDO, 1998. White paper on industrial experience with MDO[R]. Washington: AIAA Technical Committee for MDO.

Amaran S, Sahinidis N V, Sharda B, et al., 2016. Simulation optimization: A review of algorithms and applications[J]. Annals of Operations Research, 240(1):351-380.

Balesdent M, Berend N, Depince P, et al., 2012. A survey of multidisciplinary design optimization methods in launch vehicle design[J]. Structural and Multidisciplinary Optimization, 45(5): 619-642.

Besnard E, Schmitz A, Hefazi H, et al., 2007. Constructive neural networks and their application to ship multidisciplinary design optimization[J]. Journal of Ship Research, 51(4): 297-312.

Chaudhari V, Moniz T, Naiktari C, et al. , 2011. Integrated preliminary design approach for turbomachinery design [C]. ASME Turbo Expo 2011: Turbine Technical Conference and Exposition, Vancouver.

Chi Z, Liu H, Zang S, 2016. Multi-objective optimization of the impingement-film cooling structure of a HPT endwall using conjugate heat transfer CFD[C]. ASME Turbo Expo 2016: Turbomachinery Technical Conference and Exposition, Seoul.

Demeulenaere A, Bonaccorsi J C, Gutzwiller D, et al. , 2015. Multi-disciplinary multi-point optimization of a turbocharger compressor wheel[C]. ASME Turbo Expo 2015: Turbine Technical Conference and Exposition, Montreal.

Deng X, Guo F, Liu Y, et al. , 2013. Aero-mechanical optimization design of a transonic fan blade [C]. ASME Turbo Expo 2013: Turbine Technical Conference and Exposition, San Antonio.

Duddeck F, 2008. Multidisciplinary optimization of car bodies[J]. Structural and Multidisciplinary Optimization, 35(4): 375-389.

Fabian D, Stefan B, Reinhold S, et al. , 2011. The architecture and application of preliminary design system[C]. ASME Turbo Expo 2011: Turbine Technical Conference and Exposition, Vancouver.

Francois B, Stephen M, Jasmin T, 2009. Preliminary multi-disciplinary optimization (PMDO) an example at engine level[C]. 19th International Symposium on Air Breathing Engines, Montreal.

Goerke D, Denmat A L, Schmidt T, et al. , 2012. Aerodynamic and mechanical optimization of CF-PEEK blades of a counter rotating fan[C]. ASME Turbo Expo 2012: Turbomachinery Technical Conference and Exposition, Copenhagen.

Gray J, Moore K, Naylor B, 2010. OpenMDAO: An open source framework for multidisciplinary analysis and optimization [C]. 13th AIAA/ISSMO Multidisciplinary Analysis Optimization Conference, Fort Worth.

Jaeger L, Gogu C, Segonds S, et al. , 2013. Aircraft multidisciplinary design optimization under both model and design variables uncertainty[J]. Journal of Aircraft, 50(2): 528-538.

Jeschke P, Kurzke J, Schaber R, et al. , 2004. Preliminary gas turbine design using the multidisciplinary design system MOPEDS [J]. Journal of Engineering for Gas Turbines and Power, 126(2): 258-264.

Joly M, Verstraete T, Paniagua G, 2013. Full design of a highly loaded and compact contra-rotating fan using multidisciplinary evolutionary optimization [C]. ASME Turbo Expo 2013: Turbine Technical Conference and Exposition, San Antonio.

Jones M J, Bradbrook S J, Nurney K, 2003. A preliminary engine design process for an affordable capability[R]. United Kingdom: Rolls-Royce Plc Bristol New Projects Engineering.

Kröger G, Schnell R, Humphreys N D, 2012. Optimised aerodynamic design of an OGV with reduced blade count for low noise aircraft engines [C]. ASME Turbo Expo 2012: Turbine Technical Conference and Exposition, Copenhagen.

Kroo I, Altus S, Braun R, et al. , 1994. Multidisciplinary optimization methods for aircraft preliminary design[C]. 5th Symposium on Multidisciplinary Analysis and Optimization, Panama.

Lu S, Chi Z, Wang S, et al. , 2013. Full three-dimensional optimization plat form of turbine blades considering the film cooling[C]. ASME Turbo Expo 2013: Turbine Technical Conference and

Exposition, San Antonio.

Lytle J K, 1999. The numerical propulsion system simulation: A multidisciplinary design system for aerospace vehicles[R]. Florence: NASA.

Mark G T, John A R, Robert R, et al. , 2004. Multi-fidelity simulation of a turbofan engine with results zoomed into mini-maps for a zero-D cycle simulation[C]. ASME Turbo Expo 2004: Power for Land, Sea and Air, Vienna.

Martins J R, Lambe A B, 2013. Multidisciplinary design optimization: A survey of architectures[J]. AIAA Journal, 51(9): 2049 − 2075.

Martin T J, Dulikravich G S, 2014. Analysis and multidisciplinary optimization of internal coolant networks in turbine blades[J]. Journal of Propulsion & Power, 18(4): 896 − 906.

Salnikov A, Danilov M, 2017. A centrifugal compressor impeller: A multidisciplinary optimization to improve its mass, strength, and gas-dynamic characteristics [C]. ASME Turbo Expo 2017: Turbine Technical Conference and Exposition, Charlotte.

Shen X L, Hu W T, 2016. Multidisciplinary design optimization research of overall aero-engine based on flow path[C]. 17th AIAA/ISSMO Multidisciplinary Analysis and Optimization Conference, Washington.

Siller U, Aulich M, 2010. Multidisciplinary 3D-optimization of a fan stage performance map with consideration of the static and dynamic rotor mechanics[C]. ASME Turbo Expo 2010: Power for Land, Sea and Air, Glasgow.

Sobieszczanski-Sobieski J, Haftka R T, 1997. Multidisciplinary aerospace design optimization: Survey of recent developments[J]. Structural Optimization, 14(1): 1 − 23.

Tribes C, Trépanier J Y, Panchenko Y, et al. , 2005. Preliminary multidisciplinary design optimization system: A software solution for early gas turbine conception[C]. ASME Turbo Expo 2005: Power for Land, Sea, and Air, Reno.

Valero O, He L, Li Y S, 2014. Concurrent blade aerodynamic-aeroelastic design optimization with re-scaled response surface [C]. ASME Turbo Expo 2014: Turbine Technical Conference and Exposition, Düsseldorf.

Viana F A C, Simpson T W, Balabanov V, et al. , 2014. Metamodeling in multidisciplinary design optimization: How far have we really come[J]. AIAA Journal, 52(4): 670 − 690.

Yan C, Yin Z, Guo F, et al. , 2017. A newly improved collaborative optimization strategy: application to conceptual multidisciplinary design optimization of a civil aero-engine[C]. ASME Turbo Expo 2017: Turbine Technical Conference and Exposition, Charlotte.

Yang J, Chen J, Yan J, 2013. Comparison of BLISS 2000 and CO in turbine blade MDO for aircraft engine[C]. ASME Turbo Expo 2013: Turbine Technical Conference and Exposition, San Antonio.

Zangeneh M, Mendonça F, Hahn Y, et al. , 2014. 3D multi-disciplinary inverse design based optimization of a centrifugal compressor impeller [C]. ASME Turbo Expo 2014: Turbine Technical Conference and Exposition, Düsseldorf.

Zhang L, Mi D, Yan C, et al. , 2018. Multidisciplinary design optimization for a centrifugal compressor based on proper orthogonal decomposition and an adaptive sampling method[J]. Applied Sciences, 8(12): 2608.

第 2 章
代理模型技术

2.1 概　　述

代理模型技术是 MDO 的核心技术之一,其本质是以数理统计为基础,利用少量由物理试验或数值分析生成的样本信息,在保证一定精度的前提下,建立数学近似模型来代替复杂耗时的学科分析模型。利用代理模型近似技术所建立的各类近似模型,与原数值分析模型相比,具有计算量小、计算周期短、可显著降低设计成本的特点,但会以一定的学科分析精度为代价。代理模型技术自 20 世纪 50 年代首次提出之后,便受到大量关注并被广泛应用于解决各类复杂的工程设计、分析和优化问题。

代理模型技术的优势在学术研究和工程应用中都有所体现,例如,能够作为一种模型修正方法,以便提高低保真度模型的精度;能够得到近似的显式数学表达式来代替耗时的学科分析过程,以便大幅减少计算成本;能够用于探索输入变量与响应间的映射关系,以便挖掘数值结果或试验过程中的缺失数据;能够用于处理噪声数据和光滑目标函数,以便促进梯度算法在优化问题中的应用;能够简化学科间的信息交换过程,以便将各学科分析软件集成在 MDO 计算框架中。根据代理模型的建模过程,可将代理模型技术分为试验设计(design of experiments,DOE)方法和代理模型近似技术两方面内容。

试验设计方法是以概率论、数理统计和线性代数等为理论基础,研究如何科学地安排试验内容及对试验结果分析的一种数理统计方法。其目的主要在于对整个输入变量空间高效选取样本点,以有限的样本点规模尽可能准确地反映输入变量空间变化特性。试验设计方法主要分为基于边界的试验设计和基于空间填充的试验设计两大类。基于边界的试验设计主要包括全因子设计、部分因子设计、中心复合设计等方法。该类方法主要关注设计空间的边界,基本思想是从设计空间的边界与中心区域中选取样本点。这类方法存在一些缺陷:首先,可能会增大误差的随机性,不能体现研究对象的物理本质;其次,所需的样本数随设计空间维数的增加呈指数增长,导致高维问题试验过程的时间开销过大。基于空间填充的试验设计弱化了样本边界的要求,能够使有限的样本尽量均匀地填充在整个设计空间。基于空间填充的试验设计主要包括均匀设计、正交设计、拉丁超立方设计和最优拉丁超立方设计等方法。除此之外,对选取少量样本点后根据期望提升(expected improvement,EI)和均方误差(mean square error,MSE)等特定规则进行逐次加点的序列采样技术的相关研究也逐渐增多。

代理模型近似技术也常简称为代理模型。代理模型应用范围广,为显著提升代理模型的性能,学术界和工业界均开展了大量的研究工作。目前,代理模型的种类已经很多,其中应用较广的代理模型包括响应面模型(response surface model,RSM)、径向基函数(radial basis function,RBF)模型、克里金模型、支持向量机(support vector machine,SVM)模型和人工神经网络(artificial neural networks,ANN)模型等。除此之外,与序列采样技术相结合的自适应代理模型技术也逐渐成为研究的重点。

2.2　试　验　设　计

试验设计形成于 20 世纪 20 年代,是对试验方案进行优化设计,以减少试验误差和试验工作量并对试验结果进行科学分析的一种方法。试验设计的目的是在给定相同样本数量的条件下,能获得使构造代理模型更精确且高效的样本信息。前面已指出,它主要分为基于边界的试验设计和基于空间填充的试验设计两大类。基于边界的试验设计更适用于设计空间维数较低的情况,对于试验成本较高、模型分析计算量过大的问题,其适用性有限。基于空间填充的试验设计则具有更强的灵活性和广泛的适用性。

试验设计中用到的基本概念有:

(1) 因素,又称为因子,是指对试验或设计有影响的材料、工艺及各种设计变量,因素数用 i 表示;

(2) 水平,又称位级,是指被考察因素的不同种类或不同数值,代表因素所处的状态,水平数用 j 表示;

(3) 设计空间,是指由试验或设计变量的上下限所决定的空间。

2.2.1　基于边界的试验设计

1. 全因子设计方法

全因子设计(full factorial design,FFD)方法是一种在所有水平上对所有因素的全部组合都进行试验的方法。在一个规则的设计空间中,通常将空间分为多层(水平),在每一层上选取设计因素(取样点)进行试验。通过对多因素及其交互作用的影响进行分析,从中遴选出主要影响因素。在这种方法中,每个因素和所有层之间的任意组合都需要进行试验,所以对于多因素多水平的问题,该方法所需进行的试验次数巨大。因此,该方法主要适合设计因素数和水平数较少的问题。

假设试验设计每个因素对应的水平数为 $j_i(i = 1, \cdots, n)$,则全因子设计所需

要的试验次数 $n = \prod j_i$。图 2.1 显示了三因素三水平的全因子设计。

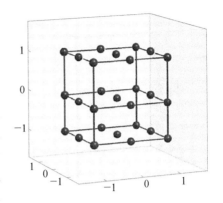

图 2.1　三因素三水平的全因子设计

2. 部分因子设计方法

全因子试验的缺点之一是：当因素数或因素的水平数增加时，因素水平组合数将呈指数增长。针对此问题的一种处理方法是考虑合理的因素数并把每个因素水平数限制为 2，但对于非线性模型，二水平是远远不够的；另一种处理方法是本小节介绍的部分因子设计（fractional factorial design，FFD）方法，即在全部水平组合中，选出一部分有代表性的试验点进行试验，通过忽略部分因素间的交互作用对响应值的影响，达到降低试验次数的目的。

选取代表点的两个原则是稀疏原则和有序原则，根据这两个原则，部分因子设计方法的实施成为可能。

稀疏原则：在全因子试验中，重要效应的个数不会太多。

有序原则：主效应比交互效应重要；低阶交互效应比高阶交互效应重要；同阶效应重要性相同。

需要指出的是，稀疏原则和有序原则只是经验总结，这两个原则并不永远正确。尤其是有序原则，在有些试验中只有高阶交互效应显著，而主效应和低阶交互效应均不显著。

3. 中心复合设计方法

中心复合设计（central composite design，CCD）方法的基本思想是：在二水平全因子设计的基础上，不断地加入试验点来更新样本点集。具体步骤如下：首先进行二水平全因子试验，然后在中心点 $(0, 0, \cdots, 0)$ 处进行一次重复试验，最后在各因素坐标轴上相对于中心点偏移 $\pm \alpha$ 处各进行一次试验。此方法的试验总次数为 $2^i + 2i + 1$。

根据 α 所取大小的不同，又可以将 CCD 方法细分为 3 种设计方法：中心复合外切设计（central composite circumscribed design，CCCD）方法、中心复合内切设计（central composite inscribed design，CCID）方法和中心复合面心设计（central composite faced-centered design，CCFD）方法，图 2.2 为典型三因素中心复合外切设计示意图。

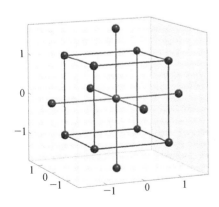

图 2.2　三因素中心复合
外切设计示意图

2.2.2　基于空间填充的试验设计

1. 正交试验设计方法

正交试验设计(orthogonal experimental design,OED)方法是研究处理多因素试验的试验设计方法,它选出部分有代表性且具有正交性的样本点进行试验。其基本思想是:从"均匀分散、整齐可比"的角度出发,利用规格化的正交表来合理安排少量的试验,并采用方差分析等数理统计方法对试验分析结果进行处理,分析各个因素的主次及其对试验的影响规律,从而得到更为科学合理的结论。正交试验设计方法可以用相对较少的试验次数,获得能基本反映全部试验情况的分析信息,运用方差分析对试验结果进行分析,可以估计各因素影响的相对大小,还可以考察各个因素之间的相互影响。

正交表是为设计者方便选取试验设计的样本点,挑选出因素和水平之间有代表性的搭配关系,由此设计出来的满足正交条件的表格。正交表是正交试验设计方法最重要也是最基本的工具,按正交表设计的试验,一定满足正交条件。

正交试验设计方法中每个因素的各个水平出现的次数相同,即在正交表内任意一列中,不同数字出现的次数相等。此外,任意两个因素各个水平的组合出现的次数也是相同的,在正交表中表现为对于任意两列,如果把同行的两个数字作为有序数对,则所有可能的数对出现的次数相等。为使正交表设计出来的试验方案合理,正交表具有如下两个重要的特征:

(1) 可以用较少的试验次数替代全部可能试验组合中好的、中等的、差的搭配组合,使选出的较少的搭配组合具有均衡代表性;

(2) 可把复杂的多因素试验数据处理问题转化成单因素试验数据处理问题。通过试验数据的适当组合,可发现各组试验数据以及各因素影响之间的某种可比性。

通常把正交表记为 $L_n(j^i)$,其中,L 表示正交表;n 表示正交表有 n 行,即需要进行 n 次试验;j 表示水平数;i 表示正交表的列数,即试验因素数。表 2.1 为四因素三水平的正交表。

表 2.1　正交表 $L_9(3^4)$

试验号 n	因素数 i			
	1	2	3	4
1	1	1	1	1
2	1	2	2	2
3	1	3	3	3

续 表

试验号 n	因 素 数 i			
	1	2	3	4
4	2	1	2	3
5	2	2	3	1
6	2	3	1	2
7	3	1	3	2
8	3	2	1	3
9	3	3	2	1

但是正交试验设计方法也有一些不足之处,例如,不能在给出的设计空间上找出因素和目标响应之间的一个明确的函数表达式,因此无法找到设计空间上因素的最佳组合和响应值的最优值,而且对于多因素多水平试验,它仍需要进行大量的试验,实施起来比较困难。

2. 均匀设计方法

均匀设计(uniform design,UD)方法是不考虑"整齐可比",只考虑样本点的"均匀分散"的一种试验设计方法。在均匀设计方法中,样本点能够在设计空间中均匀分散,每个因素的每个水平在试验中出现且仅出现一次,并且当任意两个因素的水平组合点在平面格子上时,每行每列有且仅有一个点。均匀设计方法的试验次数与水平数相等,因此相对于全因子试验设计方法和正交试验设计方法,均匀设计方法会大幅度减少试验次数,缩短试验周期,特别适用于数学模型完全未知的多因素多水平试验,试验的结果需要根据实际试验的具体性质,采用不同的回归分析方法进行分析。

均匀设计具有专用的均匀表,记为 $U_n(j^i)$,其中,U 为均匀表;n 为需要的试验次数;j 为均匀表的水平数;i 为均匀表的因素数。表 2.2 列出了均匀表 $U_9(9^6)$ 的试验安排方案。

表 2.2　均匀表 $U_9(9^6)$

试验号 n	因 素 数 i					
	1	2	3	4	5	6
1	1	2	4	5	7	8
2	2	4	8	1	5	7

试验号 n	因　素　数　i					
	1	2	3	4	5	6
3	3	6	3	6	3	6
4	4	8	7	2	1	5
5	5	1	2	7	8	4
6	6	3	6	3	6	3
7	7	5	1	8	4	2
8	8	7	5	4	2	1
9	9	9	9	9	9	9

3. 拉丁超立方设计方法

拉丁超立方设计(Latin hypercube design，LHD)方法的本质在于控制样本点的位置，避免抽样点在小区域内重合。该方法的基本原理是：如果取试验点数为 k，则将 n 维设计空间沿每一维设计变量方向平均划分为 k 个子空间，所有设计变量的 k 个子空间组合形成 k^n 个子空间。从 k^n 个子空间中随机选取 k 个子空间，在每个子空间中随机选取一个试验点，形成 k 个试验点。随机选取 k 个子空间的要求是：每一个设计变量的每一个子空间只出现一次，以保证选取点的均匀性。

拉丁超立方设计方法的主要优点是：可以确保产生的样本点代表向量空间中的所有部分，具有样本记忆功能，能够避免重复抽取已经出现过的样本点，抽样效率较高。它能使分布在抽样空间边界处的样本点参与抽样，因此在抽样较少的情况下可以获得较高的计算精度，而且这种取样方法有相当大的随意性，即无须考虑问题的维数，样本的数目可多可少，可以是任意整数。

但是拉丁超立方设计方法也存在不足之处，例如，在均匀性方面表现不稳定，而样本点均匀性不足会影响后续代理模型对整个样本空间的逼近质量，不能有效捕捉到样本空间中函数的变化趋势。因此，对应地就出现了最优拉丁超立方设计方法，即通过优化准则(中心 L 偏差、极小极大距离、总均方差、熵等)筛选拉丁超立方设计方法，得到满足优化准则的最优拉丁超立方设计方法。

2.3　代理模型近似技术

2.3.1　响应面模型

响应面模型是多学科设计优化中应用最广泛的回归类代理模型之一，是以数理统计与试验设计相结合来建立近似模型的方法。其基本思想是:采用低阶代数多项式作为基函数并通过最小二乘回归来构造近似函数,用来近似拟合真实物理系统的弱非线性响应与变量间的关系。

响应面模型在模型透明度和建模效率方面具有明显优势,即可以快速地得到各输入变量及交叉项对系统响应的影响。除此之外,还可在一定程度上过滤样本数据的噪声,光滑设计空间的函数关系,并加快优化问题的收敛速度。

但响应面模型也存在一些缺点,例如,当真实物理系统存在较高阶的非线性响应时,必须采用高阶的多项式,而此时所需的样本点数目将随多项式阶次的提高呈指数增长。获取大量的样本点往往非常耗时,即使能够得到高精度的响应面模型,也可能因为运算时间过长而不能满足实际工程需求。

响应面模型主要采用低阶多项式来近似拟合真实物理系统的响应与变量间的函数关系,可用如下形式表示:

$$y = \hat{y}(\boldsymbol{x}) + \varepsilon = \boldsymbol{z}^{\mathrm{T}}\boldsymbol{\beta} + \varepsilon \tag{2.1}$$

式中,y 为物理系统的真实响应;$\boldsymbol{x} = (x_1, x_2, \cdots, x_k)^{\mathrm{T}}$ 为输入变量向量,k 表示维度;$\hat{y}(\boldsymbol{x})$ 为响应面模型的近似响应;ε 为响应面模型的随机误差;$\boldsymbol{\beta} = (\beta_0, \beta_1, \cdots, \beta_{p-1})^{\mathrm{T}}$ 为包含 p 个元素的常系数向量;$\boldsymbol{z} = (1, z_1, z_2, \cdots, z_{p-1})^{\mathrm{T}}$ 为包含 p 个元素的多项式基函数向量,即 $1, x_1, x_2, \cdots, x_k$ 及它们之间的多阶乘积。

具体地,对于一阶多项式响应面模型,$\boldsymbol{z} = (1, x_1, x_2, \cdots, x_k)^{\mathrm{T}}$;对于二阶多项式响应面模型,$\boldsymbol{z} = (1, x_1, x_2, \cdots, x_k, x_1x_1, x_1x_2, \cdots, x_{k-1}x_k, x_kx_k)^{\mathrm{T}}$。

响应面模型的建模关键在于采用最小二乘法求解常系数向量 $\boldsymbol{\beta}$,过程如下。

首先,选取合适的 DOE 技术生成 $n(\geqslant p)$ 个样本点,组合得到 $n \times k$ 设计矩阵 $\boldsymbol{D}$:

$$\boldsymbol{D} = (\boldsymbol{x}_1, \boldsymbol{x}_2, \cdots, \boldsymbol{x}_n)^{\mathrm{T}} \tag{2.2}$$

式中,$\boldsymbol{x}_i = (x_{i,1}, x_{i,2}, \cdots, x_{i,k})^{\mathrm{T}}$ $(i = 1, 2, \cdots, n)$ 为第 i 个样本点。

其次,计算每个样本点($\boldsymbol{x}_1, \boldsymbol{x}_2, \cdots, \boldsymbol{x}_n$)的多项式基函数向量($z_1, z_2, \cdots, z_n$),组合得到 $n \times p$ 矩阵 $\boldsymbol{Z}$:

$$\boldsymbol{Z} = (\boldsymbol{z}_1, \boldsymbol{z}_2, \cdots, \boldsymbol{z}_n)^{\mathrm{T}} \tag{2.3}$$

再次,执行数值仿真或物理试验,得到每个样本点 $\boldsymbol{x}_i$ 处的真实响应 $\boldsymbol{y}_i$,组合为 $n \times 1$ 向量 $\boldsymbol{y}$:

$$\boldsymbol{y} = (y_1, y_2, \cdots, y_n)^{\mathrm{T}} \tag{2.4}$$

根据式(2.1),可得

$$y_i = \beta_0 + \beta_1 z_{i,1} + \beta_2 z_{i,2} + \cdots + \beta_{p-1} z_{i,p-1} + \varepsilon_i, \ i = 1, 2, \cdots, n \qquad (2.5)$$

式(2.5)可表示为矩阵形式:

$$\boldsymbol{y} = \boldsymbol{Z}\boldsymbol{\beta} + \boldsymbol{\varepsilon} \qquad (2.6)$$

式中,$\boldsymbol{\varepsilon} = (\varepsilon_1, \varepsilon_2, \cdots, \varepsilon_n)^{\mathrm{T}}$。

接着,计算得到残差平方和(sum of squared residuals, SSR)L:

$$L = \sum_{i=1}^{n} (\varepsilon_i)^2 = \boldsymbol{\varepsilon}^{\mathrm{T}}\boldsymbol{\varepsilon} = (\boldsymbol{y} - \boldsymbol{Z}\boldsymbol{\beta})^{\mathrm{T}} (\boldsymbol{y} - \boldsymbol{Z}\boldsymbol{\beta}) \qquad (2.7)$$

最小二乘法要求常系数向量 $\boldsymbol{\beta}$ 的选择需使得残差平方和 L 最小,由此可得

$$\frac{\partial L}{\partial \boldsymbol{\beta}} = -2\boldsymbol{Z}^{\mathrm{T}}y + 2\boldsymbol{Z}^{\mathrm{T}}\boldsymbol{Z}\boldsymbol{\beta} = \boldsymbol{0} \qquad (2.8)$$

式中,$\boldsymbol{0}$ 为元素均为 0 的零向量。

最后,根据式(2.8)可计算得到常系数向量 $\boldsymbol{\beta}$:

$$\boldsymbol{\beta} = (\boldsymbol{Z}^{\mathrm{T}}\boldsymbol{Z})^{-1}\boldsymbol{Z}^{\mathrm{T}}\boldsymbol{y} \qquad (2.9)$$

2.3.2 径向基函数模型

径向基函数模型是多维空间插值的传统方法,它以未知待测点与已知样本点之间的欧氏距离为基函数的自变量,通过线性加权叠加而构造出来的代理模型。其最大的特点在于:通过欧氏距离的引入,把一个多维空间中的预测问题转化为以欧氏距离为自变量的问题。径向基函数模型的构造过程相对简单,具有较好的灵活性和较高的计算效率,对于高维非线性问题也有较好的适应性。

对于给定样本点集合 $\boldsymbol{D} = (\boldsymbol{x}_1, \boldsymbol{x}_2, \cdots, \boldsymbol{x}_n)^{\mathrm{T}}$,其对应的函数响应值向量为 $\boldsymbol{y} = (y_1, y_2, \cdots, y_n)^{\mathrm{T}}$,基于径向基函数的未知点 $\boldsymbol{x}$ 处函数值的表达式为

$$\hat{y}(\boldsymbol{x}) = \sum_{i=1}^{n} \lambda_i \phi(\| \boldsymbol{x} - \boldsymbol{x}_i \|) \qquad (2.10)$$

式中,λ_i 为插值系数;$\phi(r)$ 为径向基函数,$r = \| \boldsymbol{x} - \boldsymbol{x}_i \| = \sqrt{(\boldsymbol{x} - \boldsymbol{x}_i)^{\mathrm{T}}(\boldsymbol{x} - \boldsymbol{x}_i)}$ 为点 $\boldsymbol{x}$ 和点 $\boldsymbol{x}_i$ 之间的欧氏距离。

利用所有已知样本点求解,如下:

$$y_k = \sum_{i=1}^{n} \lambda_i \phi(\| \boldsymbol{x}_k - \boldsymbol{x}_i \|), \ k = 1, 2, \cdots, n \qquad (2.11)$$

式(2.11)的矩阵形式表达式为

$$y = A\lambda \tag{2.12}$$

式中,

$$\lambda = [\lambda_1, \lambda_2, \cdots, \lambda_n]^{\mathrm{T}}$$

$$A = \begin{bmatrix} \phi(\|x_1 - x_1\|) & \phi(\|x_1 - x_2\|) & \cdots & \phi(\|x_1 - x_n\|) \\ \phi(\|x_2 - x_1\|) & \phi(\|x_2 - x_2\|) & \cdots & \phi(\|x_2 - x_n\|) \\ \vdots & \vdots & & \vdots \\ \phi(\|x_n - x_1\|) & \phi(\|x_n - x_2\|) & \cdots & \phi(\|x_n - x_n\|) \end{bmatrix}$$

当样本点不重合且 A 为正定时,式(2.12)有唯一解:

$$\lambda = A^{-1}y \tag{2.13}$$

代入式(2.10)即可进行未知点处的函数预测。

径向基函数模型的特性随着所采用的径向基函数形式不同而有所变化。最常见的径向基函数有

$$\phi(r, c) = \begin{cases} r, & \text{线性(linear)函数} \\ r^3, & \text{立方(cubic)函数} \\ r^2 \ln r, & \text{平板样条(thin plate spline)函数} \\ \exp(-cr^2), & \text{高斯(Gaussian)函数} \\ (r^2 + c^2)^{\frac{1}{2}}, & \text{多元二次(multi-quadric)函数} \\ (r^2 + c^2)^{-\frac{1}{2}}, & \text{逆多元二次(inverse multi-quadric)函数} \end{cases} \tag{2.14}$$

式中, $c\,(c > 0)$ 为形状系数,其对模型的近似精度具有较大影响。

2.3.3　克里金模型

克里金模型是一种最小化估计方差的无偏估计模型,起初用来确定矿产储量分布,而后被引入工程优化领域。20 世纪 80 年代末,基于克里金模型的计算机试验设计和分析(design and analysis of computer experiments,DACE)技术逐渐形成。

该模型具有如下优势:在相关函数的作用下,可以进行局部估计,使其在解决非线性程度较高的问题时容易获得比较理想的效果;输入矢量各方向的核函数参数可取不同值,因此克里金模型既可用来解决各向同性问题,也可用来解决各向异性问题;作为一种半参数化的插值技术,克里金模型比单个参数化模型具有更强的灵活性和预测能力,同时克服了非参数化模型在处理高维问题时的局限性,应用较为方便。

克里金模型由回归部分和非参数部分构成,协方差矩阵的系数通过最大似然估计法确定。其基本思想是:采用回归函数拟合数据的总体趋势,通过随机过程

插值模拟局部残差。借助某一点周围的已知信息,对其进行线性加权组合,进而估计该点的未知信息。

克里金模型表达式如下:

$$\hat{y}(\boldsymbol{x}) = F(\boldsymbol{x}) + Z(\boldsymbol{x}) = \boldsymbol{z}^{\mathrm{T}}\boldsymbol{\beta} + Z(\boldsymbol{x}) \tag{2.15}$$

式中,$F(\boldsymbol{x})$为回归函数,类似于响应面模型,近似拟合总体趋势;$\boldsymbol{\beta} = (\beta_0, \beta_1, \cdots, \beta_{p-1})^{\mathrm{T}}$为包含$p$个元素的常系数向量;$\boldsymbol{z} = (1, z_1, z_2, \cdots, z_{p-1})^{\mathrm{T}}$为包含$p$个元素的多项式基函数向量,即$1, x_1, x_2, \cdots, x_k$及它们之间的多阶乘积;$Z(\boldsymbol{x})$为均值为零、方差为$\sigma^2$的特殊随机过程,近似模拟局部残差。

在设计空间的不同位置,随机变量存在一定的相关性,$Z(\boldsymbol{x})$具有如下性质:

$$E[Z(\boldsymbol{x})] = 0 \tag{2.16}$$

$$\mathrm{Var}[Z(\boldsymbol{x})] = \sigma^2 \tag{2.17}$$

$$\mathrm{Cov}[Z(\boldsymbol{x}_i), Z(\boldsymbol{x}_j)] = \sigma^2[R_{ij}(\theta, \boldsymbol{x}_i, \boldsymbol{x}_j)] \tag{2.18}$$

式中,$\boldsymbol{x}_i$和$\boldsymbol{x}_j$为样本中任意两个点;$R_{ij}(\theta, \boldsymbol{x}_i, \boldsymbol{x}_j)$为带有超参数的相关函数,具体形式如下:

$$R_{ij}(\theta, \boldsymbol{x}_i, \boldsymbol{x}_j) = \prod_{l=1}^{m} R_l(\theta_l, d_l) \tag{2.19}$$

式中,m为变量$\boldsymbol{x}$的维数;$d_l = |x_{i,l} - x_{j,l}|$,$x_{i,l}$、$x_{j,l}$分别为训练点$\boldsymbol{x}_i$和$\boldsymbol{x}_j$的第$l$个分量;$R_l(\theta_l, d_l)$有多种形式,最常见的有

$$R_l(\theta_l, d_l) = \begin{cases} \max\{0, 1 - \theta_l d_l\}, & \text{线性(linear)函数} \\ 1 - 3\xi_l^2 + 2\xi_l^3, \xi_l = \min\{1, \theta_l d_l\}, & \text{立方(cubic)函数} \\ 1 - 1.5\xi_l + 0.5\xi_l^3, \xi_l = \min\{1, \theta_l d_l\}, & \text{球(spherical)函数} \\ \exp(-\theta_l d_l^2), & \text{高斯(Gaussian)函数} \\ \exp(-\theta_l d_l), & \text{指数(exponential)函数} \\ \exp(-\theta_l d_l^{p_l}), 0 < p_l \leqslant 2, & \text{指数高斯(exponential Gaussian)函数} \end{cases} \tag{2.20}$$

2.3.4　支持向量机模型

支持向量机模型来源于解决模式识别问题的支持向量机理论,它采用了结构风险最小化原理、核函数和ε不敏感损失函数等关键技术,展现出了其独特的分类与回归潜力。尤其是随着其网络结构、过学习与欠学习、局部极小点等问题的解决,支持向量机模型已经得到迅速发展和完善,具备良好的泛化性、稀疏性和非线

性拟合能力,在解决小样本回归、高度非线性及高维模式识别问题中表现出许多独特优势,并逐步推广到未知函数拟合与逼近等其他机器学习问题中。

支持向量机模型也具有一定的局限性,例如,该类模型的构建需要预先确定核函数参数、损失参数和惩罚因子。对于新的预测问题,先验知识的缺失使得很难准确选取这些参数,所以会造成训练数据中部分有用信息的浪费,并导致模型预测精度下降。

支持向量机模型基于统计学习理论,从给定的有限样本数据中寻找真实物理系统的响应 y 与自变量 $\boldsymbol{x} = (x_1, x_2, \cdots, x_k)^\mathrm{T}$ 之间的近似函数关系,并利用建立的回归模型对未知数据点进行预测。

通过引入非线性映射函数 $\psi(\boldsymbol{x})$,支持向量机模型将训练样本数据映射到一个高维特征空间,并在此高维特征空间内进行线性拟合,可用如下形式表示:

$$\hat{y}(\boldsymbol{x}) = \boldsymbol{\omega}^\mathrm{T} \psi(\boldsymbol{x}) + b \tag{2.21}$$

式中,$\hat{y}(\boldsymbol{x})$ 为支持向量机模型的近似响应;$\boldsymbol{\omega}$ 为加权向量;b 为偏置项(常数)。

支持向量机模型旨在尽可能地减小近似响应与真实响应间的广义误差限 $\dfrac{1}{2} \| \boldsymbol{\omega} \|^2$。为加强拟合效果,使模型通用性更好,引入了损失参数 ε,并假设所有训练样本点可在损失参数 ε 下进行线性拟合。因此,在给定训练样本集或训练样本子集 $(\boldsymbol{x}_i, y_i)$ $(i = 1, \cdots, m)$ 的情况下,式(2.21)中的线性回归问题可转化为一个有约束凸优化问题,如下所示:

$$\begin{aligned} \min \quad & \frac{1}{2} \| \boldsymbol{\omega} \|^2 \\ \text{s.t.} \quad & \begin{cases} \boldsymbol{\omega}^\mathrm{T} \psi(\boldsymbol{x}_i) + b - y_i \leqslant \varepsilon \\ y_i - \boldsymbol{\omega}^\mathrm{T} \psi(\boldsymbol{x}_i) - b \leqslant \varepsilon \\ i = 1, \cdots, m \end{cases} \end{aligned} \tag{2.22}$$

式中,$\min(\cdot)$ 表示最小化;s.t. 表示约束条件。考虑允许的拟合误差,引入非负松弛因子 ξ_i^+ 和 ξ_i^-,式(2.22)可转化为如下形式:

$$\begin{aligned} \min \quad & \frac{1}{2} \| \boldsymbol{\omega} \|^2 + C \sum_{i=1}^{m} (\xi_i^+ + \xi_i^-) \\ \text{s.t.} \quad & \begin{cases} \boldsymbol{\omega}^\mathrm{T} \psi(\boldsymbol{x}_i) + b - y_i \leqslant \varepsilon + \xi_i^+ \\ y_i - \boldsymbol{\omega}^\mathrm{T} \psi(\boldsymbol{x}_i) - b \leqslant \varepsilon + \xi_i^- \\ \xi_i^+, \xi_i^- \geqslant 0 \\ i = 1, \cdots, m \end{cases} \end{aligned} \tag{2.23}$$

式中,C($C>0$)表示惩罚因子。

利用式(2.23)求解 ω 较为困难,为了便于求解,根据 Lagrange 理论可得到式(2.23)的对偶形式,如下所示:

$$\max \quad -\frac{1}{2}\sum_{i,j=1}^{m}(\alpha_i^+ - \alpha_i^-)(\alpha_j^+ - \alpha_j^-)K(\boldsymbol{x}_i, \boldsymbol{x}_j) + \sum_{i=1}^{m}(\alpha_i^+ - \alpha_i^-)y_i - \varepsilon\sum_{i=1}^{m}(\alpha_i^+ + \alpha_i^-)$$

$$\text{s.t.} \quad \begin{cases} \sum_{i=1}^{m}(\alpha_i^+ - \alpha_i^-) = 0 \\ 0 \le \alpha_i^+ \le C \\ 0 \le \alpha_i^- \le C \\ i = 1, \cdots, m \end{cases} \tag{2.24}$$

式中,$K(\boldsymbol{x}_i, \boldsymbol{x}_j) = \psi(\boldsymbol{x}_i)^{\mathrm{T}}\psi(\boldsymbol{x}_j)$ 表示核函数。

根据式(2.24)计算得到拉格朗日乘子 α_i^+ 和 α_i^-。在最优解处,$\boldsymbol{\omega}$ 满足以下关系:

$$\boldsymbol{\omega} = \sum_{i=1}^{m}(\alpha_i^+ - \alpha_i^-)\psi(\boldsymbol{x}_i) \tag{2.25}$$

为使用拉格朗日乘子法求解,不等式约束问题需满足非线性规划领域确定某点为极值点的必要条件。根据条件计算得到 b,如下所示:

$$b = y_i - \sum_{j=1}^{m}(\alpha_i^+ - \alpha_i^-)K(\boldsymbol{x}_i, \boldsymbol{x}_j) + \varepsilon, \quad 0 < \alpha_i^- < \frac{C}{n} \tag{2.26}$$

或者

$$b = y_i - \sum_{j=1}^{m}(\alpha_i^+ - \alpha_i^-)K(\boldsymbol{x}_i, \boldsymbol{x}_j) - \varepsilon, \quad 0 < \alpha_i^+ < \frac{C}{n} \tag{2.27}$$

最终,构建得到支持向量机模型,表示如下:

$$\hat{y}(\boldsymbol{x}) = \sum_{i=1}^{m}(\alpha_i^+ - \alpha_i^-)K(\boldsymbol{x}, \boldsymbol{x}_i) + b \tag{2.28}$$

核函数是支持向量机模型的重要组成部分,其种类众多,其中 Gaussian 核函数式(2.29)应用最广:

$$K(\boldsymbol{x}, \boldsymbol{x}_i) = \exp(-\gamma \|\boldsymbol{x} - \boldsymbol{x}_i\|^2) \tag{2.29}$$

2.3.5　人工神经网络模型

人工神经网络是人工智能的一种方法,是在对动物神经网络行为特征研究基础上提出来的。它是由大量功能简单的神经元按照各种不同的拓扑结构相互连接而形成的复杂网络系统,通过模拟人脑神经元网络的结构和特征来实现各种复杂信息的处理功能。由于具有强大的非线性映射能力、高度的并行性、良好的容错性、鲁棒性以及联想记忆功能、强大的自组织适应能力和自主学习能力等特点,近年来人工神经网络发展迅猛并广泛应用于模式识别、模式信息处理、信息智能化处理、复杂控制、组合优化等领域。目前,应用较为广泛的有反向传播神经网络(back propagation neural network,BPNN)、径向基函数神经网络(radial basis function neural network,RBFNN)等。

反向传播神经网络是一种误差修正型的多层前向网络,其学习过程由信息的正向传播和误差的反向传播组成,基本思想为最小二乘法。在误差信息反向传播过程中,采用梯度下降法,经过反复迭代运算求解各神经元之间的权值;根据误差梯度法调整并修正各神经元的权值 ω_{ij} 与阈值 θ_k,使网络实际输出值与期望输出值的误差达到最小。在 BPNN 的网络结构中,每一层的神经元只接收前一层神经元的输入。因此,从系统的观点来看,它是一个非线性映射系统,通过简单非线性处理单元的复合映射可以获得复杂的非线性处理能力。这种模型可以实现绝大多数函数的近似估计问题,具有非常好的网络性能。

但是,反向传播(back propagation,BP)算法也存在一些缺点:算法的参数对网络性能的影响较大,如学习速率过小,会使得网络收敛极其缓慢;BPNN 属于局部搜索算法,对初始的权值比较敏感,容易收敛于局部最优,例如,选择不同的初始权值,往往训练得到不同的结果;BPNN 容易出现过拟合问题,即训练后的网络对训练样本的拟合精度极高,但对测试样本的预测误差较大。

针对 BPNN 的不足,在多变量插值径向基函数和 BP 神经网络的基础上,发展了径向基函数神经网络的构建方法。RBFNN 保留了 BPNN 的优点,并对 BPNN 的缺点进行了一定程度的修正。其网络结构简单,能避免许多冗长计算,训练时间较 BPNN 缩短很多,能以任意精度逼近任何非线性函数,泛化能力良好,可以处理输入输出值之间错综复杂的规律,尤其适合于解决分类问题等。RBFNN 的工作原理简要介绍如下:

RBFNN 是一种三层前馈人工神经网络,由输入层、隐含层和输出层组成。信息的传递方向是由输入到输出,而不能反向传递。RBFNN 示意图如图 2.3 所示。

第一层为输入层,由设计参数节点组成。输入节点的个数为 I,代表输入样本的维度,即任一输入样本 $\boldsymbol{x} = (x_1, x_2, \cdots, x_I)^{\mathrm{T}}$ 的每个元素作为输入层的节点。输入层的作用是将输入信息传递到下一层而不做任何变换。在此之前,通常需要对输入样本进行数据标准化处理,使得各节点输入值处于同一数量级。而后,输入数据由输入层进入 RBFNN,依次经过隐含层、输出层,逐层进行数据处理。

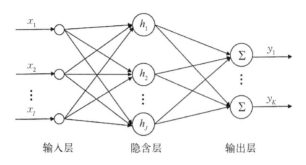

图 2.3　RBFNN 示意图

第二层为隐含层,对信息的处理主要发生在这一层,是网络结构中最重要的一层,直接影响神经网络模型的输出结果。在隐含层需要确定算法中两个重要的参数,即神经元个数 J 和 RBF。神经元个数需要根据经验和实际情况进行试验择优确定。RBF 是一种对中心点径向对称、逐步衰减的非负非线性函数,作为变换函数,主要用于对传递进来的数据进行学习和训练。隐含层第 j 个神经元的输出为

$$h_j = \phi\left(-\frac{\| \boldsymbol{x} - \boldsymbol{c}_j \|}{\sigma_j} \right), j = 1, 2, \cdots, J \tag{2.30}$$

式中, $\| \cdot \|$ 是欧氏距离; $\phi(\cdot)$ 是径向基函数; $\boldsymbol{c}_j$ 和 σ_j 分别是第 j 个隐含层神经元的中心和宽度, $\boldsymbol{c}_j$ 的维度与输入样本 $\boldsymbol{x}$ 的维度相同。

第三层为输出层,对隐含层的输出做出响应。其作用是将隐含层神经元的输出信息进行线性加权后输出,该输出结果即为整个 RBFNN 的输出。输出层的节点数 K 根据实际需求来确定,第 k 个节点的输出为

$$y_k = \sum_{j=1}^{J} w_{jk} h_j, k = 1, 2, \cdots, K \tag{2.31}$$

式中, w_{jk} 表示隐含层第 j 个神经元与输出层第 k 个节点间的连接权值。

2.3.6　加权组合代理模型

响应面模型、支持向量机模型等个体代理模型虽然有其独特优势,但其应用范围依然受限。通常,不同个体代理模型适用于不同类别的预测问题,为了综合常见个体代理模型的优势,有效提高代理模型的精度与鲁棒性,组合代理模型技术被提出并广受关注。常见的组合代理模型为加权组合代理模型(weighted combination surrogate model,WCSM),其基本思想为:① 根据实际需求和现有条件,选择 M 个个体代理模型,构建候选代理模型库,这些个体代理模型可以是不同类别代理模型(如响应面模型、径向基函数模型以及支持向量机模型等),也可以是同类别不同

形式的代理模型(如多元二次形式的径向基函数模型、逆多元二次形式的径向基函数模型以及立方形式的径向基函数模型)。② 选用适当的加权系数,对候选代理模型库中的各个体代理模型进行加权求和,得到组合代理模型,进而综合各个体代理模型的优势。

加权组合代理模型可用如下公式描述:

$$\hat{y}_{\mathrm{ens}}(\boldsymbol{x}) = w_0 + \sum_{i=1}^{M} w_i(\boldsymbol{x}) \hat{y}_i(\boldsymbol{x}) \tag{2.32}$$

$$\sum_{i=1}^{M} w_i(\boldsymbol{x}) = 1 \tag{2.33}$$

式中,M 为候选代理模型库中个体代理模型的数目;$\hat{y}_i(\boldsymbol{x})$ 为第 i 个个体代理模型;w_i 为第 i 个个体代理模型在 $\boldsymbol{x}$ 处的加权系数;w_0 为截断项数值;$\hat{y}_{\mathrm{ens}}(\boldsymbol{x})$ 为加权组合代理模型。

加权组合代理模型的技术核心在于如何选择适当的加权系数,常见的加权系数选择方法包括最佳 PRESS(prediction residual error sum of squares)方法、PRESS 加权平均方法和采用对角元素的最优加权方法。

2.3.7　回归/插值组合代理模型

通常,代理模型可分为回归类代理模型和插值类代理模型两大类。回归类代理模型旨在拟合真实物理系统在整个设计空间内的全局趋势,无法确保其构建的空间曲面经过所有训练样本数据,因此模型在训练点处的近似响应与真实响应间存在一定偏差,容易造成训练数据中部分有用信息的浪费。而插值类代理模型构建得到的空间曲面经过了所有训练样本数据,因此插值类代理模型在采样点附近的精度高于回归类代理模型。然而,插值类代理模型过于追求采样点处的精度,特别是当真实模型存在一定数值噪声时,插值类代理模型在全局趋势预测方面的表现差于回归类代理模型。

获取构建代理模型所需的训练样本数据通常比较耗时,因此在有限资源的情况下,需要尽最大可能利用好训练样本数据所能提供的信息。受到加权组合代理模型技术的启发,提出一种回归/插值组合代理模型(regression/interpolation combination surrogate model,R/ICSM)技术,有效结合回归类代理模型的全局趋势拟合能力和插值类代理模型的局部精度预测优势,来提高代理模型的精度和鲁棒性。

回归/插值组合代理模型的建模流程如图 2.4 所示。主要涉及如下步骤:

(1) 选择合适的 DOE 技术生成 n 个样本点 $(\boldsymbol{x}_1, \boldsymbol{x}_2, \cdots, \boldsymbol{x}_n)$,并执行数值仿真或物理试验,得到所有样本点处的真实响应 $(y_1, y_2, \cdots, y_n)$。利用初始训练样

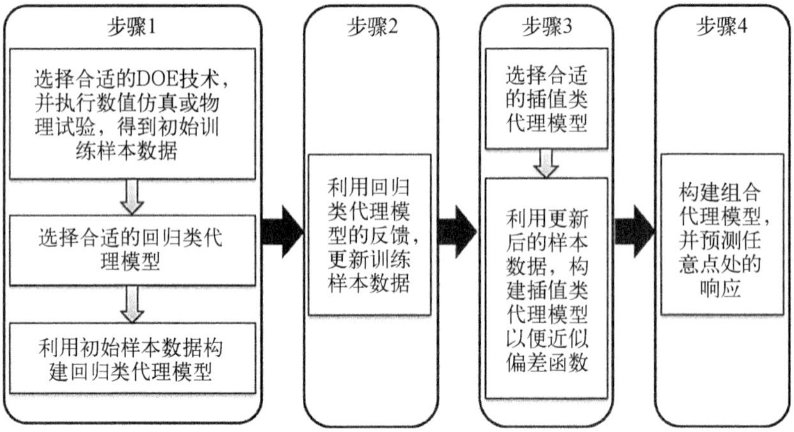

图 2.4 回归/插值组合代理模型的建模流程

本数据 $(\boldsymbol{x}_i, y_i)$ $(i = 1, \cdots, n)$ 构建回归类代理模型 $\hat{y}_1(\boldsymbol{x})$，如下所示：

$$\hat{y}_1(\boldsymbol{x}) \approx y(\boldsymbol{x}) \tag{2.34}$$

（2）假定存在某一偏差函数 $y_d(\boldsymbol{x})$，由真实物理模型 $y(\boldsymbol{x})$ 与回归类代理模型 $\hat{y}_1(\boldsymbol{x})$ 相减得到，如下所示：

$$y_d(\boldsymbol{x}) = y(\boldsymbol{x}) - \hat{y}_1(\boldsymbol{x}) \tag{2.35}$$

利用式（2.34）计算回归类代理模型在样本点 $(\boldsymbol{x}_1, \boldsymbol{x}_2, \cdots, \boldsymbol{x}_n)$ 处的近似响应 $(\hat{y}_{1,1}, \hat{y}_{1,2}, \cdots, \hat{y}_{1,n})$，计算偏差函数在样本点 $(\boldsymbol{x}_1, \boldsymbol{x}_2, \cdots, \boldsymbol{x}_n)$ 处的值 $(y_{d,1}, y_{d,2}, \cdots, y_{d,n})$，并得到更新后的训练样本信息，如下所示：

$$\begin{aligned}&\{(\boldsymbol{x}_1, y_{d,1}), (\boldsymbol{x}_2, y_{d,2}), \cdots, (\boldsymbol{x}_n, y_{d,n})\} \\ &= \{(\boldsymbol{x}_1, y_1 - \hat{y}_{1,1}), (\boldsymbol{x}_2, y_2 - \hat{y}_{1,2}), \cdots, (\boldsymbol{x}_n, y_n - \hat{y}_{1,n})\}\end{aligned} \tag{2.36}$$

（3）利用式（2.36）中更新后的训练样本信息，构建插值类代理模型 $\hat{y}_2(\boldsymbol{x})$ 来近似偏差函数 $y_d(\boldsymbol{x})$，如下所示：

$$\hat{y}_2(\boldsymbol{x}) \approx y_d(\boldsymbol{x}) \tag{2.37}$$

（4）对回归类代理模型 $\hat{y}_1(\boldsymbol{x})$ 和插值类代理模型 $\hat{y}_2(\boldsymbol{x})$ 求和，得到组合代理模型 $\hat{y}_{ens}(\boldsymbol{x})$ 来近似真实物理模型 $y(\boldsymbol{x})$，如下所示：

$$\hat{y}_{ens}(\boldsymbol{x}) = \hat{y}_1(\boldsymbol{x}) + \hat{y}_2(\boldsymbol{x}) \approx \hat{y}_1(\boldsymbol{x}) + y_d(\boldsymbol{x}) \approx y(\boldsymbol{x}) \tag{2.38}$$

结合式（2.34）、式（2.37）和式（2.38），利用建立的组合代理模型 $\hat{y}_{ens}(\boldsymbol{x})$ 预测设计空间内任意点处的响应。

在第 6 章中,将以某涡扇发动机简化模型为例,使用上述组合代理模型进行高精度 MDO 代理建模。

参考文献

陈国栋,2012. 基于代理模型的多目标优化方法及其在车身设计中的应用[D]. 长沙:湖南大学.

范珂显,2021. 基于 SGO-RBF 神经网络的地震液化侧移预测[D]. 北京:中国地震局地震研究所.

方开泰,2004. 均匀试验设计的理论、方法和应用—历史回顾[J]. 数理统计与管理,23(3):69-80.

方开泰,刘民千,周永道,2011. 试验设计与建模[M]. 北京:高等教育出版社.

李恩颖,2009. 近似模型优化体系关键技术研究及应用[D]. 长沙:湖南大学.

李坚,2013. 代理模型近似技术研究及其在结构可靠度分析中的应用[D]. 上海:上海交通大学.

刘俊,2015. 基于代理模型的高效气动优化设计方法及应用[D]. 西安:西北工业大学.

卢金娜,2015. 基于优化算法的径向基神经网络模型的改进及应用[D]. 太原:中北大学.

栾军,1995. 现代试验设计优化方法[M]. 上海:上海交通大学出版社.

罗鹏,祁春利,陈红莉,等,2015. 基于部分因子设计和中心组合设计优化大豆蛋白盐法浸提工艺[J]. 农产品加工,(9):33-35.

穆雪峰,姚卫星,余雄庆,等,2005. 多学科设计优化中常用代理模型的研究[J]. 计算力学学报,(5):608-612.

王安麟,孟庆华,韩继斌,2015. 基于拉丁超立方仿真试验设计的双涡轮变矩器性能分析[J]. 中国工程机械学报,13(4):293-298.

闫成,2019. 航空发动机 MDO 高精度代理模型及协作优化策略研究[D]. 北京:北京航空航天大学.

朱雄峰,2010. 飞行器 MDO 代理模型理论与应用研究[D]. 长沙:国防科学技术大学.

Acar E, Rais-Rohani M, 2009. Ensemble of metamodels with optimized weight factors[J]. Structural and Multidisciplinary Optimization, 37(3):279-294.

Buhmann M D, 2003. Radial basis functions:Theory and implementations[M]. Cambridge:Cambridge University Press.

Eason J, Cremaschi S, 2014. Adaptive sequential sampling for surrogate model generation with artificial neural networks[J]. Computers and Chemical Engineering, 68:220-232.

Fang K T, Ma C X, Winker P, 2002. Centered L2-discrepancy of random sampling and Latin hypercube design and construction of uniform designs[J]. Mathematics of Computation, 71:275-296.

Geramita A V, Seberry J, 1979. Orthogonal Designs:Quadratic forms and hadamard matrices[R]. New York:Marcel Dekker.

Goel T, Haftka R T, Shyy W, et al., 2007. Ensemble of surrogates[J]. Structural and Multidisciplinary Optimization, 33(3):199-216.

Myers R H, Montgomery D C, Anderson-Cook C M, 2016. Response surface methodology:Process and product optimization using designed experiments[M]. New York:Wiley.

Sanchez S M, Sanchez P J, 2005. Very large fractional factorial and central composite designs[J].

ACM Transactions on Modeling and Computer Simulation (TOMACS), 15(4): 362 - 377.

Smola A J, Schölkopf B, 2004. A tutorial on support vector regression[J]. Statistics and Computing, 14(3): 199 - 222.

Stein M L, 1999. Interpolation of spatial data: Some theory for Kriging[M]. New York: Springer-Verlag.

Viana F A C, Haftka R T, Steffen V, 2009. Multiple surrogates: How cross-validation errors can help us to obtain the best predictor[J]. Structural and Multidisciplinary Optimization, 39(4): 439 - 457.

Viana F A C, Simpson T W, Balabanov V, et al. , 2014. Special section on multidisciplinary design optimization: Metamodeling in multidisciplinary design optimization: How far have we really come [J]. AIAA Journal, 52(4): 670 - 690.

Yan C, Zhu J, Shen X, et al. , 2020. Ensemble of regression-type and interpolation-type metamodels [J]. Energies, 13(3): 654.

第 3 章
MDO 策略

3.1 概　述

　　传统的优化问题虽然可能有多个目标函数,但只有一个优化数学模型。而对于一个复杂系统 MDO,通常有几组优化数学模型。如何定义系统及子系统模型,如何在其间交换数据,以及如何安排计算顺序,都是 MDO 的核心问题,即 MDO 策略问题。

　　MDO 策略也称为 MDO 过程(MDO procedure)或 MDO 方法,该方法是研究如何建立包含多个多层级子系统/学科的大型复杂系统 MDO 数学模型的技术,即研究如何确定一个大系统的各级及各个子系统/学科之间的寻优逻辑,以及它们之间的数据交换与处理方式等。自 20 世纪 90 年代初首次提出 MDO 至今,为解决不同的 MDO 问题,提出了多种 MDO 策略,主要包括:多学科可行(multi-disciplinary feasible,MDF)方法、单学科可行(individual disciplinary feasible,IDF)方法、协作优化(collaborative optimization,CO)方法、并行子空间优化(concurrent subspace optimization,CSSO)方法和二级集成系统综合(bi-level integrated system synthesis,BLISS)优化方法等,一些学者也在这些策略的基础上,提出了改进方法。

　　按照 MDO 问题的不同学科组织形式,可将 MDO 策略分为单级优化策略和多级优化策略两种。单级优化策略将系统作为一个整体进行设计优化,主要包括多学科可行方法、单学科可行方法等。单级优化策略在学科之间耦合较简单的情况下才有效,复杂学科耦合的系统需要应用多级优化策略进行求解。目前,研究较多的多级优化策略主要有并行子空间优化方法、协作优化方法以及二级集成系统综合优化方法等。

　　包含 N 个学科的多学科优化问题可表示为

$$
\begin{aligned}
&\min && F(x, y) \\
&\text{w.r.t.} && x \subseteq \mathbf{R}^n \\
&\text{s.t.} && g_i(x, y) \leqslant 0, && i = 1, 2, \cdots, p \\
& && h_j(x, y) = 0, && j = 1, 2, \cdots, q \\
& && y_k = E_k(\bar{x}_k, \tilde{x}_k, \tilde{y}_{ck}), && k = 1, 2, \cdots, m; \; c = 1, 2, \cdots, m_k
\end{aligned}
\tag{3.1}
$$

式中，$x \subseteq \mathbf{R}^n$ 为设计变量，可以按学科划分为 N 个子集 $[x_1, \cdots, x_N]$，每个设计变量子集由只与本学科有关的变量 $\bar{x}_i$（局部设计变量）和与多个学科有关的变量 $\tilde{x}_i$（多学科耦合设计变量）两部分组成，即 $x_i = [\bar{x}_i, \tilde{x}_i]$ $(i = 1, \cdots, n)$；y 表示系统输出变量，由各学科分析子模块输出变量 y_i（多学科输出变量）组成，该输出变量通过子学科分析映射关系 E_i 得到。y_i 由只与本学科有关的输出变量 $\bar{y}_i$（局部输出变量）和对其他学科造成影响的耦合输出变量 $\tilde{y}_i$（多学科耦合输出变量）两部分组成，即 $y_i = [\bar{y}_i, \tilde{y}_i]$ $(i = 1, \cdots, n)$，另外 $\tilde{y}_{ij}$ 表示由学科分析子模块 i 计算得到的耦合输出变量，并作为另一个学科分析子模块 j 的输入。

对于如下约束条件集合：

$$\Omega = \{x \in \mathbf{R}^n \mid g_i(x) \leqslant 0, \ h_j(x) = 0, \ i = 1, 2, \cdots, p; j = 1, 2, \cdots, q\}$$

也按相关学科被划分为 N 个互不相交的部分 $[\Omega_1, \cdots, \Omega_N]$。

3.2　单级优化策略

3.2.1　多学科可行方法

多学科可行方法，也称为嵌套分析与设计（nested analysis and design，NAAD）方法或者完全集成优化（fully integrated optimization，FIO）方法，是解决 MDO 问题的一种标准优化方法。它将系统作为一个整体进行设计优化。在处理多学科设计优化问题时，MDF 方法由一个集中的系统分析器把各学科分析模块联系起来，在系统分析器内部进行各学科之间的通信。整个系统只有一个优化器，该优化器和系统分析器之间只有一个输入/输出的接口，因此 MDF 方法是一种单级优化方法。

在这种方法中，通过提供设计空间 $\mathbf{R}^n$ 中的设计变量 x，在集中的多学科系统分析器中进行一个完整的多学科分析（multi-disciplinary analysis，MDA），得到相应的系统输出变量 y，然后利用 x 和 y 对目标函数值 $F(x, y)$ 和约束函数 $g(x, y)$、$h(x, y)$ 进行评估分析。MDF 方法优化问题可以表述如下：

$$\begin{aligned} \min \quad & F(x, y) \\ \text{w.r.t.} \quad & x \subseteq \mathbf{R}^n \\ \text{s.t.} \quad & g_i(x, y) \leqslant 0, \quad i = 1, 2, \cdots, p \\ & h_j(x, y) = 0, \quad j = 1, 2, \cdots, q \end{aligned} \tag{3.2}$$

MDF 方法优化模型及数据流动如图 3.1 所示。

MDF 方法利于直观理解和组织实现，但是 MDF 方法不适于解决大型复杂工程问题。当系统复杂性提高、所涉及学科增多、耦合作用增强时，该方法的计算复杂

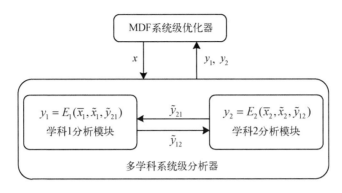

图 3.1　MDF 方法优化模型及数据流动

度显著提高,求解效率降低。但是它曾有效地解决了许多工程优化问题,因此一直为人们所关注,许多研究人员对其提出了改进措施。例如,为了减少系统分析的时间,可以将可变复杂性模型技术及标准优化方法与 MDF 方法结合起来,该改进已应用于高速民用运输机的多学科设计优化工作中。

3.2.2　单学科可行方法

单学科可行方法提供了一种在优化时避免 MDA 的途径,其基本思想是:引进辅助设计变量替代学科之间的耦合变量,在优化过程中避免各个子系统之间的直接耦合关系,使得每个子系统能够独立地分析,学科之间的相容性通过约束辅助变量和实际输出变量之间的残差来实现。

IDF 方法在设计变量中引入的辅助变量,与各学科的耦合输出变量对应,以便于解耦,使各学科(子系统)能独立进行仿真分析;在约束条件中引入了一致性约束,以使最优点在各个学科(子系统)中可行。一致性约束条件是指系统提出的方案与子系统提出的方案之差等于 0 或者小于某一较小的值。

IDF 方法优化问题可以表述如下:

$$
\begin{aligned}
&\min && F(x, y) \\
&\text{w. r. t.} && x, \tilde{z} \\
&\text{s. t.} && g_i(x, y) \leqslant 0, && i = 1, 2, \cdots, p \\
& && h_j(x, y) = 0, && j = 1, 2, \cdots, q \\
& && J_k = \mid \tilde{z}_k - \tilde{y}_k \mid = 0, && k = 1, 2, \cdots, N
\end{aligned}
\tag{3.3}
$$

式中,$\tilde{z}$ 为引入的与耦合输出变量对应的辅助变量;J_k 为学科间一致性约束函数,表示 $\tilde{z}_k$ 与 $\tilde{y}_k$ 的一致程度,即系统提出的耦合输出变量与子系统计算得到的实际耦合输出变量的一致程度。

IDF 方法优化模型及数据流动如图 3.2 所示。

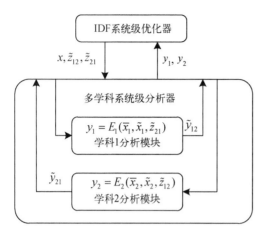

图 3.2　IDF 方法优化模型及数据流动

IDF 方法使系统的各个学科分析模块之间没有直接的信息传递,只与系统级优化器发生联系,可以并行执行分析,和 MDF 方法相比避免了学科分析模块集成的问题,提高了设计优化的效率。某对比研究表明,IDF 方法不仅使优化过程中系统分析的时间缩短了 69%,而且寻找全局最优解的能力有所提高。但这种方法与 MDF 方法一样,在每个子系统中只能进行分析,而不能进行设计和优化,而且只有在系统级优化完成后,才能在可行域内找到一个一致性设计优化结果,而其中间结果都不满足一致性设计要求,为满足系统级优化的一致性约束,仍然需要大量的子系统分析计算。特别是在大规模工程问题中,由于附加的一致性约束和设计变量数目较大,所有的设计决策都由系统级优化完成,极大地增加了系统级优化器的工作负担。

3.3　多级优化策略

3.3.1　并行子空间优化方法

1. CSSO 方法的基本概念

在复杂工程系统的设计优化问题中,由于学科间的复杂耦合关系,系统的分解往往是非层次的,各学科的设计、优化难以独立进行。并行子空间优化方法则使各学科能利用本学科已有的方法独立优化。CSSO 方法包含一个系统级优化器和多个子空间优化器,并将系统级设计变量分配到各子空间,不同的学科采用适用于自身学科的优化方法对各个子空间进行并行设计优化,各学科的优化变量互不重叠。CSSO 方法通过求解全局灵敏度方程实现学科间的解耦和并行优化,因此也被称为基于灵敏度的并行子空间优化过程。

2. CSSO 方法的基本步骤

CSSO 方法的优化流程如图 3.3 所示,可分为以下七个步骤进行。

(1) 系统分析。给出一组设计点,对应每个设计点进行一次系统分析,这里系统分析的目的是在所给的设计点上,通过迭代达到学科间的一致或相容,类似于 MDA 方法的迭代过程。

(2) 构造近似模型。常用的方法有敏感性分析方法和响应面方法两种,它们的共同点都是建立一个系统分析的近似模型,输入参数到此模型中可以很快得到

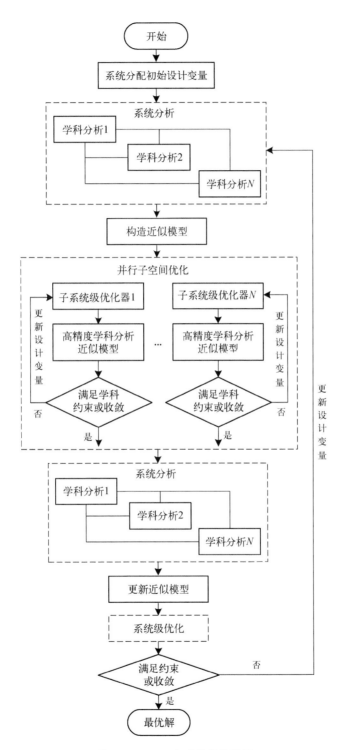

图 3.3 CSSO 方法的优化流程

输出参数。

（3）并行子空间优化。在各子空间优化中,其设计变量是系统变量中与本学科相关的部分。该子空间的局部输出状态变量采用高精度学科分析,其他变量采用近似模型进行估算。由于各子空间之间没有通信,所以各子空间的优化可以并行执行,每个子空间优化结束后都会得到一个最优解。

（4）系统分析。将步骤(3)中产生的 N 个最优解作为系统的设计点进行精确的系统分析,产生 N 个最优的系统分析结果。将所有可行方案加入数据库,并作为系统级优化的基础方案。

（5）更新近似模型。将步骤(4)中产生的 N 个最优系统分析结果作为样本,对响应面模型或者全局敏感度矩阵进行更新。

（6）系统级优化。对全部的设计变量进行优化,所有的状态变量由近似模型计算得到,不需要进行精确系统分析。

（7）检查收敛性。如果收敛,则终止;否则,以优化后的设计点为基准点转入步骤(1),进行迭代,直至收敛。

3. CSSO 方法的特点

CSSO 方法有以下特点:

（1）各子空间独立优化,能够开展并行计算,子系统层的优化时间能够大幅减少;

（2）通过基于全局灵敏度方程的近似分析和协调优化,考虑了各个学科的相互影响,保留了学科间的耦合性;

（3）不同精度的近似模型能够被构建用于系统层的优化问题,结合有效的代理模型管理体系,CSSO 方法能提供不同精度的求解结果;

（4）CSSO 方法在实际问题中的应用表明,当系统级设计变量超过 20 个时,其求解效率较低;

（5）CSSO 方法不一定能保证收敛,可能出现振荡现象。

3.3.2　协作优化方法

1. CO 方法的基本概念

协作优化方法是一种两级优化策略,该优化策略按系统级和子系统级两层多个优化器进行设计优化,系统级优化器在满足一致性约束(系统级与子系统级提出的优化方案之差等于零或小于某一值)的条件下使系统目标函数达到最优;子系统级优化器在满足本学科约束的条件下,使系统级与该子系统级提出的优化方案之差最小作为目标函数。优化过程中首先执行系统级的优化,随后向各子系统分配设计优化变量;然后各子系统独立/并行进行优化,并返回一致性约束给系统级优化器;最后系统级优化器根据返回的一致性约束判断优化是否完成。协作优化方法简单易行,能普遍适用于大规模 MDO 问题,因此得到了广泛应用。

2. CO 方法的基本方法及步骤

CO 方法优化模型及数据流动如图 3.4 所示。系统级优化器是优化多学科变量的,其优化目标是系统目标 F 最小,且满足跨学科相容性约束 J^*。每个子系统的优化目标是子系统级设计变量 x_i 和子系统计算响应 y_i 与这些变量的系统层取值差异的平方和最小,且满足子系统的约束 g_i。

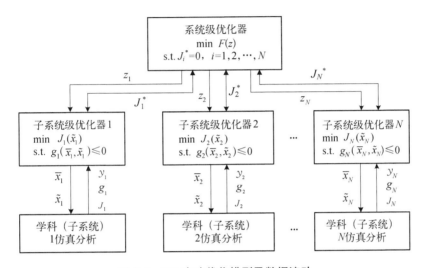

图 3.4 CO 方法优化模型及数据流动

从图 3.4 中可以看出,在 CO 方法中,系统级优化问题沿各学科分析模块的边界层次被分解为 N 个学科优化子问题。在分解时,原来的设计变量集合 x 按学科被划分为 N 个子集 $\{x_1, \cdots, x_N\}$,每个设计变量子集由只与本学科有关的变量 $\bar{x}_i$(局部设计变量)和与多个学科有关的变量 $\tilde{x}_i$(多学科耦合设计变量)两部分组成;原来的约束条件集合 Ω 也按相关学科被划分为 N 个互不相交的部分 $\{\Omega_1, \cdots, \Omega_N\}$,每个部分都转交给对应的学科优化子问题处理,称为学科优化子问题的局部约束条件;同时由学科分析子模块可以得到会对其他学科产生影响的耦合输出变量 $\tilde{y}_i$(多学科耦合输出变量)。各个学科的设计优化是并行执行的,因此在得到系统级最优解之前,各学科的设计结果不一致,这种差异就由系统级优化器来协调。系统级优化器在最小化原目标函数 F 的同时将系统级设计变量 z 划分为 N 个子集 $\{z_1, \cdots, z_N\}$,每个子集都与多学科耦合设计变量 $\tilde{x}_i$ 和多学科耦合输出变量 $\tilde{y}_i$ 相对应,作为学科优化时的参照指标,因此称为学科优化指标向量。

这样,CO 系统级优化问题可以表述为

$$\min \quad F(z)$$

$$\text{s.t.} \quad J_i^*(z) = 0, \qquad i = 1, 2, \cdots, N \tag{3.4}$$

$$z_{i\min} \leqslant z_i \leqslant z_{i\max}$$

式中，$F(z)$ 为系统级优化的目标函数；J_i^* 为系统级优化约束条件；z 为系统级设计优化变量。

在实际应用中，很难保证所有子系统的优化方案与需求完全一致，即 $J_i^* = 0$。为减少优化的时间，通常使 J_i^* 小于某一极小数，如 0.000 1。

每个子问题都包含一个学科分析模块和子系统级优化器。CO 方法的子系统级优化问题从系统级优化器中得到子系统级优化指标向量。对第 i 个子系统级优化问题而言，它所接收的子系统级优化指标向量 z_i 的维数为 l_i，包括两个部分：一个部分与多学科耦合设计变量 $\tilde{x}_i$ 对应，维数为 l_i'，作为 $\tilde{x}_i$ 的优化指标；另一个部分与多学科耦合输出变量 $\tilde{y}_i$ 对应，维数为 $l_i - l_i'$，作为 $\tilde{y}_i$ 的优化指标。子系统级优化的目标就是使 z_i 的两个部分分别与 $\tilde{x}_i$、$\tilde{y}_i$ 的差异达到最小。因此，第 i 个子系统的优化问题可表述为

$$\min \quad J_i(\tilde{x}_i) = \sum_{j=1}^{l_i'} (\tilde{x}_{ij} - z_{ij})^2 + \sum_{j=1+l_i'}^{l_i} (\tilde{y}_{ij} - z_{ij})^2$$

$$\text{s.t.} \quad g_{ij}(\bar{x}_i, \tilde{x}_i) \leqslant 0, \qquad j = 1, \cdots, m_i \tag{3.5}$$

$$\tilde{x}_{ih\min} \leqslant \tilde{x}_{ih} \leqslant \tilde{x}_{ih\max}, \quad h = 1, \cdots, l_i'$$

$$\bar{x}_{ik\min} \leqslant \bar{x}_{ik} \leqslant \bar{x}_{ik\max}, \quad k = 1, \cdots, n_i - l_i'$$

式中，J_i 为子系统级优化目标函数；$\bar{x}_i$ 为局部设计变量，维数为 $n_i - l_i'$；$\tilde{x}_i$ 为多学科耦合设计变量，维数为 l_i'；$\tilde{y}_i$ 为多学科耦合输出变量，维数为 $l_i - l_i'$；z_i 为子系统级优化指标向量，维数为 l_i；g_i 为子系统级优化约束条件，共 m_i 个。

当用 CO 方法进行多学科设计优化时，其优化流程如图 3.5 所示，优化基本步骤如下：

（1）系统级优化器得到初始优化的系统级设计变量 z_i，并分配设计变量给各子系统级优化器；

（2）在各子系统设计优化过程中，将 z_i 看作固定参数，开展子系统的学科分析，在满足局部约束条件 $g_{ij}(\bar{x}_i, \tilde{x}_i) \leqslant 0$ 的前提下，使 $J_i(\tilde{x}_i)$ 最小；

（3）将子系统级优化后的最优值 J_i^* 传回系统级优化器；

（4）系统级优化器根据返回的 J_i^* 值进行优化决策，得到更新后的系统级设计变量 z_i；

（5）检查收敛性，如果收敛，则终止；否则，转入步骤（1）。

通过系统级优化和学科级优化之间的多次迭代,最终得到一个学科间保持一致的系统最优设计方案。

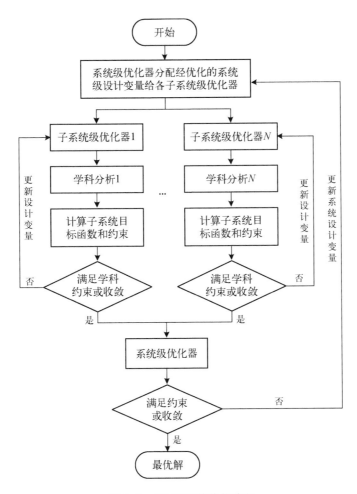

图 3.5　CO 方法的优化流程

3. CO 方法的特点

CO 方法在解决复杂系统的设计问题时,有以下特点。

(1)各学科级保持各自的分析设计自由,即在进行本学科的分析优化过程中可以不考虑其他学科的影响。在目前已有的 MDO 方法中,CO 方法的学科自由度是最高的。

(2)通过加入辅助变量,避免了复杂烦琐的 MDA 过程,各子学科间的协调实际上已由系统级的一致性约束体现出来。

(3)便于集成现有的各学科专业分析设计软件,不需要做进一步的变动,有利于分析设计的继承性。

（4）可进行分布式计算,各学科的分析过程同时进行,能缩短设计周期。

（5）其算法结构与现有工程设计分工的组织形式一致,各学科级优化问题代表了实际设计过程中的某一学科领域或某一子系统,具有模块化的特点,保证了学科级优化的分析设计自由,因此计算结构清晰明了,易于组织管理。

然而,虽然 CO 方法消除了复杂的系统分析,但子系统级优化目标不直接涉及整个系统的目标值。研究表明,在使用 CO 方法得到的最优点处,系统级一致性约束的雅可比矩阵是奇异的,故若采用基于梯度信息的优化方法,将导致整个优化问题收敛困难。此外,当系统耦合变量数目增多时,CO 框架下的系统级和子系统级优化问题将变得非常复杂,使得计算量迅速增加,并导致收敛困难。许多算例表明,CO 方法会使子系统分析的次数大大增加。因此,在应用 CO 方法进行设计优化时,应该合理运用各种适当的优化策略来减小问题的规模,提高优化效率,如利用试验设计来筛选设计变量、引入响应面技术建立系统分析模型等。

3.3.3　嵌套协作优化方法与独立协作优化方法

CO 方法的组织流程及算法结构和航空动力系统当前工程设计的组织方式一致,通常把总体工作安排在系统级中进行优化,可称为总体方案子系统嵌套协作优化（nested collaborative optimization,NCO）方法,其系统分解示意图如图 3.6 所示。但是,这种安排从优化技术角度来看不应是唯一选择,且不一定是"优化"的选择。

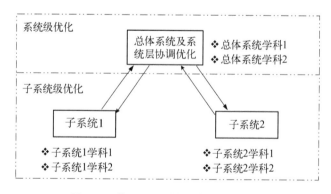

图 3.6　基于 NCO 的系统分解示意图

为此,可以突破在总体系统中进行系统级优化这一做法,将全部总体工作或其中一部分工作及参数从系统级中独立出来,作为单独的总体方案子系统进行优化。

这样的方法可称为总体方案子系统独立协作优化（independent collaborative optimization，ICO）方法，其系统分解示意图如图 3.7 所示。

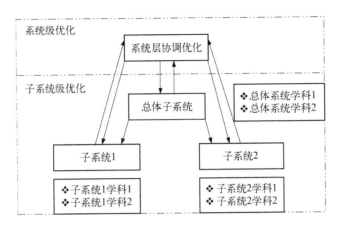

图 3.7　基于 ICO 的系统分解示意图

在第 6 章中，将以某涡扇发动机简化模型的 MDO 为例，分别使用 NCO 方法和 ICO 方法，并进行对比分析。

3.3.4　二级集成系统综合方法

1. BLISS2000 的基本概念

早先提出的二级集成系统综合优化方法是一种两级 MDO 策略。它将整个设计优化过程分解为系统级和子系统级，采用全局灵敏度分析连接系统级和子系统级优化。后来提出的 BLISS2000 优化方法则消除了灵敏度分析，采用响应面和权值系数协调两级优化。系统级优化中把权值系数作为控制参数，以保证子系统级优化与系统级优化目标相一致，在子系统级完成优化后，通过响应面连接系统级优化与子系统级优化。

2. BLISS2000 的基本步骤

BLISS2000 的优化流程如图 3.8 所示，可分为以下六个步骤进行。

（1）初始化。确定系统级设计变量、子系统级设计变量及变化范围。

（2）建立每个子系统的代理模型。在系统级传递的系统级设计变量取值范围内，采用合适的 DOE 方法采集所需的样本点，对已给定的每个样本点，各子系统在子系统级设计变量变化范围内进行优化，根据优化结果构造子系统设计空间的代理模型，每个子系统可以单独在一个计算机上建立，这一步各子系统可以实现并行；通过随机抽样检验代理模型的质量，如果需要，则增加新的点或者剔除旧的点，或者利用其他措施提高响应面族的质量。

（3）根据各子系统构建的代理模型，在设计空间 Q 上进行系统级优化。

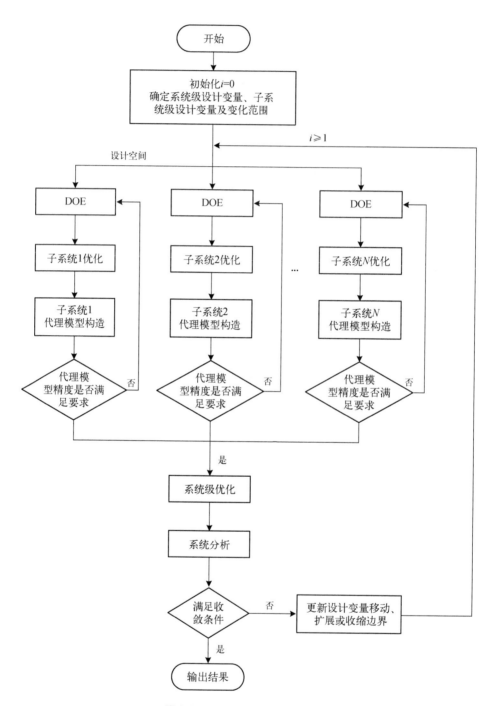

图 3.8　BLISS2000 的优化流程

（4）根据系统级优化结果进行系统分析。获得系统级目标及各子系统耦合变量优化解和非耦合变量优化解。

（5）判断是否满足收敛条件,若满足,则终止流程,获得最优设计方案;若不满足,则转向步骤(6)。

（6）通过已获得的优化解更新设计变量,并移动、扩展或收缩边界（Q_L, Q_U）来避免偏离代理模型的边界,维持代理模型的质量。

3. BLISS2000 的特点

BLISS 优化方法适合于具有相对较少系统级设计变量、相对较多子系统级设计变量,并且子系统级优化易于实现高度自治,能够进行分布式并行计算的复杂系统。相对于 BLISS 等早期方法,BLISS2000 更易于在工程上实现,优化效率也更高。但它仍存在一些缺陷,主要表现在以下方面。

（1）设计变量的划分对 BLISS2000 的求解影响很大,必须深入了解子系统之间的耦合关系,如果提出的耦合变量不合适,很难得到满意的优化结果。

（2）BLISS2000 的求解效率依赖代理模型的质量。代理模型带来的误差会使系统迭代次数增多。当构造代理模型的计算量较大时,代理模型较多的迭代次数将给整个优化过程带来非常大的计算量。

（3）BLISS2000 流程包括子系统级优化、子系统代理模型构造、系统级优化、系统分析等过程。在此过程中,将产生大量的计算结果数据和中间数据,给数据的存储和管理带来困难。

针对上述缺陷,BLISS2000 的改进措施包括以下方面。

（1）合理地进行设计变量的划分,划分原则是尽量保证子系统完全自治。

（2）提高代理模型的精度。增加样本点可提高代理模型的精度,但增加样本点也会带来计算量的增加,因此需要合理权衡代理模型的精度和样本点计算量。而自适应采样方法可以在不增加总样本点数的前提下,通过在关键区域布置样本点提高代理模型的精度,是一种提高 BLISS2000 求解效率的有效方法。

（3）分布式并行计算可以缩短计算时间,并且可以对数据进行分开存储和管理,因此能够解决数据存储和管理的困难。

3.3.5　二级集成系统综合-本征正交分解方法

如 3.3.4 节所述,为提高 BLISS2000 的求解效率,需要在不增加总样本点数的前提下提高代理模型的精度,二级集成系统综合-本征正交分解方法是 BLISS2000 的一种改进形式,其基本思想是:在保持 BLISS2000 优化方法总体架构的基础上,通过 POD 对代理模型的构造过程进行改进,提高代理模型的精度,减少系统迭代次数。其优化流程如图 3.9 所示。

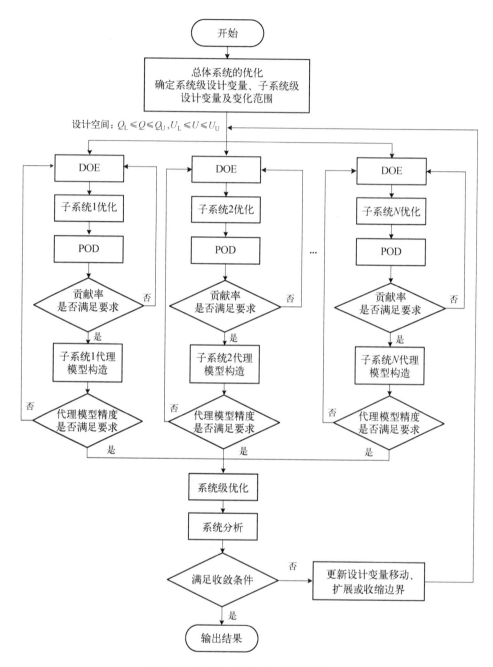

图 3.9 BLISS - POD 方法的优化流程

在第 5 章中,将以某涡轴发动机整机模型的 MDO 为例,详细介绍并应用 BLISS - POD 方法。

参考文献

闫成,2019.航空发动机 MDO 高精度代理模型及协作优化策略研究[D].北京：北京航空航天大学.

尹泽勇,米栋,2015.航空发动机多学科设计优化[M].北京：北京航空航天大学出版社.

张立章,2019.基于降维技术的航空发动机多学科设计优化方法研究[D].北京：北京航空航天大学.

张立章,尹泽勇,米栋,等,2015.基于改进的 BLISS2000 优化策略的涡轮级多学科设计优化[J].机械强度,180(4)：639-645.

Alexandrov N M, Kodiyalam S, 1998. Initial results of an MDO method evaluation study[C]. 7th AIAA/USAF/NASA/ISSMO Symposium on Multidisciplinary Analysis and Optimization, Louis.

Braun R D, Kroo I, 1995. Development and application of the collaborative optimization architecture in a multidisciplinary design environment[R]. Hampton：NASA Langley Research Center.

Cramer E J, Dennis J J E, Frank P D, et al., 1994. Problem formulation for multidisciplinary optimization[J]. SIAM Journal on Optimization, 4(4)：754-776.

De Baets P, Mavris D, Sobieszczanski-Sobieski J, 2004. Aeroelastic design by combining conventional practice with bi-level integrated system synthesis (BLISS)[C]. 10th AIAA/ISSMO Multidisciplinary Analysis and Optimization Conference, Albany.

Jun S, Jeon Y H, Rho J, et al., 2004. Application of collaborative optimization using response surface methodology to an aircraft wing design[C]. 10th AIAA/ISSMO Multidisciplinary Analysis and Optimization Conference, Albany.

Kroo I, Altus S, Braun R, et al., 1994. Multidisciplinary optimization methods for aircraft preliminary design[C]. 5th Symposium on Multidisciplinary Analysis and Optimization, Panama.

Martins J R, Lambe A B, 2013. Multidisciplinary design optimization：A survey of architectures[J]. AIAA Journal, 51(9)：2049-2075.

Roth B D, 2008. Aircraft Family design using enhanced collaborative optimization[M]. Palo Alto：Stanford University.

Sellar R, Batill S, Renaud J, 1996. Response surface based, concurrent subspace optimization for multidisciplinary system design[C]. 34th Aerospace Sciences Meeting and Exhibit, Reno.

Sobieski I P, Kroo I M, 2000. Collaborative optimization using response surface estimation[J]. AIAA Journal, 38(10)：1931-1938.

Sobieszczanski-Sobieski J, 1988. Optimization by decomposition：A step from hierarchic to non-hierarchic systems[R]. Hampton：NASA Langley Research Center.

Sobieszczanski-Sobieski J, Agte J, Sandusky R, 1998. Bi-Level integrated system synthesis (BLISS)[R]. Hampton：NASA Langley Research Center.

Sobieszczanski-Sobieski J, Altus T D, Phillips M, et al., 2002. Bilevel integrated system synthesis for concurrent and distributed processing[J]. AIAA Journal, 41(10)：1996-2003.

Yan C, Yin Z, Guo F, et al., 2017. A newly improved collaborative optimization strategy：Application to conceptual multidisciplinary design optimization of a civil aero-engine[C]. ASME Turbo Expo 2017：Turbomachinery Technical Conference and Exposition, Charlotte.

第 4 章
传统及智能多目标优化方法

4.1 概　述

对于大多数的决策问题,往往会有多个彼此冲突的目标,需要综合多种因素进行分析,然后给出方案;偏好不同的目标会得到不同的决策,同时也可能因此忽视其他目标。虽然能给出的方案远不止一个,但通常都不是"万全之策",因而对这些方案还需要结合实际情况进一步衡量利弊,之后才能做出最终决定。这种决策问题即多目标优化问题,其解决过程一般可分为搜索与决策两个阶段。多目标优化问题在管理决策以及工程应用中十分常见,有着十分重要的研究意义。

显然,不同于单目标优化,多目标优化问题中难有可使所有的目标函数都达到最优的解;通常情况下,只能找出问题的一组"不坏"的解,这些解构成的集合称为 Pareto 最优解集。从数学的角度来看,Pareto 最优解集都是可以接受的,但最终的选取还要视具体情况而定。这里,我们更关心的是多目标优化问题的搜索阶段,即如何找出一个多目标优化问题的 Pareto 最优解集。

目前,有多种效果不错的传统优化方法可用,但相比于非智能的传统优化方法,智能优化方法对于处理多目标优化问题有更突出的优势。一方面,不同于单目标优化问题,多目标优化问题的最优解是一组"不坏"的 Pareto 最优解,而多数智能优化方法每执行一次就可以获得多个有效解,效率高;另一方面,非智能的传统优化方法对 Pareto 前沿的形状(凸与非凸)很敏感,而智能优化方法对此没有要求,甚至可以很好地逼近不连续的 Pareto 前沿。本章先给出多目标优化问题的相关概念及几种传统优化方法,之后再介绍一些相关的智能优化方法。

4.2　多目标优化问题

多目标优化问题的数学描述如下:

$$\min \quad F(\boldsymbol{x}) = [f_1(\boldsymbol{x}), f_2(\boldsymbol{x}), \cdots, f_m(\boldsymbol{x})]$$
$$\text{s.t.} \quad g_i(\boldsymbol{x}) \leqslant 0, \ i = 1, 2, \cdots, p \tag{4.1}$$
$$h_j(\boldsymbol{x}) = 0, \quad j = 1, 2, \cdots, q$$

式中，$\boldsymbol{x} = (x_1, x_2, \cdots, x_n) \in \mathbf{R}^n$，$\boldsymbol{x}$ 称为决策向量；多目标函数 $F(x)$ 包含 m 个子目标函数；满足式(4.1)中的约束条件的决策向量 $\boldsymbol{x}$ 的集合称为可行解集 $\varOmega$，也称为决策空间或可行域，$\varOmega$ 中的 $\boldsymbol{x}$ 称为可行解。

4.2.1　多目标优化问题中的支配关系

对于单目标优化问题，2 个目标函数值的优劣可以很容易地由代数关系进行判断，但对于多目标优化问题则不然。假设有两个可行解对应的目标函数值分别为 $f(x_1) = (1, 4)^T$，$f(x_2) = (2, 3)^T$，在第一个子目标函数上有 1 小于 2，而在第二个子目标函数上有 4 大于 3，因而不能判断哪个解更优；但如果是 $f(x_1) = (1, 3)^T$ 与 $f(x_2) = (2, 4)^T$，在各个子目标函数上都有前者小于后者，这种情况下，可以说第一个解优于第二个解。但是向量之间不能简单地以代数形式比大小，为了描述目标函数的这种优劣比较，可以定义如下支配关系：

设目标空间中有两个向量 $\boldsymbol{f}(x_1) = [f_1(x_1), f_2(x_1), \cdots, f_m(x_1)]^T$ 和 $\boldsymbol{f}(x_2) = [f_1(x_2), f_2(x_2), \cdots, f_m(x_2)]^T$，其中 m 为子目标函数的个数。如果 $\boldsymbol{f}(x_1)$ 在所有目标函数上的值均不大于 $\boldsymbol{f}(x_2)$，且至少在一个函数上小于 $\boldsymbol{f}(x_2)$，则称 $\boldsymbol{f}(x_1)$ 支配 $\boldsymbol{f}(x_2)$，记作 $\boldsymbol{f}(x_1) \prec \boldsymbol{f}(x_2)$。

事实上，对于一个问题，解性质的好坏才是人们所关注的，也就是说，比较 $\boldsymbol{f}(x_1)$ 与 $\boldsymbol{f}(x_2)$ 优劣的本质其实是在比较 x_1 与 x_2 的优劣，类似于在目标空间中对支配关系的定义，也可以在决策空间中定义如下支配关系：

设 x_1 与 x_2 是决策空间内的两个可行解，如果对于所有的子目标函数，x_1 不比 x_2 差，且至少在一个子目标函数上，x_1 比 x_2 好，则称 x_1 是占优的或非支配的解，x_2 是被 x_1 支配的解，记作 $x_1 \prec x_2$，即有如下描述：

$$x_1 \prec x_2 \Leftrightarrow \begin{cases} k \in \{1, 2, \cdots, m\}, & f_k(x_1) \leqslant f_k(x_2) \\ k' \in \{1, 2, \cdots, m\}, & f_{k'}(x_1) < f_{k'}(x_2) \end{cases} \tag{4.2}$$

不难发现，决策空间中的支配关系和目标空间中的支配关系是一致的，但是相比于目标空间，在决策空间中，两个决策变量之间的支配关系还存在着程度上的区别。因而，从决策变量的角度出发，有如下结论。

对于 $\tilde{x} \in \varOmega$，如果可行域内其他所有的解在各目标函数上的取值均大于 $\tilde{x}$，即 $\nexists x \in \varOmega$

$$k \in \{1, 2, \cdots, m\}$$

$$\text{s. t. } f_k(x) \leqslant f_k(\tilde{x}) \tag{4.3}$$

则称 $\tilde{x}$ 为问题的有效解或强非支配解;如果可行域内其他所有的解在各目标函数上的取值均不小于 $\tilde{x}$,即 $\nexists\, x \in \Omega$

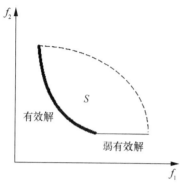

$$k \in \{1, 2, \cdots, m\}$$
$$\text{s. t. } f_k(x) < f_k(\tilde{x}) \tag{4.4}$$

则称 $\tilde{x}$ 为问题的弱有效解或弱非支配解。

图 4.1　有效解与弱有效解

根据上述定义,有效解一定为弱有效解,反之不然。图 4.1 展示了有 2 个目标函数的目标空间图像,其中 S 是将所有可行解映射到目标空间后形成的区域,S 的粗实线边界上的点对应决策空间中的有效解,细实线则对应弱有效解。

4.2.2　多目标优化问题中的 Pareto 最优解

多目标优化问题要求同时优化所有的目标函数,而各子目标函数之间难免会有"冲突",在优化过程中必然会顾此失彼:使一个目标变好,可能伴随着另一个或多个目标变差。可以说,往往不存在能够使所有目标都达到最优的解,因此引入了 Pareto 最优解的概念。

对于一个多目标优化问题 $\min F(x)$,其 Pareto 最优解 x^* 定义与式(4.3)所描述的有效解一致,且其中至少有一个不等式严格成立,由所有 Pareto 最优解组成的集合称为 Pareto 最优解集 P_Ω,可以将 Pareto 最优解集中的元素一一映射到目标空间中,观察它们在目标空间中的表现形式,即 Pareto 前沿(Pareto front, PF),也称为 Pareto 最优边界。

注意,最优解 $x \in P_\Omega$ 是针对决策空间而言的,在目标空间中,目标函数的切点对应着最优解,一般都落在区域的边界上。如图 4.2 所示的 2 个目标函数的 Pareto 前沿,因只有 2 个目标函数,故最优边界为一条曲线;若目标空间维数更高,则最优边界为曲面或超曲面。图中点 A、B 在最优边界上,是最优解;而点 C、D 在区域内部,所以不是最优解。事实上,可以根据前面的定义验证,图 4.2 中粗实线上的点均为最优解。

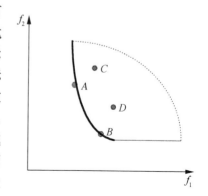

图 4.2　2 个目标函数的最优边界

4.3 传统多目标优化方法

4.3.1 主目标函数法

主目标函数法(main objective function method,MOFM)是指在多个目标函数中选择其中一个作为主要的目标函数,其他的目标函数可视为对主目标函数的约束条件,从而将多目标优化问题转化为单目标优化问题。

具体而言,可设 $f_1(x)$ 为主目标函数,在可行域内取一参考点 $\tilde{x}$,该参考点在余下 $m-1$ 个目标函数上的取值可作为其他各函数的期望值。由此,使其他函数取值不超过相应的期望值,即相当于增加了 $m-1$ 个约束条件,从而将问题转化成了单目标优化问题,且该单目标优化问题的最优解亦是原问题的有效解。简而言之,MOFM 是一种通过取参考点将多目标优化问题转化为单目标优化问题求解的算法。

4.3.2 评价函数法

评价函数法(evaluation function method,EFM)是一种将多目标优化问题转化为单目标优化问题的求解方法,它通过对多目标优化问题 $\min \boldsymbol{F}(x)$ 构造一个评价函数 $U[\boldsymbol{F}(x)]$,从而将多目标优化问题转化为单目标优化问题 $\min U[\boldsymbol{F}(x)]$。事实上,如果建立在向量 $\boldsymbol{F}(x)$ 上的函数 $U[\boldsymbol{F}(x)]$ 严格单调递增或单调递增,则该单目标优化问题的最优解为原优化问题的有效解或弱有效解。根据此思路,在实际求解中,只需根据具体需求构造出相应的评价函数 U,但要保证 U 单调递增或严格单调递增,常用的构造方法包括线性加权法、理想点法等。

以线性加权法为例,它通过给每个目标函数 $f_i(x)$ 赋予一个权值 $\lambda_i \in (0,1)$,构造出的单目标优化问题为

$$\min U[\boldsymbol{F}(x)] = \boldsymbol{\lambda}^{\mathrm{T}}\boldsymbol{F}(x) = \sum_{i=1}^{m} \lambda_i f_i(x) \tag{4.5}$$

式中, $\boldsymbol{\lambda}^{\mathrm{T}} = (\lambda_1, \lambda_2, \cdots, \lambda_m)$,权值系数满足 $\sum_{i=1}^{m} \lambda_i = 1$,权值的确定可来源于实际经验,或者通过其他方式得到。容易证明,按这种方式构造出的评价函数 U 是关于 $\boldsymbol{F}(x)$ 的单调递增函数。

需要说明的是,第 9 章应用的固定权系数加权求和法即为传统的线性加权法,但这种方法不能实时调整各目标函数的优化速度,从而可能导致部分目标收敛过快而另一部分目标尚未收敛的情况,而变权系数加权求和法在一定程度上解决了这一问题,它通过不断调整加权系数来控制优化过程中各目标函数的改变率,使各子目标函数以较同步的方式优化。该方法的介绍及应用请参见 9.4.3 节内容。

4.4 智能多目标优化方法

4.4.1 基于支配的多目标进化算法

基于支配的多目标进化算法有多目标遗传算法（multi-objective genetic algorithm，MOGA）、小生境 Pareto 遗传算法（niched Pareto genetic algorithm，NPGA）、非支配排序遗传算法（non-dominated sorting genetic algorithm，NSGA）、改进的非支配排序遗传算法 NSGA－Ⅱ、强度 Pareto 进化算法（strength Pareto evolutionary algorithm，SPEA）及其改进版本 SPEA－Ⅱ以及 Pareto 存档进化策略（Pareto archived evolution strategy，PAES）等。这里仅介绍以下几种。

1. 多目标遗传算法

在遗传算法的基础上，利用 Pareto 排序的思想，提出了多目标遗传算法。在 MOGA 中，根据个体间的支配关系，每个个体都被赋予了秩（rank），如图 4.3 所示。设个体 i 可以被种群中的 n_i 个成员支配，则个体 i 的秩大小定义为 $1 + n_i$。 显然，非支配个体的秩最小，为 1，且不可避免地存在多个具有相同秩的个体。选择操作先根据秩由小到大的次序进行，对于秩相同的个体，再采用目标函数共享机制进行选择，即在目标空间内实现适应度共享，以期进化出均匀分布的全局权衡面。关于适应度共享的更多内容可参见后续章节。

基于个体间的支配关系来确定每个个体的秩是 MOGA 中非常重要的工作，该算法的优点是运行效率高且易于实现，但可能会产生较大的选择压力，从而导致非成熟收敛。MOGA 的本质是基于 Pareto 支配关系，将面向单目标优化问题的遗传算法扩展到能够求解多目标优化问题。

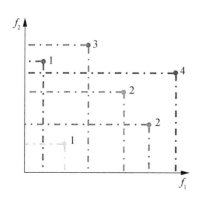

图 4.3 基于 Pareto 支配的个体秩的分配

2. 小生境 Pareto 遗传算法

小生境 Pareto 遗传算法使用基于 Pareto 支配的锦标赛选择机制：先随机地从种群中选择两个个体 i 和 j，再随机选取种群的一个子群 CS 作为比较集；如果 i 和 j 当中有一个受 CS 中的成员支配而另一个不受支配，则不受支配的个体进入下一代；如果 i 和 j 都受支配或都不受支配，则再通过共享机制选择适应度值大的个体进入下一代。

在 NPGA 中，个体 i 的共享适应度的定义为其适应度与小生境计数的比值，其中小生境计数 m_i 的计算公式为

$$m_i = \sum_{j \in P} \mathrm{sh}[d(i, j)] \tag{4.6}$$

式中，P 为当前种群；$d(i, j)$ 为个体 i 和 j 之间的距离；$\mathrm{sh}[\cdot]$ 为共享函数，定义如下：

$$\mathrm{sh}[d] = \begin{cases} 0, & d > \sigma_{\mathrm{share}} \\ 1 - \dfrac{d}{\sigma_{\mathrm{share}}}, & d \leqslant \sigma_{\mathrm{share}} \end{cases} \tag{4.7}$$

式中，σ_{share} 为小生境半径，需要根据最优解集中个体间的最小期望距离进行人为设定。如图 4.4 所示，有两个非支配解 A 与 B，而 $m_A > m_B$，所以 A 的共享适应度值小于 B，也就意味着在 A 与 B 这两个候选解中，B 将进入下一代进化种群中。

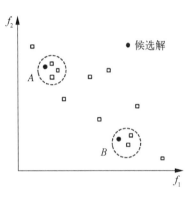

图 4.4　小生境共享

　　NPGA 的优点是运行效率高，同时共享适应度的引进使得进化种群能分散到整个搜索空间；但是除了要设置共享参数，还要选择合适的锦标赛规模，而这两个参数的选取均无可供参考的一般性准则，该算法的实际应用效果也因此受到限制。本质上说，NPGA 中适应度共享概念的引入，使算法可以针对已有的 Pareto 解进行进一步的筛选，从而获得多样性更优的 Pareto 前沿。

　　3. 改进的强度 Pareto 进化算法

　　强度 Pareto 进化算法除了生成进化种群 P 之外，还有存放非支配解的外部集合 Q，两个种群一起进化更新；种群中个体的适应度评价取决于 Q 对该个体的支配程度，个体适应度越低，其复制概率越高；采用聚类方法控制 Q 的大小。但是，SPEA 有以下三点不足：

　　（1）如果外部集合 Q 中只有一个个体，那么种群中所有成员将具有相同的适应度值，导致选择压力降低，SPEA 退化为随机搜索算法；

　　（2）聚类对 Q 有效而对 P 没有影响，当种群分布稀疏时，很多个体间不存在支配关系，可提供的信息有限；

　　（3）当利用聚类分析减小 Q 集合规模时，可能会删除一些必须保留的非支配解。

　　因此，可以在适应度分配、个体密度值计算和非支配集调整三个方面对 SPEA 进行改进，改进所得算法 SPEA-II 的工作过程具体如下：

　　约定 $\tilde{N}$ 为档案集 Q 的规模，T 为指定的进化代数。

　　（1）产生初始种群 P_0 和一个空的外部档案集 Q_0，进化代数 $t = 0$。

（2）计算 P_t 与 Q_t 中所有个体的适应度值。

（3）将 P_t 与 Q_t 中所有非支配个体放入 Q_{t+1} 中。Q_{t+1} 的大小如果超过 $\tilde{N}$，则修剪 Q_{t+1}；如果小于 $\tilde{N}$，则从 P_t 与 Q_t 中选取最好的支配个体进入 Q_{t+1}，直至其规模等于 $\tilde{N}$。

（4）如果 $t \geq T$，或满足其他结束条件，则算法结束，输出外部档案 Q_{t+1}。

（5）采用替代的二元锦标赛方法从 Q_{t+1} 中选择个体进入配对库。

（6）对配对库中的个体执行交叉和变异操作，结果存入集合 $Q_{t+1}(t = t + 1)$，转至步骤（2）。

在 SPEA - Ⅱ中，每个个体 i 都被赋予一个强度值 $S(i)$，表示该个体能够支配的解的总数量；并由此定义个体 i 的原始适应度值 $R(i)$，其为能支配该个体的所有个体的强度之和。在 SPEA - Ⅱ中，原始适应度的计算同时考虑了外部非支配集和进化种群中能支配个体 i 的所有成员信息，且原始适应度值越小，说明能够支配该个体的成员数量越少。考虑到许多个体之间彼此不存在支配关系，为区分具有相同原始适应度值的个体，SPEA - Ⅱ还引入了个体密度值 $D(i)$，$D(i)$ 由 k 近邻方法计算：

$$D(i) = \frac{1}{\sigma_i^k + 2} \tag{4.8}$$

式中，σ_i^k 为个体 i 与第 k 个邻近个体之间的距离，$k = \sqrt{N + \tilde{N}}$，N 为进化种群 P 的大小；分母加 2 是为了保证 $D(i)$ 的取值在 $(0,1)$ 区间内。最后，定义个体 i 的适应度值为原始适应度值与个体密度值之和。

在非支配集的大小调整方面，SPEA - Ⅱ与 SPEA 的主要差异在于：档案集 Q 的大小始终固定；在修剪过程中避免了边界解被删减。SPEA 系列算法的亮点在于：提出以所支配的个体数量来衡量强度的概念，并由此定义了个体的原始适应度值。显然，某个体若能支配越多的其他解，则该个体的质量相对越好。

4. 改进的非支配排序遗传算法

非支配排序遗传算法的主要思路是对个体进行分层。在选择操作之前，算法对个体基于 Pareto 最优解进行排序，将非支配个体分为一类，同时引进决策空间的共享函数来保持种群的多样性；接着在剩下的个体中再一次分出非支配个体，持续这个过程直到将所有的个体分类。但 NSGA 主要有三个方面的缺陷：① 没有最优个体保留机制；② 共享参数的大小需要提前设定，调参是一项困难的工作；③ 重复多次地进行 Pareto 排序，算法的时间复杂度高，为 $O(mN^3)$，其中 m 是目标函数个数，N 是种群大小。因此，在 NSGA 的基础上提出了改进的算法 NSGA - Ⅱ。

在 NSGA - Ⅱ中，先对每一代的种群 P 进行遗传操作得到种群 Q，将 P 与 Q 合并之后，再进行非支配排序和拥挤距离排序，形成新一代种群 P，反复执行直到算法结束。NSGA‑Ⅱ的结构不同于 SPEA 和 SPEA‑Ⅱ,它没有使用外部档案集。图 4.5 为该算法的主要过程示意图,其工作流程如下:

(1) 随机产生大小为 N 的初始种群 P_0,再对 P_0 执行二元锦标赛、交叉和变异操作得到大小同样为 N 的种群 Q_0,进化代数 $t = 0$。

(2) 合并种群,得到规模为 $2N$ 的 R_t,并对 R_t 执行非支配排序,得到一系列非支配子集 F_1,F_2,…。

(3) 对步骤(2)形成的子集由小到大依次放入新一代种群 P_{t+1} 中,对临界层分类子集中的成员进行拥挤距离排序,依次选择最优的个体放入,直到种群规模为 N。

(4) 对种群 P_{t+1} 执行选择、交叉和变异操作构建 Q_{t+1}。

(5) 若达到最大进化代数或满足其他终止条件,则算法结束,否则,$t = t + 1$,转到步骤(2)。

在 NSGA‑Ⅱ中,非支配排序是将种群 P 依据其成员内部的支配关系及支配等级按顺序划分为若干不相交子集 F_i。 如图 4.5 所示,种群共分为 5 个非支配子集,未被任何解支配的个体进入子集 F_1 中,之后对剩余的个体更新其支配等级,并将支配等级最高的个体放入子集 F_2 中,以此类推,直到将所有的个体分类。

如图 4.5 所示,将进入新一代种群的个体,包括子集 F_1 与 F_2 中的全部个体与子集 F_3 中的一部分个体。如果有 $\sum_{i=1}^{k-1} |F_i| \leq N$ 且 $\sum_{i=1}^{k} |F_i| > N$ 成立,则 F_k 称为临界层分类子集,如图 4.5 中的 F_3。 NSGA‑Ⅱ通过拥挤距离排序确定临界层分类子集中进入新一代种群的个体。

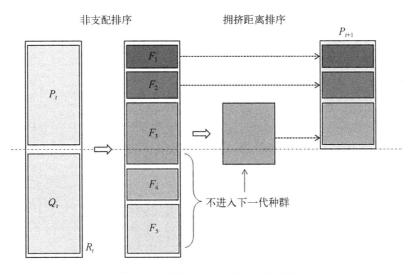

图 4.5 NSGA‑Ⅱ主要过程示意图

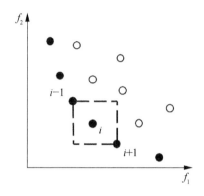

图 4.6 拥挤距离计算

一个解的拥挤距离表征为在该解周围其他解的聚集程度,如图 4.6 所示,解 i 的拥挤距离是其邻近解 $i+1$ 与 $i-1$ 构成的四边形长宽之和,即图中的虚线四边形。约定边界解(使某个目标函数值最大或最小)的拥挤距离为无穷大,其余各解的拥挤距离按其与两边相邻解在各目标函数上数值之差的总和计算。在同一级的非支配解集中,优先选择拥挤距离大的个体进入下一代种群,从而可以获得分布较为分散的 Pareto 前沿。

4.4.2 基于分解的多目标进化算法

基于分解的多目标进化算法(multi-objective evaluation algorithm based on decomposition,MOEA/D)与前述 NSGA-Ⅱ 等算法不同,它采用分解策略,通过线性或非线性的方式聚合多个目标,实现由多目标优化问题到单目标优化问题的转化。

在数学规划中,有多种方法可以用来分解一个多目标优化问题,如加权聚合(weighted aggregation)方法、切比雪夫(Chebyshev)方法和边界交集(boundary intersection)方法等,这里主要介绍切比雪夫 MOEA/D。

切比雪夫方法是一种非线性的多目标聚合方法,它除了给定权值向量,还引入了参考点的信息,经其聚合后可将原多目标优化问题转化为如下单目标优化问题:

$$\min_{x \in \Omega} g(x \mid \lambda, z^*) = \max_{1 \le i \le m} \{\lambda_i \mid f_i(x) - z_i^* \mid\} \tag{4.9}$$

式中,$z_i^* = \min\{f_i(x) \mid x \in \Omega\}$ $(i = 1, 2, \cdots, m)$;$z^* = (z_1^*, z_2^*, \cdots, z_m^*)$ 为参考点;λ 为权值向量。图 4.7 展示了切比雪夫方法的等值线分布,图中的 λ 表示权值向量,而 λ' 为对应的进化方向。显然,对于二维多目标优化问题,权值向量与方向向量关于直线 $y = x$ 对称,因而均匀的权值向量得到的解也将均匀分布。

由图 4.7 可知,切比雪夫方法等值线沿方向向量呈直角状,当 Pareto 前沿连续时,子问题的最优解即是相应方向向量与 Pareto 前沿的交点。通过改变权值向量,就能得到 Pareto 最优解集。可以证明,无论多目标优化问题的真实 Pareto 前沿形状是凸的还是非凸的,切比雪夫方法都适用。

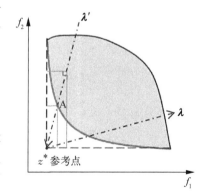

图 4.7 切比雪夫方法的等值线分布(凸 Pareto 前沿)

对于不连续的 Pareto 前沿,方向向量可能与 Pareto 前沿没有交点,从而导致对应不同权值向量的子问题有相同的最优解。

采用切比雪夫方法的 MOEA/D 的基本结构如下:

(1) 外部档案 Q,用来存放进化过程中的非支配解;

(2) 定义 N 个子问题的权值向量集合和参考点;

(3) 获得 N 个子问题的邻域;

(4) 进化种群 $P = \{x_1, x_2, \cdots, x_N\}$,其中的个体 x_i 是第 i 个子问题的解。

此外,定义 $z = (z_1, z_2, \cdots, z_m)$ 为参考点,z_i 为子目标函数 f_i 当前所能取得的最小值。

算法过程如下。

(1) 初始化。

(1.1) 设置外部种群 Q 为空集;

(1.2) 遍历所有 λ_i 与其他权值向量之间的欧氏距离,找出距离 λ_i 最近的 T 个相邻权值向量并由此记录 λ_i 的邻域;

(1.3) 初始化种群中的所有个体,并分别计算其对应的原多目标函数值 F;

(1.4) 初始化参考点 z,其分量等于当前种群中相应日标函数分量的最小值。

(2) 更新。

(2.1) 基因重组,从 λ_i 的邻域中随机选取两个成员 k 与 l,通过遗传操作,利用 x_k 与 x_l 产生新的个体 y;

(2.2) 修正新的个体 y,产生 y';

(2.3) 更新参考点 z;

(2.4) 对于邻域中的所有成员 r,如果 $g(y' \mid \lambda_r, z) \leqslant g(x_r \mid \lambda_r, z)$,则将个体 x_r 替换为 y';

(2.5) 更新外部档案 Q,移除 Q 中所有能被 $F(y')$ 支配的个体;如果 Q 中的解都不能支配 $F(y')$,则将 $F(y')$ 加入 Q。

(3) 如果满足终止条件,则算法结束,输出外部档案 EP;否则,转至步骤(2)。

4.4.3　多目标粒子群优化算法

通过对鸟群觅食行为的研究,依据生物群体模型提出了一种新型的进化算法:粒子群优化(particle swarm optimization,PSO)算法。作为一种启发式算法,粒子群优化算法的核心思想是通过种群中成员的信息共享来实现有效且快速的搜索。为了将粒子群优化算法运用到多目标优化问题中,建立了多种多目标粒子群优化(multi-objective particle swarm optimization,MOPSO)算法,例如,OMOPSO 算法将种群分为几个部分,对每个部分进行不同的变异操作以提升算法的整体性能;CMPSO算法为每个目标函数都赋予一个种群,各个种群分别根据 PSO 算法进化,并利用外部档案进行不同种群间的信息交换;FMOPSO 算法引入模糊全局最优的概念来维持种群多样性并解决 PSO 过早收敛的问题等。本节先在图 4.8 中给出粒子群优化算法的基本流程图,然后介绍多目标粒子群优化算法的基本步骤。

　　如图 4.8 所示,粒子群优化算法是基于群体智能理论的优化方法,根据个体的适应度值进行操作,适应度的具体形式取决于目标函数。其中,每个粒子都是一个个体,在搜索空间中以一定的速度飞行,并在每一次的迭代过程中通过个体最优位置 p_{best} 与群体最优位置 g_{best} 调整自己的速度,位置随速度的改变而改变。终止条件一般设定为全局最优值满足某一标准,或者已达到最大迭代次数。常用的粒子速度 v_{k+1} 及位置 x_{k+1} 的更新公式为

$$\begin{cases} v_{k+1} = \omega v_k + c_1 r_1 (p_{\text{best}} - x_k) + c_2 r_2 (g_{\text{best}} - x_k), \ r_1, \ r_2 \in [0, 1] \\ x_{k+1} = x_k + v_{k+1} \end{cases} \quad (4.10)$$

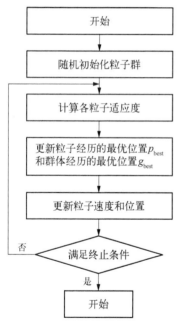

图 4.8　粒子群优化算法的基本流程图

式中,下标 k 表示迭代步数;ω 为惯性系数,当 ω 取值较大时,粒子群的全局搜索能力较强,反之,局部搜索能力较强;r_1、r_2 为均匀分布的随机数;c_1 为个体学习因子;c_2 为群体学习因子,通常可取 $c_1 = c_2 = 2$。p_{best} 与 g_{best} 的更新只要与粒子当前的位置进行比较即可。

　　可以看出,粒子群的进化主要依赖信息共享机制,没有交叉、变异等遗传操作,这使得算法变得简单,但同时算法的收敛性也因此不能得到严格保证。另外,在处理多峰问题时,粒子容易陷入局部最优解而停止搜索。为此,可以为每个粒子增加一些扰动,使之跳出局部最优解去寻找全局最优解,在面对多目标优化问题时,这些扰动也将丰富种群的多样性。

　　具体地,MOPSO 的过程如下。

　　(1)初始化。

　　(1.1)初始化种群 P;

　　(1.2)初始化每个粒子的速度为 0,位置一般随机生成;

　　(1.3)初始化一个空的外部档案集 Q,容量为 N,并评估 P 中的每个粒子适应度,将其中的非支配解放入 Q;

　　(1.4)计算 p_{best},并在 Q 中选择 g_{best}。

　　(2)更新。

　　(2.1)更新粒子的速度与位置;

（2.2）为每个粒子增加干扰因素,如变异操作;

（2.3）评估每个粒子,根据粒子间的支配关系,将非支配解存入 Q 中,完成档案集的更新,如果档案集大小超过 N,则从中移除个体直至其大小为 N;

（2.4）更新 p_{best} 与 g_{best}。

（3）如果满足终止条件,则输出外部档案集 Q,算法结束;否则,转至步骤(2)。

关于 g_{best} 的选取,可在 MOPSO 中引入适应度共享的概念,给外部档案中的每个解都赋予一个共享值,并根据共享值的大小采用"轮盘赌"的方式为每一个粒子选取全局最优的位置。

关于 p_{best} 的更新,可借助新解与之存在的支配关系,如果当前 p_{best} 能被新解支配,则用新解替换 p_{best};如果 p_{best} 支配新解,则 p_{best} 保持不变;如果互不支配,则在新解与 p_{best} 间随机选取一个作为更新后的 p_{best}。

参考文献

雷德明,严新平,2009. 多目标智能优化算法及其应用[M].北京:科学出版社.

林锉云,董加礼,1992. 多目标优化的方法与理论[M].长春:吉林教育出版社.

郑金华,邹娟,2007. 多目标进化算法及其应用[M].北京:科学出版社.

Coello C C A, 2006. Evolutionary multi-objective optimization: A historical view of the field[J]. IEEE Computational Intelligence Magazine, 1(1): 28-36.

Deb K, Agrawal S, Pratap A, et al., 2000. A fast elitist non-dominated sorting genetic algorithm for multi-objective optimization: NSGA-Ⅱ[C]. International Conference on Parallel Problem Solving From Nature, Berlin.

Fonseca C M, 1993. Genetic algorithms for multi-objective optimization: Formulation, discussion and generalization[C]. International Conference on Genetic Algorithms, San Francisco.

Horn J, Nafpliotis N, Goldberg D E, 1994. A niched pareto genetic algorithm for multi-objective optimization[C]. IEEE Conference on Evolutionary Computation, Orlando.

Li K, Deb K, Zhang Q, et al., 2014. An evolutionary many-objective optimization algorithm based on dominance and decomposition[J]. IEEE Transactions on Evolutionary Computation, 19(5): 694-716.

Liu D, Tan K C, Goh C K, et al., 2007. A multi-objective memetic algorithm based on particle swarm optimization[J]. IEEE Transactions on Systems, Man, and Cybernetics, 37(1): 42-50.

Salazar-Lechuga M, Rowe J E, 2005. Particle swarm optimization and fitness sharing to solve multi-objective optimization problems[C]. IEEE Congress on Evolutionary Computation, Edinburgh.

Sierra M R, Coello C A C, 2005. Improving PSO-based Multi-Objective Optimization Using Crowding, Mutation And ϵ-Dominance[M]. Berlin: Springer.

Srinivas N, Deb K, 1994. Multi-objective optimization using non-dominated sorting in genetic algorithms[J]. Evolutionary Computation, 2(3): 221-248.

Zhang Q, Li H, 2007. MOEA/D: A multi-objective evolutionary algorithm based on decomposition [J]. IEEE Transactions on Evolutionary Computation, 11(6): 712-731.

Zhan Z H, Li J, Cao J, et al., 2013. Multiple populations for multiple objectives: A coevolutionary technique for solving multi-objective optimization problems [J]. IEEE Transactions on Cybernetics, 43(2): 445-463.

Zhou A, Qu B Y, Li H, et al., 2011. Multi-objective evolutionary algorithms: A survey of the state of the art[J]. Swarm and Evolutionary Computation, 1(1): 32-49.

Zitzler E, Laumanns M, Thiele L, 2001. SPEA2: Improving the strength pareto evolutionary algorithm [J]. Evolutionary Methods for Design Optimization and Control with Application, 103: 95-100.

Zitzler E, Thiele L, 1999. Multi-objective evolutionary algorithms: A comparative case study and the strength pareto approach[J]. IEEE Transactions on Evolutionary Computation, 3(4): 257-271.

第5章
涡轴发动机整机多学科设计优化

5.1 概　　述

本章对某涡轴发动机整机开展多学科设计优化工作。该涡轴发动机示意图如图 5.1 所示,其主要构型特征如下:

(1) 三级轴流+一级离心组合压气机;

(2) 高温升短环回流燃烧室;

(3) 双级燃气涡轮+前输出式双级动力涡轮。

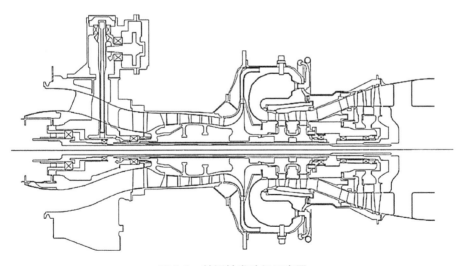

图 5.1　某涡轴发动机示意图

本章采用 3.3.5 节的 BLISS - POD 优化方法,该方法利用本征正交分解(proper orthogonal decomposition,POD)技术对 3.3.4 节 BLISS2000 中代理模型的构建过程进行改进。首先通过 POD 技术确定潜在的最优解区域,然后对该区域进行补充采样,更新样本库后再建立代理模型,最后才将该代理模型用于 BLISS2000 中。通过对发动机设计点工况下整机 BLISS - POD 多学科设计优化案例的应用,表明 BLISS - POD 优化方法可以完成发动机整机模型的多学科优化任务,且在优化效率上具有明显优势。

5.2 系 统 分 解

某涡轴发动机总体多学科设计优化考虑了热力、结构、转子动力学、气动、燃烧、污染排放、传热、强度、振动及寿命在内的 10 个学科。各学科之间存在着很强的耦合作用,如总体与部件气动热力性能接口可简化为如图 5.2 所示。值得注意的是,这里给出的流程及所有相关分析适用于不同的整机工况,由此可以通过多次整机多学科设计,分别获得不同工况下的整机多学科设计优化解。至于以何种工况进行设计,或如何对不同工况进行综合考虑,则不在本书之中多加考虑。

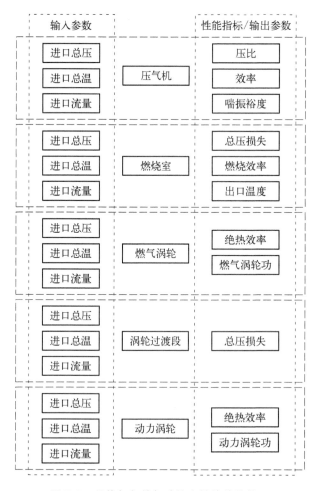

图 5.2 总体与部件气动热力性能简化接口

　　针对本涡轴发动机整机多学科设计优化建立的 BLISS – POD 优化方法流程如图 5.3 所示,图中的系统级为总体优化,包括总体性能和结构优化,子系统 1 为压气机优化,子系统 2 为燃烧室优化,子系统 3 为燃气涡轮优化,子系统 4 为动力涡轮优化。它们的优化流程分别如图 5.4~图 5.7 所示。

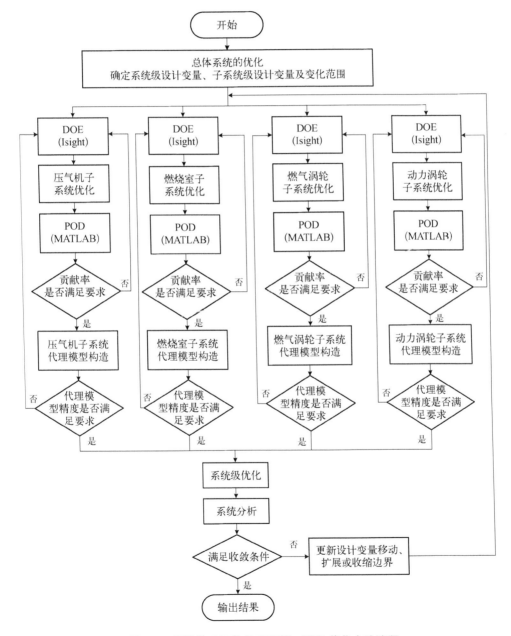

图 5.3　涡轴发动机整机 BLISS – POD 优化方法流程

　　总体优化流程主要包括热力循环分析、尺寸分析、重量分析及转子动力学分析。输入参数包括压气机、燃烧室、燃气涡轮、动力涡轮等部件性能参数,输出指标有功率、耗油率、发动机尺寸、重量、临界转速裕度等。

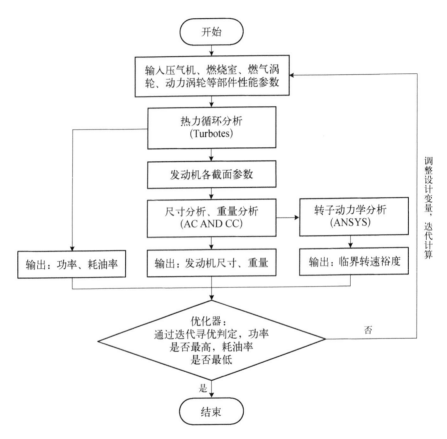

图 5.4　发动机总体优化流程

　　压气机优化流程包括读入总体分配的流量、压比等参数,输入轴流压比、进出口气流速度、后弯角等设计变量,然后进行一维特性分析、S2 反问题计算、叶片造型、三维流场计算、强度计算、振动计算等,输出喘振裕度、应力、振动裕度等指标。

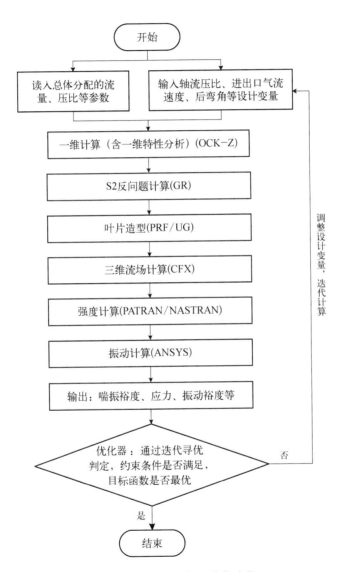

图 5.5 发动机压气机优化流程

　　燃烧室优化流程包括读入总体分配的流量、进口总压等参数,输入火焰筒上主燃孔及掺混孔的半径、位置等参数,然后进行流量分配计算、燃烧室流程参数计算、点火性能计算、污染物排放计算和三维性能计算,输出 OTDF、RTDF、燃烧效率等指标。

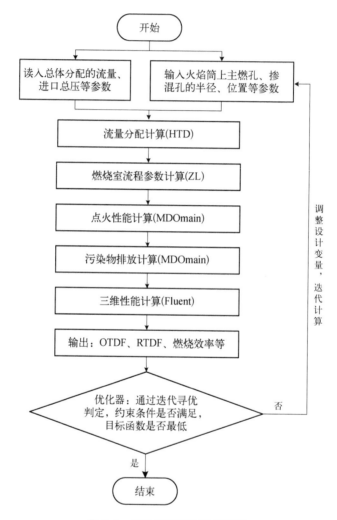

图 5.6　发动机燃烧室优化流程

　　涡轮优化流程包括读入总体分配的流量、进口总压等参数,输入叶片造型参数等设计变量,然后进行一维计算、S2 反问题计算、叶片造型、S2 正问题计算、三维气动性能计算、传热分析、强度分析、振动分析等,输出效率、膨胀比、流量、应力、振动裕度等指标。需要注意的是,这里的涡轮优化流程对燃气(高压)涡轮及动力(自由)涡轮均适用。

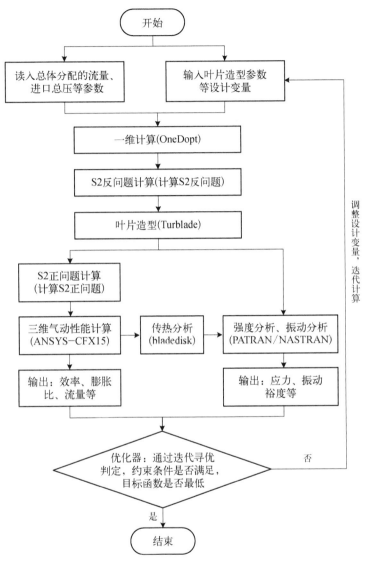

图 5.7　发动机涡轮优化流程

5.3　系 统 建 模

　　涡喷发动机、涡轴发动机、涡扇发动机设计可归纳为总体及若干个部件、系统：总体、压气机(风扇、增压机、高压压气机)、燃烧室、涡轮(高压涡轮、低压涡轮)等。但是,它们所涉及的专业学科有不少是相同的,这里简要介绍的 10 门学科中的基本分析方法大多也适用于涡喷发动机、涡扇发动机,当然所用具体方法及分析软件会有所不同。另外,各类发动机多学科设计优化时强调的学科门类可能会有所不同,为便于阅读,有的物理建模内容放在后面有关章节中进行介绍,具体见其余各章节相关内容。

5.3.1　MDO 物理建模

1. 热力循环分析

航空燃气涡轮发动机热力循环分析模型是基于气动热力学原理和部件匹配理论建立的。这里采用部件级模块思路建立发动机热力循环分析模型。对于任何一个部件,都可以描绘出功率传递和气体流动路径,将一个部件的输出作为下一个部件的输入。输出/输入的连接点称为节点,其中部分节点采用气路连接,部分节点采用机械连接。

根据飞行条件和已给定的部件信息,对各部件进行热力循环计算分析。每个部件完成热力计算后,计算结果通过节点传递给下一个部件;以此类推,直到完成最后一个部件的热力计算。通过热力计算,可得到一个待求解的非线性共同工作方程组。利用经典的非线性方程组数值解法求解这些方程,最终得到整台发动机的部件参数和总体性能。这里采用 Turbotes 软件实现热力循环分析。

1) 设计点热力循环分析

发动机设计点热力循环分析是指在选定的一种飞行条件下,选择一组发动机热力循环参数进行发动机由前至后各部件热力过程计算。设计点热力循环分析的目的是初步确定发动机在设计点条件下的主要性能(功率/推力和耗油率)是否满足飞行器性能要求,或者根据飞行器对发动机功率/推力的要求,初步确定反映发动机尺寸大小的空气流量等级。与此同时,还确定了发动机各流通截面的气流参数,为流道尺寸设计和各部件气动设计提供原始数据。

2) 非设计点热力循环分析

在非设计点热力循环分析中,根据设计点确定的特征参数,通过热力循环分析,确定发动机在整个飞行包线范围内不同工作状态下的整机性能。

2. 尺寸/重量估算

尺寸/重量模块是总体设计中重要的一环,通过尺寸/重量的计算,可以得到各主要部件的主要几何特征参数,根据各部件的主要几何特征参数,能够在概念设计阶段就确定整台发动机的简要流道,以比较不同设计参数下整台发动机部件和流道几何尺寸的变化。此外,根据部件相关设计水平,可以预估出部件的级数、转速以及总体强度参数 AN2。在方案计算中,一些关键性的参数将在总体设计优化中作为重要约束来影响最优参数的选取。

可以采用基于部件的发动机重量估算方法。参考 WATE - S(weight analysis of turbine engines-small)的计算方法,开发了尺寸/重量估算程序。当然各类发动机的重量估算方法有其自身特点,这里不一一叙述。计算中考虑了总体热力学参数、部件特征参数、发动机部件密度等,该软件能够对涡轴发动机主要部件的重量进行估算,包括进气道/粒子分离器、轴流压气机、离心压气机、燃烧室、燃气涡轮、动力涡轮、尾喷管以及附件的重量。

尺寸/重量估算程序输入文件包括三个:① ENGINE. IN 为设计点各截面参数;② ENG_MAX. IN 为强度校核点截面参数;③ DSY. IN 为材料密度参数。输出文件包括两个:① ENGINE. OUT 为发动机详细截面尺寸与部件重量估算的结果;② MPT_PARA. OUT 为发动机各部件气动、强度负荷的结果。数据示例见表 5.1~表 5.5。

表 5.1　ENGINE. IN 输入参数表

轴流压气机进口结构参数								
参数	进出口判断	马赫数	轮毂比	展弦比	稠度	叶型因子	级长度因子	材料许用应力/MPa
范围	1(进口)/0(出口)	0.35/0.55	0.40/0.70	1.5/2.5	1.0/1.5	0.60/0.80	1.0/2.0	—
初始值	0	0.504	0.544	2.0	1.3	0.7	1.45	800

轴流压气机出口结构参数								
参数	进出口判断	马赫数	轮毂比	展弦比	稠度	叶型因子	级长度因子	材料许用应力/MPa
范围	1(进口)/0(出口)	0.30/0.50	0.40/0.70	0.8/1.7	1.0/1.5	0.60/0.80	1.0/2.0	—
初始值	1	0.35	0.58	1.2	1.5	0.7	1.46	800

轴流压气机特征参数					
参数	流道形式	绝热效率	压气机切线速度修正值/(m/s)	级数	静调级数
初始值	等0.3径(0.3叶高处半径相等)	0.795	22.0	3	0

离心压气机输入参数					
参数	进口马赫数	进口轮毂比	反力度	结构形式	压气机切线速度修正值/(m/s)	进出口外径比
范围	0.30/0.55	0.40/0.75	0.6~0.9	0(无)/1(有)	—	0.5~0.7
初始值	0.35	0.73	0.63	0	11.5	0.5

续　表

燃气涡轮进口结构参数							
参数	进出口判断	马赫数	轮毂比	展弦比	稠度	叶型因子	级长度因子	材料许用应力/MPa
范围	1(进口)/0(出口)	0.1/0.3	0.40/0.70	0.5/1.8	1.0/1.5	0.60/0.80	1.0/2.0	—
初始值	0	0.28	0.0	1.0	1.1	0.7	1.00	900

燃气涡轮出口结构参数							
参数	进出口判断	马赫数	轮毂比	展弦比	稠度	叶型因子	级长度因子	材料许用应力/MPa
范围	1(进口)/0(出口)	0.20/0.35	0.40/0.70	0.5/1.5	1.0/1.5	0.60/0.80	1.0/2.0	—
初始值	1	0.475	0.0	1.2	1.4	0.7	1.00	900

燃气涡轮特征参数			
参数	流道形式	绝热效率	载荷系数	级数
初始值	等内径	0.89	3.94	2

动力涡轮进口结构参数							
参数	进出口判断	马赫数	轮毂比	展弦比	稠度	叶型因子	级长度因子	材料许用应力/MPa
范围	1(进口)/0(出口)	0.15/0.35	0.40/0.70	1.8/3.5	1.0/1.5	0.60/0.80	1.0/2.0	—
初始值	0	0.40	0.0	2.0	1.2	0.7	1.00	700

动力涡轮出口结构参数							
参数	进出口判断	马赫数	轮毂比	展弦比	稠度	叶型因子	级长度因子	材料许用应力/MPa
范围	1(进口)/0(出口)	0.25/0.45	0.40/0.70	1.5/2.2	1.0/1.5	0.60/0.80	1.0/2.0	—
初始值	1	0.50	0.0	2.5	1.2	0.7	1.00	700

动力涡轮特征参数				
参数	流道形式	绝热效率	载荷系数	级数	转速/(r/min)
初始值	等内径	0.90	3.18	2	20 900

燃烧室特征参数					
参数	主燃区总温/K	主燃区马赫数	旁路总温/K	旁路马赫数	燃油流量/(kg/s)	油气比	燃烧室类型
初始值	1 800.0	0.01	700.0	0.06	0.089 4	0.068 5	3

表 5.2　ENG_MAX. IN 输入参数表

主要截面单位流量/(kg/s)						
参数	轴流进口	燃烧室进口	燃烧室出口	高压涡轮进口	高压涡轮出口	自由涡轮出口	燃油流量
初始值	6.143	5.221	5.364	5.668	6.286	6.286	0.143

油　气　比					
参数	轴流压气机	离心压气机	燃烧室	高压涡轮进口	高压涡轮出口	自由涡轮出口
初始值	0.000 0	0.000 0	0.027 4	0.025 9	0.023 3	0.023 3

压气机热力参数					
参数	进口总温/K	进口总压/Pa	出口总温/K	出口总压/Pa	总压比	总效率
初始值	288.15	98 790	687	1 481 800	15.00	0.820 0
参数	涡轮导向器进口总温/K			涡轮导向器进口总压/Pa		
初始值	1 600.0			1 407 800		

燃气涡轮热力参数					
参数	进口总温/K	进口总压/Pa	出口总温/K	出口总压/Pa	单位功/(J/kg)	效率
初始值	1 555.68	1 379 628	1 149	362 420	452 447	0.89

自由涡轮热力参数						
参数	进口总温/K	进口总压/Pa	出口总温/K	出口总压/Pa	单位功/(J/kg)	效率	高压总功率/W
初始值	1 149	356 984	886	106 379	312 023	0.90	2 564 570
参数	低压总功率/W			尾喷管喉道面积/m²			
初始值	1 961 240			0.13			

表 5.3　DSY. IN 输入参数表

高压涡轮部件				
部件	叶片	轮盘	连接件	机匣
材料密度/(kg/m³)	8 200.0	8 180.0	8 200.0	8 180.0

轴流压气机部件				
部件	叶片	轮盘	连接件	机匣
材料密度/(kg/m³)	4 440.0	4 440.0	8 630.0	4 440.0

续 表

离心压气机部件				
部件	叶片	轮盘	连接件	机匣
材料密度/(kg/m³)	4 440.0	4 440.0	8 630.0	8 180.0

自由涡轮部件				
部件	叶片	轮盘	连接件	机匣
材料密度/(kg/m³)	8 200.0	8 180.0	8 200.0	8 180.0

燃 烧 室				
部件	内外壁	火焰筒	—	—
材料密度/(kg/m³)	8 180.0	8 180.0		

涵 道				
部件	整体机匣	中介机匣	扩压器	尾喷管
材料密度/(kg/m³)	8 180.0	8 180.0	8 180.0	8 180.0

进气道和粒子分离器部件				
部件	叶片	机匣	—	—
材料密度/(kg/m³)	8 180.0	8 180.0		

轴				
部件	高压轴	低压轴	—	—
材料密度/(kg/m³)	8 200.0	8 200.0		

表 5.4 ENGINE. OUT 输出参数表

轴流压气机计算结果					
气动热力参数					
参数	进口温度/K	进口压力/Pa	进口熵	进口焓	进口流量/(kg/s)	进口油气比
计算值	288	98 791	0.000	288 162	6.142	0.000
参数	出口温度/K	出口压力/Pa	出口熵	出口焓	出口流量/(kg/s)	出口油气比
计算值	451	405 162	0.000	452 537	6.142	0.000

续　表

			特 征 参 数			
参数	压比	绝热效率	第一级压比	叶尖线速度/(m/s)	线速度修正值/(m/s)	转速/(r/min)
计算值	4.1	0.875	1.7	499	22	37 980
参数	单位功/(J/kg)	载荷系数	多变效率	流道形式	总长/m	级数
计算值	164 374	0.396	0.897	等0.3径(0.3叶高处半径相等)	0.2	3

进 口 级

结构尺寸及若干气动参数

参数	马赫数	轴向速度/(m/s)	面积/m²	轮毂比	展弦比	稠度
计算值	0.5	167	0.035	0.5	2.000	1.3
参数	叶型因子	外径/m	中径/m	内径/m	叶片厚度/m	叶高/m
计算值	0.8	0.25	0.19	0.13	0.003	0.057
参数	叶根应力/MPa	弦长/m	叶片数	长度因子	级长度	总体强度参数/10⁶
计算值	310	0.029	36	1.45	0.08	50.15

密度及重量参数

参数	叶片密度/(kg/m³)	轮盘密度/(kg/m³)	连接件密度/(kg/m³)	机匣密度/(kg/m³)	动叶总重/kg	静叶总重/kg
计算值	4 440	4 440	8 630	4 440	0.896	0.896
参数	单动叶重量/kg	轮盘重量/kg	连接件重量/kg	机匣重量/kg	单级重量/kg	
计算值	0.025	1.010	1.161	0.728	4.691	

出 口 级

结构尺寸及若干气动参数

参数	马赫数	轴向速度/(m/s)	面积/m²	轮毂比	展弦比	稠度
计算值	0.35	146.8	0.014	0.75	1.18	1.50
参数	叶型因子	外径/m	中径/m	内径/m	叶片厚度/m	叶高/m
计算值	0.80	0.20	0.18	0.15	0.003	0.025

续　表

结构尺寸及若干气动参数				
参数	叶根应力/MPa	弦长/m	叶片数	长度因子	级长度
计算值	126	0.02	47	1.460	0.060

密度及重量参数					
参数	叶片密度/(kg/m³)	轮盘密度/(kg/m³)	连接件密度/(kg/m³)	机匣密度/(kg/m³)	动叶总重/kg	静叶总重/kg
计算值	4 440	4 440	8 630	4 440	0.278	0.278
参数	单动叶重量/kg	轮盘重量/kg	连接件重量/kg	机匣重量/kg	单级重量/kg	轴流级总重/kg
计算值	0.006	0.765	1.108	0.437	2.867	11.337

离心压气机计算结果

气动热力参数

参数	进口温度/K	进口压力/Pa	进口熵	进口焓	进口流量/(kg/s)	进口油气比
计算值	451	405 162	0.000	452 537	6.14	0.000
参数	出口温度/K	出口压力/Pa	出口熵	出口焓	出口流量/(kg/s)	出口油气比
计算值	687	1 481 878	0.000	699 100	6.1	0.000

特　征　参　数

参数	单位功/(J/kg)	总压比	绝热效率	多变效率	出口线速度/(m/s)	反力度
计算值	246 562	3.65	0.82	0.849	577	0.630
参数	进口马赫数	进口速度/(m/s)	进口面积/m²	总长/m	线速度修正值
计算值	0.350	146	0.014	0.084	0.000
参数	进口轮毂比	进口外径/m	进口中径/m	进口内径/m	进口叶高/m
计算值	0.730	0.19	0.17	0.14	0.027
参数	进出口外径比	出口外径/m	出口叶高/m	出口速度/(m/s)	出口气流角	比转速
计算值	0.67	0.29	0.010	451	44.37	0.59

续　表

径 向 扩 压 器			
结构尺寸参数			
参数	进口直径/m	出口直径/m	内宽度/m	长度/m
计算值	0.29	0.45	0.01	0.08

轴 向 扩 压 器			
结构尺寸参数			
参数	进口直径/m	出口直径/m	内宽度/m	长度/m
计算值	0.45	0.48	0.01	0.09

密度及重量参数				
参数	叶片密度 /(kg/m³)	轮盘密度 /(kg/m³)	机匣密度 /(kg/m³)	扩压器密度 /(kg/m³)	扩压器重量 /kg
计算值	4 440	4 440	8 180	8 180	7.56
参数	动叶叶片重量/kg	轮盘重量/kg	叶轮重量/kg	机匣重量/kg	压气机总重/kg
计算值	0.92	14.23	15.15	1.13	23.85

燃气涡轮计算结果				
气动热力参数				
参数	进口温度/K	进口压力/Pa	进口熵	进口焓	进口流量 /(kg/s)	进口油气比
计算值	1 555	1 379 628	0.000	1 824 839	5.66	0.02
参数	出口温度/K	出口压力/Pa	出口熵	出口焓	出口流量 /(kg/s)	出口油气比
计算值	1 148	362 420	0.000	1 251 818	6.28	0.023

特 征 参 数				
参数	流道形式	绝热效率	载荷系数	总长	中径速度比	级数
计算值	等内径	0.89	3.94	0.10	0.80	2

进 口 级				
结构尺寸及若干气动参数				
参数	马赫数	轴向速度 /(m/s)	面积/m²	轮毂比	展弦比	稠度
计算值	0.28	211	0.009	0.82	1.000	1.1

续　表

	结构尺寸及若干气动参数					
参数	叶型因子	外径/m	中径/m	内径/m	叶片厚度/m	叶高/m
计算值	0.700	0.19	0.17	0.15	0.002	0.017
参数	叶根应力/MPa	弦长/m		叶片数	长度因子	级长度
计算值	130	0.017		40	1.000	0.039

	密度及重量参数					
参数	叶片密度/(kg/m³)	轮盘密度/(kg/m³)	连接件密度/(kg/m³)	机匣密度/(kg/m³)	动叶总重/kg	静叶总重/kg
计算值	8 200	8 180	8 200	8 180	0.23	0.21
参数	单动叶重量/kg	轮盘重量/kg	连接件重量/kg		机匣重量/kg	单级重量/kg
计算值	0.006	0.64	0.69		0.48	2.25

出 口 级

	结构尺寸及若干气动参数					
参数	马赫数	轴向速度/(m/s)	面积/m²	轮毂比	展弦比	稠度
计算值	0.47	307	0.02	0.69	1.2	1.41
参数	叶型因子	外径/m	中径/m	内径/m	叶片厚度/m	叶高/m
计算值	0.7	0.22	0.19	0.15	0.003	0.035
参数	叶根应力/MPa	弦长/m	叶片数	长度因子	级长度/m	总体强度参数/10⁶
计算值	300	0.02	35	1.000	0.06	30

	密度及重量参数					
参数	叶片密度/(kg/m³)	轮盘密度/(kg/m³)	连接件密度/(kg/m³)	机匣密度/(kg/m³)	动叶总重/kg	静叶总重/kg
计算值	8 200	8 180	8 200	8 180	1.28	1.18
参数	单动叶重量/kg	轮盘重量/kg	连接件重量/kg	机匣重量/kg	单级重量/kg	燃气涡轮总重/kg
计算值	0.03	1.47	1.2	0.99	6.14	8.4

续　表

	自由涡轮计算结果				
	气动热力参数				
参数	进口温度/K	进口压力/Pa	进口熵	进口焓	进口流量/(kg/s)	进口油气比
计算值	1 148	356 984	0.000	1 251 818	6.28	0.023
参数	出口温度/K	出口压力/Pa	出口熵	出口焓	出口流量/(kg/s)	出口油气比
计算值	886	106 378	0.000	939 802	6.28	0.023
	特 征 参 数				
参数	流道形式	绝热效率	载荷系数	总长/m	中径速度比	级数
计算值	等内径	0.9	3.18	0.09	0.91	2

进 口 级

结构尺寸及若干气动参数

参数	马赫数	轴向速度/(m/s)	面积/m²	轮毂比	展弦比	稠度
计算值	0.4	259	0.024	0.78	2.000	1.19
参数	叶型因子	外径/m	中径/m	内径/m	叶片厚度/m	叶高/m
计算值	0.700	0.28	0.25	0.22	0.002	0.03
参数	叶根应力/MPa	弦长/m	叶片数	长度因子	级长度
计算值	105	0.015	69	1.000	0.03

密度及重量参数

参数	叶片密度/(kg/m³)	轮盘密度/(kg/m³)	连接件密度/(kg/m³)	机匣密度/(kg/m³)	动叶总重/kg	静叶总重/kg
计算值	8 200	8 180	8 200	8 180	0.79	0.58
参数	单动叶重量/kg	轮盘重量/kg	连接件重量/kg	机匣重量/kg	单级重量/kg
计算值	0.012	1.42	1.26	0.66	4.73

出 口 级

结构尺寸及若干气动参数

参数	马赫数	轴向速度/(m/s)	面积/m²	轮毂比	展弦比	稠度
计算值	0.500	285	0.06	0.62	2.5	1.19

续　表

结构尺寸及若干气动参数					
参数	叶型因子	外径/m	中径/m	内径/m	叶片厚度/m	叶高/m
计算值	0.7	0.35	0.28	0.22	0.003	0.06
参数	叶根应力/MPa	弦长/m	叶片数	长度因子	级长度	总体强度参数/10^6
计算值	260	0.026	50	1.000	0.06	25

密度及重量参数					
参数	叶片密度/(kg/m³)	轮盘密度/(kg/m³)	连接件密度/(kg/m³)	机匣密度/(kg/m³)	动叶总重/kg	静叶总重/kg
计算值	8 200	8 180	8 200	8 180	3.71	2.74
参数	单动叶重量/kg	轮盘重量/kg	连接件重量/kg	机匣重量/kg	单级重量/kg	自由涡轮总重/kg
计算值	0.07	3.51	2.17	1.42	13.56	18.29

燃烧室计算结果

气动热力参数					
参数	进口温度/K	进口压力/Pa	进口熵	进口焓	进口流量/(kg/s)	进口油气比
计算值	687	1 481 878	0.000	0.000	5.22	0.000
参数	出口温度/K	出口压力/Pa	出口熵	出口焓	出口流量/(kg/s)	出口油气比
计算值	1 900	1 407 784	0.000	1 824 839	5.36	0.027

特 征 参 数					
参数	主燃烧室温度/K	主燃烧室马赫数	旁路温度/K	旁路马赫数	主燃烧室油气比	燃油流量/(kg/s)
计算值	1 900	0.01	800	0.06	0.06	0.14

参考环面参数					
参数	气流速度/(m/s)	面积/m²	外径/m	内径/m	高度/m	燃烧室总长/m
计算值	33	0.014	0.43	0.22	0.1	0.3

火焰筒参数					
参数	气流速度/(m/s)	面积/m²	外径/m	内径/m	高度/m	火焰筒长度/m
计算值	8	0.09	0.42	0.24	0.09	0.27

	密度及重量参数					
参数	壳体密度 /(kg/m³)	火焰筒密度 /(kg/m³)	壳体重量 /kg	火焰筒重量 /kg	喷射组件重量 /kg	燃烧室总重 /kg
计算值	8 180	8 180	13.16	12.12	5.51	30.79

进气道和粒子分离器计算结果		
气动热力参数		
参数	进口流量/(kg/s)	旁通比	总压恢复系数
计算值	7.31	0.16	0.97

(表中气动热力参数部分)

参数	进口流量/(kg/s)	旁通比	总压恢复系数
计算值	7.31	0.16	0.97

结　构　参　数

参数	进口外径/m	进口内径/m	出口外径/m	出口内径/m	最大内径距前缘距离/m	最大内径/m
计算值	0.39	0.21	0.25	0.13	0.13	0.3

参数	预旋叶片数	分流器唇口直径/m	分流器出口外径/m	分流器出口内径/m	唇口距进气道前缘距离/m
计算值	12	0.33	0.33	0.25	0.23

材料、结构参数

参数	叶片密度/(kg/m³)	壳体密度/(kg/m³)	总长度/m	总重量/kg
计算值	8 180	8 180	0.36	35.73

机匣、尾喷管计算结果

燃气涡轮过渡段机匣

参数	机匣密度/(kg/m³)	折转角/(°)	机匣长度/m	机匣重量/kg
计算值	8 180	18.00	0.08	2.90

自由涡轮后机匣

参数	机匣密度 /(kg/m³)	折转角/(°)	出口外径/m	出口内径/m	机匣长度/m	机匣重量/kg
计算值	8 180	10.00	0.37	0.22	0.07	3.42

尾　喷　管

参数	机匣密度 /(kg/m³)	折转角/(°)	出口外径/m	出口内径/m	机匣长度/m	机匣重量/kg
计算值	8 180	1.90	0.38	0.000	0.32	10

续　表

支撑结构计算结果			
参数	压气机前后支撑	高压涡轮后支撑	低压涡轮后支撑	功率输出方式
计算值	14.74	6.43	14.24	后输出

轴系计算结果			

燃 气 涡 轮 轴			
参数	高压轴外径/m	高压轴内径/m	高压轴长度/m	材料密度/(kg/m³)	总重/kg
计算值	0.02	0.000	0.61	8 200	2.1

自 由 涡 轮 轴			
参数	低压轴外径/m	低压轴内径/m	低压轴长度/m	材料密度/(kg/m³)	总重/kg
计算值	0.026	0.000	0.87	8 200	3.78

减速器计算结果			
参数	输入转速/(r/min)	输出功率/	减速器级数	减速器重量/kg
计算值	20 900	7 868	2	37.51

总体结构计算结果(不含粒子分离器)			
参数	附件重量/kg	总长/m	总重/kg	功重比
计算值	32.21	1.28	221.68	11.79

表 5.5　MPT_PARA.OUT 输出参数表

设计点重要参数			
参数	低压转速/(r/min)	高压转速/(r/min)	轴流压气机进口换算转速/(r/min)	压气机比转速
计算值	20 900	37 980	2 237	0.596

轴 流 进 口 级			
参数	载荷系数	叶根应力/MPa	叶尖切线速度/(m/s)	多变效率	换算叶尖速度/(m/s)
计算值	0.396	272	500	0.897	500

续 表

离心压气机出口				
参数	反力度	出口角/(°)	叶尖速度/(m/s)	多变效率	换算叶尖速度/(m/s)
计算值	0.630	44.4	577	0.849	374

燃 气 涡 轮				
参数	载荷系数	出口总体强度参数/10^6	中径速度比	等熵效率
计算值	3.94	30.03	0.81	0.890

自 由 涡 轮				
参数	载荷系数	出口总体强度参数/10^6	中径速度比	等熵效率
计算值	3.18	25.98	0.91	0.900

3. 转子动力学分析

转子动力学分析主要进行转子临界转速的计算,使得转子–支承系统的工作转速避开临界转速。

1)转子动力学计算方法

在总体多学科设计优化中,可以先简单地用轴系横向振动分析代替转子动力特性分析。轴系横向振动与轴的材料特性、轴的形状和尺寸、轴的支承形式和轴上零件的质量等有关。当轴系结构相对简单时,可以采用理论公式进行分析。例如,对于图 5.8 中两端简支的轴,其临界转速可以用如下公式计算:

$$n_{crk} = 946\lambda_k \sqrt{\frac{EI}{W_0 L^3}} \tag{5.1}$$

式中,λ_k 为支座形式系数,对于简支一阶临界,$\lambda_1 = 9.87$;E 为轴材料的弹性模量(MPa);I 为轴截面的惯性矩(mm^4);W_0 为轴自重(N);L 为轴长(mm)。

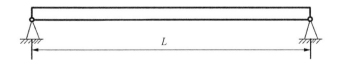

图 5.8 传动轴的简支模型

对于结构相对复杂的传动轴,需考虑支承刚度和陀螺效应等因素的影响,因此可以采用有限元法进行分析以获得更加准确的结果。

2）转子动力学评估与优化

轴的转子动力学特性可用临界转速裕度进行评估，临界转速裕度计算方法如下：

$$临界转速裕度 = \frac{|工作转速 - 临界转速|}{工作转速} \times 100\%$$

在实际工程结构设计中，应保证转子具有一定的临界转速裕度。对于临界转速裕度不满足要求的情况，可通过改变转子的结构参数，使转子的临界转速避开工作转速范围并满足一定的裕度要求。工程实际中，除了对轴的直径、跨度、质量分布等参数进行改动，也可以通过调整弹性支承的支承刚度来有效实现轴临界转速的优化。

4. 气动分析

气体在压气机、涡轮通道中的运动具有三维、有黏性、可压缩和非定常等特点，流动非常复杂，包含二次流、激波、边界层干扰等流动现象。描绘三维流动的基本方程包括 3 个速度分量的动量方程、1 个能量方程、1 个连续方程和 1 个状态方程，共 6 个方程。待求的未知量有 6 个（包括 3 个速度分量及压力、温度和密度），方程数目和未知量数目相同，加上初始条件和边界条件即可求解。随着计算机硬件及三维 CFD 技术的发展，目前广泛采用基于 N-S(Navier-Stokes) 方程的全三维流场数值模拟方法进行。下面对黏性流体动力学进行简要说明。

1）黏性流体动力学基本方程组

根据质量守恒定律、动量守恒定律和能量守恒定律，可给出黏性流体动力学基本方程组，包括连续方程、黏性流体的动量方程、黏性流体的能量方程。叙述这些方程推导过程的文献众多，这里不再重复。

（1）连续方程。

根据质量守恒可得连续方程为

$$\frac{\partial \rho}{\partial t} + \nabla \cdot (\rho \boldsymbol{U}) = 0 \qquad (5.2)$$

展开为

$$\frac{\partial \rho}{\partial t} + \frac{\partial \rho u_1}{\partial x_1} + \frac{\partial \rho u_2}{\partial x_2} + \frac{\partial \rho u_3}{\partial x_3} = 0 \qquad (5.3)$$

式中，ρ 为密度；$\boldsymbol{U}$ 为速度矢量；$u_i(i=1, 2, 3)$ 为对应坐标系方向的速度分量；x_i $(i=1, 2, 3)$ 为坐标系的三个分量；t 为时间；$\nabla \cdot$ 为散度。

连续方程表示单位时间流入流出微元体的质量必与密度变化相平衡。

（2）黏性流体的动量方程。

黏性流体的运动方程（N-S 方程）可由牛顿第二定律推出如下：

$$\rho \frac{\partial u_i}{\partial t} + \rho u_j \frac{\partial u_i}{\partial x_j} = \rho F_i - \frac{\partial p}{\partial x_i} + \mu \nabla^2 u_i + \frac{\mu}{3} \frac{\partial^2 u_j}{\partial x_i \partial x_j}, \ i, j = 1, 2, 3 \quad (5.4)$$

式中，$F_i(i = 1, 2, 3)$ 为对应坐标系方向的质量力分量；μ 为动力黏度；∇ 为梯度。

（3）黏性流体的能量方程。

由能量守恒定律可推得黏性流体的能量方程如下：

$$\frac{\mathrm{D}}{\mathrm{D}t}\left(h + \frac{1}{2}u_i u_i\right) = Q + W_i - \frac{1}{\rho} \frac{\partial q_i}{\partial x_i} + \frac{1}{\rho} \frac{\partial m_{ji} u_i}{\partial x_j} + \frac{1}{\rho} \frac{\partial p}{\partial t} \quad (5.5)$$

式中，h 为单位质量的焓；$h + \frac{1}{2}u_i u_i$ 为单位质量的总焓；m_{ji} 为黏性应力张量的分量；$\frac{\mathrm{D}}{\mathrm{D}t}$ 为随体导数；Q 为来自吸收辐射热、化学反应及燃烧的外加热；W_i 为单位时间内体积力对单位质量所做的功；q_i 为来自热传导的热量；p 为压力。

2）雷诺时均方程

通过直接求解黏性流体动力学基本方程组来准确描述流体流动是不现实的，但可通过一定方式进行简化处理。简单来说就是把流体中各个随空间和时间变化的参数转换为时间平均量和脉动量的叠加，如瞬时速度 u_i 分解为平均速度 $\tilde{u}_i$ 和脉动速度 u_i'，即 $u_i = \tilde{u}_i + u_i'$。其中，$\tilde{u}_i$ 定义为时间平均，即

$$\tilde{u}_i = \lim_{T \to \infty} \frac{1}{T} \int_{t_0}^{t_0+T} u_i \mathrm{d}t \quad (5.6)$$

根据定义，脉动自身的平均值为零，例如，

$$\overline{u_i'} = \lim_{T \to \infty} \frac{1}{T} \int_{t_0}^{t_0+T} (u_i - \tilde{u}_i) \mathrm{d}t \equiv 0 \quad (5.7)$$

将式（5.7）和式（5.6）代入式（5.4），并对各项取平均，化简后可得平均速度 $\tilde{u}_i$ 的运动方程：

$$\tilde{u}_j \frac{\partial \tilde{u}_i}{\partial x_j} = -\frac{1}{\rho} \frac{\partial P}{\partial x_i} + v \frac{\partial^2 \tilde{u}_i}{\partial x_j \partial x_j} + \frac{1}{\rho} \frac{\partial(-\rho \overline{u_i' u_j'})}{\partial x_j} \quad (5.8)$$

这就是雷诺时均方程（RANS 方程），方程中最后一项（$-\rho \overline{u_i' u_j'}$）为雷诺应力，脉动量便是通过雷诺应力来影响平均运动的。

使用 $k - \varepsilon$ 湍流模型来模拟雷诺应力，使雷诺时均方程的方程组封闭。

综上所述，通过数值方法求解以上方程，即可得到三维流场下的三个速度分量及压力、温度和密度。

5. 燃烧分析

燃烧分析需要考虑流体流动、传热、传质和化学反应过程，且燃烧过程通常是

湍流燃烧,并伴随湍流和化学反应之间的相互影响。因此,与流体分析相比,燃烧室性能分析还需要考虑化学组分输运模型、燃油雾化模型、化学反应模型、辐射和传热模型等。

1) 控制方程及相关模型

图 5.9 列出了燃烧数值计算中涉及的输运控制方程和各类模型。其中,湍流模型一般采用 $k-\varepsilon$ 双方程湍流模型,化学反应/湍流相互作用过程一般由 EBU - Arrhenius 湍流燃烧模型描述,离散相模型主要考虑燃油液滴与空气的相互作用,辐射模型用于计算燃气与固壁之间的热传递。下面仅对这些控制方程和相应模型进行简单介绍。

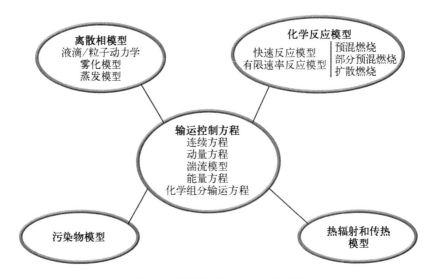

图 5.9　燃烧数值计算方程与模型

（1）输运控制方程。

在圆柱坐标系下对连续方程、动量方程、能量方程与组分输运方程进行雷诺平均,得到连续方程、动量方程、能量方程和组分输运方程的通用表达式(符号上的短横表示时均量)。

可以将连续方程、动量方程、能量方程和组分输运方程统一表达为

$$\frac{\partial(\rho u\phi)}{\partial x} + \frac{\partial(r\rho v\phi)}{r\partial r} + \frac{\partial(\rho w\phi)}{r\partial\theta}$$

$$= \frac{\partial}{\partial x}\left(\Gamma^{\phi}\frac{\partial\phi}{\partial x} - \rho\overline{u'\phi'}\right) + \frac{\partial}{r\partial r}\left[r\left(\Gamma^{\phi}\frac{\partial\phi}{\partial r} - \rho\overline{v'\phi'}\right)\right] + \frac{\partial}{r\partial\theta}\left(\Gamma^{\phi}\frac{\partial\phi}{r\partial\theta} - \rho\overline{w'\phi'}\right) + S^{\phi}$$

$$(5.9)$$

式中,x、r、θ 为柱坐标系坐标变量;u、v、w 为三个坐标轴方向的速度分量;u'、v'、

w' 为对应的湍流脉动速度；ρ 为密度；S^{ϕ} 为广义源项；Γ^{ϕ} 为广义扩散函数；ϕ 为通用变量，分别表示 u、v、w、h（单位质量的焓）和 m_j（第 j 个组分的时均质量分数）。

（2）$k-\varepsilon$ 双方程湍流模型。

湍流动能 k 和湍流动能耗散率 ε 的输运微分方程可以由 N-S 方程推导出来，对脉动关联量，通常采用梯度扩散假设和量纲分析等方法进行模化：

$$\frac{\partial(\rho u k)}{\partial x} + \frac{\partial(r\rho v k)}{r\partial r} + \frac{\partial(\rho w k)}{r\partial \theta} \tag{5.10}$$

$$= \frac{\partial}{\partial x}\left(\Gamma_e^k \frac{\partial k}{\partial x}\right) + \frac{\partial}{r\partial r}\left(r\Gamma_e^k \frac{\partial k}{\partial r}\right) + \frac{\partial}{r\partial \theta}\left(\Gamma_e^k \frac{\partial k}{r\partial \theta}\right) + G_k - C_D \rho \varepsilon$$

$$\frac{\partial(\rho u \varepsilon)}{\partial x} + \frac{\partial(r\rho v \varepsilon)}{r\partial r} + \frac{\partial(\rho w \varepsilon)}{r\partial \theta}$$

$$= \frac{\partial}{\partial x}\left(\Gamma_e^{\varepsilon} \frac{\partial \varepsilon}{\partial x}\right) + \frac{\partial}{r\partial r}\left(r\Gamma_e^{\varepsilon} \frac{\partial \varepsilon}{\partial r}\right) + \frac{\partial}{r\partial \theta}\left(\Gamma_e^{\varepsilon} \frac{\partial \varepsilon}{r\partial \theta}\right) + \frac{\varepsilon}{k}(C_1 G_k - C_2 \rho \varepsilon)$$

$$\tag{5.11}$$

式中，G_k 为由层流速度梯度产生的湍流动能；Γ_e^k 为湍流动能的有效扩散系数；Γ_e^{ε} 为湍流动能耗散率的有效扩散系数；C_D、C_1、C_2 为经验常数，推荐值如下：$C_D = 1.0$、$C_1 = 1.43$、$C_2 = 1.92$。

（3）化学反应模型。

在碳氢燃料燃烧时，考虑不完全燃烧产生一氧化碳，可以采用两步反应系统：

$$C_x H_y + \left(\frac{x}{2} + \frac{y}{4}\right)(O_2 + nN_2) \longrightarrow xCO + \frac{y}{2}H_2O + \left(\frac{x}{2} + \frac{y}{4}\right)nN_2 \tag{5.12}$$

$$xCO + \frac{x}{2}(O_2 + nN_2) \longrightarrow xCO_2 + \frac{x}{2}nN_2$$

式中，$C_x H_y$ 为典型碳氢燃料分子式；n、x、y 为化学方程式系数。

（4）EBU-Arrhenius 湍流燃烧模型。

对于燃烧过程，常采用涡团破碎（eddy-breakup，EBU）模型。该模型的化学反应速率 $R_{\mathrm{fu, EBU}}$ 可以表达为

$$R_{\mathrm{fu, EBU}} = C_{\mathrm{EBU}} \rho \overline{m_{\mathrm{fu}}} \varepsilon/k \tag{5.13}$$

式中，$\overline{m_{\mathrm{fu}}}$ 为燃料浓度的时均值；C_{EBU} 约等于 1.5，是可调的模型系数。

EBU 燃烧模型假设化学反应的平均速度与化学动力学无关，只取决于低温的反应物和高温的燃烧产物之间的湍流混合作用。按照该模型，在足够精细的流动湍流结构尺度下，一旦组分的混合以分子量级发生，化学反应即可在瞬间完成，因为与湍流输运过程相比，化学反应的时间尺度很小，所以燃烧的速度是由分子量级

的湍流涡相互混合的速率所决定的,也就是说由这些湍流涡的耗散率所决定的。

(5) 其他模型。

计算燃烧学中除了上述重要模型外,还有计算火焰筒壁温升高的辐射换热模型、计算液体燃料的液雾燃烧模型以及燃料液雾与气相连续介质相互作用的气液两相耦合模型等。其中,辐射换热模型包括区域法、蒙特卡罗法、热通量法、离散传播法,目前较多采用的是六通量辐射换热模型。液雾燃烧模型有双流体模型和颗粒轨道模型,在航空发动机燃烧室数值计算中通常采用颗粒轨道模型。它主要采用单元内颗粒源(particle source in cell,PSIC)方法,获得燃料颗粒的运动轨迹、直径和温度的变化规律、颗粒运动和变化过程与气相的相互作用和相互影响。

2) 燃烧计算的求解过程

在两相化学反应流场的计算过程中,首先进行若干次气相冷态流场的迭代计算,每隔一定次数迭代就加入一次液相计算,并修改气相控制方程的源项,接着进行气相热态流场的迭代求解。

本章采用了两种分析精度的模型:一种是用基于经验公式的一维程序对燃烧室总体性能进行预估;另一种是采用三维数值模拟法进行气动热力分析,得到气动性能、出口温度场等。

6. 污染物排放

随着航空运输业的迅速发展,全球航空发动机排放的污染物(CO、NO_x、未燃碳氢、碳烟)急剧增加,对环境产生了严重的影响。国际民航组织(International Civil Aviation Organization,ICAO)、中国民用航空局(Civil Aviation Administration of China,CAAC)等都制定了航空发动机污染排放标准,直接决定航空发动机产品能否进入市场,因此降低燃烧室污染物排放是航空发动机设计必须考虑的重要因素。燃烧室污染物预测方法主要分为三类:经验和半经验关系式方法;化学反应器模型预测方法;基于三维CFD的分析型预测方法。这三种方法简单概括如下:

(1) 经验和半经验关系式的系数依赖特定类型燃烧室试验数据的拟合,应用于同类燃烧室,计算结果的精度较高,但对于不同类型的燃烧室往往不适用,特别是为降低排放而广泛采用的贫油预混预蒸发(lean premixed prevaporized,LPP)技术与传统燃烧室有较大差别,这些客观因素限制了经验和半经验关系式方法的应用。

(2) 化学反应器模型预测方法根据流动和燃烧化学反应的特点将燃烧室划分为不同的区域,用全混流反应器(perfectly stirred reactor,PSR)或柱塞流反应器(plug flow reactor,PFR)等简化模型模拟相应的区域,将这些模块相互连接构成网络模拟燃烧室内的燃烧化学反应过程。该方法考虑了某一特征截面的燃烧室结构、流场、空气燃料分级等,计算速度较快。其本质是一种二维方法,缺点是需要依赖CFD的流场、温度场计算结果,无法描述燃烧室的全局。

(3) 基于三维CFD的分析型预测方法通过对整个燃烧室进行建模求解控制

方程,可以获得燃烧室内详细的流场和流动燃烧过程,可以在求解过程中或通过流场后处理获得污染物的生成率和排放量。该方法的缺点是计算模型需要经过试验校核,且 CFD 计算需要巨大的计算资源及求解时间,对于复杂燃烧室计算尤其如此。

这里介绍的基于经验公式的方法,基于燃烧室简单的物理化学分析,通过大量试验数据拟合得到。分析时应将和燃烧室相关的参数列入作为参考,如燃烧室尺寸、设计特征、运行工况以及燃料类型和燃料喷雾特征等。尽管经验公式需要大量的试验数据作为依托,并且公式的系数与具体的燃烧室方案相对应,通用性有限,但是用该方法预估污染物排放很简单且能给出方向性的趋势,利于在设计优化中考虑污染物排放。

1) NO_x 排放公式

由于 NO_x 对环境的影响更为突出,所以发动机 NO_x 排放受到了越来越严格的限制,对各种不同燃烧室 NO_x 排放数据进行统计和分析,发展了一些 NO_x 排放的拟合公式。

(1) Lefebvre 的 NO_x 排放公式。

Lefebvre 提出的 NO_x 排气发散指数公式关系到:① 燃烧室区域的平均滞留时间;② 化学反应速率;③ 混合率。它们可由燃烧室尺寸、火焰筒压力损失、气流特性以及运行条件所控制的进口压力、温度和空气流量等参数来反映,具体经验关系式如下:

$$EINO_x = 9 \times 10^{-8} P^{1.25} V_c \exp(0.01 T_{st}) / \dot{m}_\Lambda T_{pz} \quad (g/kg) \tag{5.14}$$

式中, P 为燃烧室进口压力(kPa); V_c 为燃烧体积(m^3); T_{st} 为化学恰当比火焰温度(K); $\dot{m}_\Lambda$ 为燃烧室进口空气流量(kg/s); T_{pz} 为主燃区温度(K)。

(2) Rizk 和 Mongia 的 NO_x 排放公式。

Rizk 和 Mongia 根据大量试验结果提出了一种拟合关系式,着重考虑燃油蒸发对 NO_x 排放的影响,认为燃油蒸发时间缩短会使 NO_x 排放增加,具体经验关系式如下:

$$EINO_x = 0.15 \times 10^{16} (t - 0.5 t_{ev})^{0.5} \exp[-(71\,100/T_{st}) P^{-0.05} (\Delta P/P)^{-0.5}] \quad (g/kg) \tag{5.15}$$

式中, t 为主燃区停留时间(s); t_{ev} 为蒸发时间(s); $\Delta P/P$ 为无量纲压力降。

2) CO 排放公式

CO 是一种有毒的气体排放物,在燃烧室中主要产生在慢车等小工况下,由燃烧不完全导致,在大工况下很少。它主要由 CO_2 高温分解产生,另外在火焰筒壁面受冷却淬熄等的影响也会产生少量的 CO。CO 排放对环境有很大影响,是燃烧室重要的污染排放设计考核指标。为了预测 CO 的排放,Lefebvre、Mongia 也提出了

CO 的经验公式。

（1）Lefebvre 的 CO 排放公式。

Lefebvre 认为主燃区 CO 生成所耗费的时间明显比 NO_x 生成要长,这样 CO 生成所对应的温度不再是蒸发燃油液滴邻近的局部最高温度,而是整个主燃区的平均温度 T_{pz}。而且,因为考虑低压条件下的 CO 排放最为重要,在此条件下蒸发速率又相对缓慢,所以燃油蒸发体积 V_e 必然增加,使燃烧室体积 V_c 减小,具体经验关系式如下:

$$EICO = h\dot{m}_A T_{pz} \exp - (iT_{pz}) / [(V_c - V_e)(\Delta P/P)^{0.5} P^j] \quad (g/kg) \quad (5.16)$$

式中,h、i、j 为变量,根据不同的燃烧室类型而有所不同,具体如下:

① 对于环管燃烧室,$h = 18.17$,$i = 0.0023$,$j = 1.5$;

② 对于直流环形燃烧室,$h = 26928$,$i = 0.00345$,$j = 2.5$;

③ 对于回流燃烧室,$h = 86$,$i = 0.00345$,$j = 1.5$。

式(5.16)中 V_e 为蒸发体积(m^3),且有

$$V_e = 0.55 \dot{m}_{pz} D_o^2 / \rho_{pz} \lambda_{eff}$$

式中,$\dot{m}_{pz}$ 为主燃区空气流量(kg/s);D_o 为索特平均直径(m);ρ_{pz} 为主燃区密度(kg/m^3);λ_{eff} 为蒸发常数(m^2/s)。

（2）Rizk 和 Mongia 的 CO 排放公式。

Rizk 和 Mongia 在式(5.15)的基础上推导出一个相似的关系式,把 CO 排气发散指数对燃烧温度的依赖性稍微降低,提高了对压力的依赖,具体经验关系式如下:

$$EICO = 0.18 \times 10^9 \exp(C_{CO}/T_{pz}) / P^2 (t - 0.4 t_{ev})(\Delta P/P)^{0.5} \quad (g/kg) \quad (5.17)$$

式中,C_{CO} 为 CO 排气发散指数温度系数,这里取 $C_{CO} = 7800$。

3）UHC 排放公式

未燃碳氢(unburned hydrocarbon,UHC)主要是指在燃烧室出口未完全燃烧的燃油颗粒、燃油蒸汽以及在燃烧过程中裂解的小分子燃油,其形成过程更多受到物理因素的控制。控制 UHC 生成的化学反应非常复杂,因此由试验数据拟合得到的 UHC 排放公式的精度不高,只能定性地对其影响因素进行分析,相应的 UHC 拟合公式较少。

（1）Lefebvre 的 UHC 排放公式。

$$EIUHC = k\dot{m}_A T_{pz} \exp(-mT_{pz}) / [(V_c - V_e)(\Delta P/P)^{0.5} P^n] \quad (g/kg) \quad (5.18)$$

式中,k、m、n 为变量,根据不同的燃烧室类型而有所不同,具体如下:

① 对于环管燃烧室,$k = 5288$,$m = 0.0025$,$n = 2.5$;

② 对于直流环形燃烧室，$k = 26\,928$，$m = 0.003\,45$，$n = 2.5$；

③ 对于回流燃烧室，$k = 19\,606$，$m = 0.003\,45$，$n = 2.5$。

（2）Rizk 和 Mongia 的 UHC 排放公式。

$$\text{EIUHC} = 0.76 \times 10^{11} \exp(C_{\text{UHC}}/T_{\text{pz}})/\left[P^{k}(t - mt_{\text{ev}})^{0.1}(\Delta P/P)^{l}\right] \quad (\text{g/kg}) \tag{5.19}$$

式中，C_{UHC} 为 UHC 排气发散指数温度系数，这里取 $C_{\text{UHC}} = 9\,756$；k、m、l 为变量，这里取 $k = 2.3$，$m = 1$，$l = 0.5$。

4）Soot 排放公式

燃烧室中的排气冒烟（Soot）是主燃区内形成碳烟以及在随后的高温区中被氧化后的结果。燃烧过程中碳烟的形成与局部燃料过富、温度过高等因素有关，更多地受到燃油雾化、混合等物理过程的影响。Soot 并不是某一种单一的物质，而是一种碳氢混合物。Soot 的生成过程非常复杂，因此与 UHC 一样，由试验数据拟合得到的 Soot 排放公式的精度不高，只能定性地对其影响因素进行分析，相应的 Soot 拟合公式也较少。

Lefebvre 的 Soot 排放公式为

$$\text{SN} = pP^{2}\text{FAR}_{\text{pz}}\left[1 - q\exp(rT_{\text{sz}})/\text{FAR}_{\text{sz}}\right](18 - H)^{1.5} \quad (\text{mg/kg}) \tag{5.20}$$

式中，SN 为发烟数；FAR_{pz} 为主燃区油气比；T_{sz} 为掺混区温度（K）；H 为燃油中的氢浓度，常取为 13.77%；

p、q、r 为变量，根据不同的燃烧室类型而有所不同，具体如下：

① 对于环管燃烧室，$p = 73$，$q = 0.004\,23$，$r = 0.001\,1$；

② 对于直流环形燃烧室，$p = 0.008$，$q = 0.003\,65$，$r = 0.001\,1$；

③ 对于回流燃烧室，$p = 0.048$，$q = 0.004\,43$，$r = 0.001\,1$。

7. 传热分析

在计算涡轮叶片、涡轮盘等的强度时，必须考虑对强度影响很大的温度场。这个影响取决于两个因素：① 受热不均匀时热变形差所产生的热应力；② 温度增高时材料的机械性能降低。

对计算涡轮叶片外换热而言，需要周围燃气温度和换热系数边界条件。周围燃气温度可由气动性能数据直接得到，叶片外换热系数可由 CFD 方法或者经验公式获得。本章采用基于经验公式的叶片外换热计算程序 CHTCFB，其具有友好的可视界面，输入、输出均为文本格式，通过对参数的简单设置可直接输出结果。程序需读取涡轮气动的 S1、S2 文件和附加信息输入文件 input.dat。1r_des 状态_1 号网格_S1 计算结果.out 为主要输入参数文件，包含沿叶片高度上叶盆及叶背的气动参数；des 状态_1 号网格_S2 正问题结果.out 包括多级涡轮各截面气动参数。输出文件为.dat格式文件,含有叶身表面各截面叶型点上的燃气换热参数cfx.dat或ansys_1s.dat,作为传热分析的输入文件之一。

叶片热分析等工作在ANSYS Mechanical中进行。首先需在有限元模型中选定需加载的几何表面,然后通过读入命令流文件SetNodeBound.txt加载边界条件,该文件读入上一步生成的ansys_1s.dat燃气侧边界条件,将边界数据以最近点原则插值到叶片表面的有限元节点上,实现第三类边界条件加载。该程序采用批处理运行脚本文件的方式,调用ANSYS Mechanical后通过软件的录制命令,将模型导入建模、有限元网格划分、材料设置、载荷施加及后处理过程录制下来。

8. 强度分析

强度分析的目的是确定叶片和轮盘等的应力分布及变形情况,以保证其安全工作。航空发动机工作条件恶劣,强度设计是必须考虑的学科之一。由弹性力学可知,需求解共15个基本方程,包括3个平衡微分方程、6个几何方程及6个物理方程,未知量有15个(6个应力分量、6个应变分量和3个位移分量)。在已知边界条件下,利用上述15个基本方程即可求解,工程中通常采用有限元法来求解。

9. 振动分析

在航空发动机研制和使用过程中,叶片等的振动是较为常见的故障现象。据资料统计,叶片振动故障约占航空发动机结构类故障的1/3以上,如折断、掉块、裂纹等,多数是由叶片振动引起的,因此设计时必须充分考虑叶片振动问题。

叶片振动的基本问题是自由振动和受迫振动。在振动设计中,先求解出叶片及零部件乃至转子、整机的各阶频率,然后在考虑各类激振源的基础上算出各阶振动裕度以判定是否满足要求,因此求得固有频率是核心问题之一。为此,可利用达朗贝尔原理,按静力学平衡方程的形式建立动力学方程,这里不再详述。与前面求解静强度问题一样,这里也采用有限元法进行求解。

10. 寿命分析

零件或构件在工作应力水平远低于材料强度极限的交变应力的反复作用下,经过一定的循环次数后,应力集中部位可能会萌生裂纹,裂纹在一定条件下会发生扩展,并最终导致零件或构件断裂。根据有关统计资料,疲劳损坏占机械零件破坏模式的1/2以上。随着对航空发动机性能要求的不断提高,零件或构件的应力水平越来越高,工作条件越来越恶劣,疲劳破坏事故更是频繁发生。因此,在压气机叶片及其他构件的设计中应充分考虑抗疲劳设计。这可以采用常规方法或有限元法进行分析。

需要说明的是,为减少篇幅,传热、强度、振动、寿命分析等模型的建立及较详细的分析方法还可参见作者之前出版的《航空发动机多学科设计优化》一书或其他相关资料,这里未能详述。另外,这里列出的有的物理建模方法,如污染物排放,在本章优化问题中并未全部用到；有的物理建模方法，如噪声及经济性，则在后面相关章节再进行介绍。

5.3.2　MDO 代理建模

1. 本征正交分解技术

在航空动力系统整机多学科设计优化中，应考虑与之相关的多个变量。一方面，为了避免遗漏一些重要的信息，常常考虑尽可能多的变量；另一方面，变量的增多会导致问题的复杂性增加。3.3.5 节提及的本征正交分解技术就是研究如何通过原始变量的少数几个线性组合来表达原始变量绝大多数信息的一种统计方法。

一般来说，所涉及的众多变量之间存在一定的相关性，存在一些起支配性的因素。因此，通过研究原始变量相关矩阵或协方差矩阵的内部结构关系，采用原始变量的线性组合形成少数几个综合量（称为基函数或主成分），可在保留原变量大部分信息的前提下，起到降维和简化问题的作用。利用本征正交分解技术获得的基函数与原始变量之间存在如下关系：

（1）每一个基函数都是各原始变量的线性组合；

（2）基函数的数目远少于原始变量的数目；

（3）少数几个基函数保留了原始变量的绝大部分信息；

（4）各基函数之间互不相关。

不失一般性地，假设某项事物包含 p 个指标，分别以 x_1, x_2, $\cdots$, x_p 表示，则由 p 个指标组成的 p 维随机向量是 $x = (x_1, x_2, \cdots, x_p)^{\mathrm{T}}$。设随机向量 x 的均值为 μ，协方差矩阵为 Σ。

对 x 进行线性变换，重新组合成新的综合变量，用 F 表示，即

$$\begin{cases} F_1 = a_{11}x_1 + a_{21}x_2 + \cdots + a_{p1}x_p \\ F_2 = a_{12}x_1 + a_{22}x_2 + \cdots + a_{p2}x_p \\ \qquad\qquad\qquad \vdots \\ F_m = a_{1m}x_1 + a_{2m}x_2 + \cdots + a_{pm}x_p \end{cases} \tag{5.21}$$

为了使得新的综合指标既能最大限度地反映原始变量 x 所包含的信息，又能够确保新指标之间保持相互无关，这就要求 $F_i = a_i^{\mathrm{T}}x$ 的方差尽可能大，并且 F_i 之间是相互独立的。由于

$$\mathrm{var}(F_i) = \mathrm{var}(a_i^{\mathrm{T}}x) = a_i^{\mathrm{T}}\Sigma a_i \tag{5.22}$$

对于任意的常数 c，有

$$\mathrm{var}(ca_i^{\mathrm{T}}x) = c^2 a_i^{\mathrm{T}}\Sigma a_i \tag{5.23}$$

由以上分析可知,如果对 a_i 不加限制,会使得 $\mathrm{var}(F_i)$ 任意增大,问题将变得没有意义。因此,在线性变换时进行如下限制:

(1) $a_i^{\mathrm{T}} a_i = 1$ $(i = 1, 2, \cdots, p)$;

(2) F_i 与 F_j 相互无关 $(i \neq j; i, j = 1, 2, \cdots, p)$;

(3) F_1 是 $x_1, x_2, \cdots, x_p$ 中一切符合上述(1)要求的线性组合中方差最大的;F_2 是与 F_1 不相关的 $x_1, x_2, \cdots, x_p$ 所有线性组合中方差最大的;……;F_m 是与 F_1, $F_2, \cdots, F_{m-1}$ 都不相关的 $x_1, x_2, \cdots, x_p$ 的所有线性组合中方差最大的。

依据上述原则确定的综合变量 F_1, F_2, $\cdots$, F_m 分别称为原始变量的第1,第2,…,第 m 个基函数 $(m \leqslant p)$。各综合变量在总的方差中所占比例依次递减,即各综合变量所包含的原始变量的信息依次递减。实际工作中,通常只选取几个方差大的主成分,从而实现降维的目的。

2. 基于POD补充采样的自适应代理模型

对于一个高维优化问题,需要大量的样本才能保证代理模型的精度。但是,在航空发动机实际应用中的各种模型往往很复杂,单个样本点的计算量很大、成本很高,因此大量样本点的计算必将导致高昂的计算成本。在定义域内进行高效采样,实现以较小的成本建立满足精度要求的代理模型,是进一步提高优化效率的有效措施。不难想到,当采用代理模型代替精确模型进行优化时,不需要提高代理模型的全局近似精度,只需提高其在全局最优点附近区域的近似精度即可,因此可以只对代理模型潜在的最优区域进行重点采样。为此,本节采用一种基于本征正交分解技术的代理模型补充采样方法,实现优化流程中自适应样本加点,其流程如图5.10所示。该优化流程可叙述如下:

(1) 采用DOE进行采样获得初始样本数据;

(2) 去除不可行或较差的样本后,剩余样本按目标函数满足情况排序,也就是说将样本中最好的解放在第一行,次好的解放在第二行,以此类推;

(3) 生成快照矩阵,即样本矩阵,对数据进行归一化处理,使得数据的平均值为零,分布范围为 $(-1, 1)$;

(4) 对快照矩阵进行本征正交分解,即求解特征值问题,根据基函数贡献率和精度要求情况确定需要保留的基函数的数量,然后将POD系数作为新的设计变量,并确定其变化范围;

(5) 建立以POD系数为新的设计变量的降维设计空间(映射空间),每一步迭代中优化器通过改变POD系数,在映射空间内得到一组参数,然后将该参数返回原设计空间得到新的样本点;

(6) 将新的样本点加入初始样本点集;

(7) 判断保留的基函数数量对目标函数的贡献率是否大于设定值,若满足,则构造代理模型,若不满足,则转向步骤(5)。

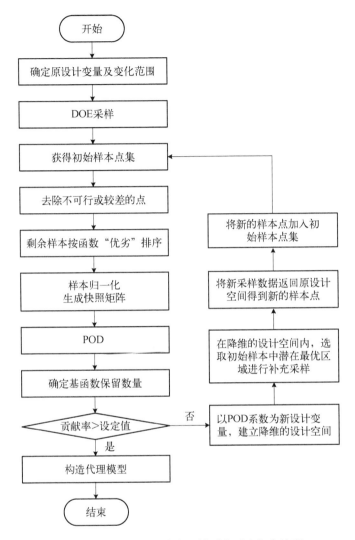

图 5.10 基于 POD 的代理模型自适应加点流程

　　该方法以较少的初始样本点作为工作基础,此时这些初始样本点构建的代理模型是不能满足精度要求的。然后进行本征正交分解,根据已有样本点的信息增加新的样本点。通过本征正交分解,对设计空间进行降维后,在初始样本中潜在的最优区域增加更多的采样点,从而有针对性地添加精确模型信息,逐步达到提高代理模型局部近似精度的要求。然而,在不知道精确模型实际分布的前提下,仅根据有限个样本点构造的代理模型的最优区域与实际最优区域可能存在较大的差异。特别是对于非线性多峰优化问题,在初始样本中经常包含多个较优的解,其中哪个较优的解接近全局最优解是不确定的。如果仅在已知的最优点区域进行补充采样,则有可能只在局部最优点附近不断提高近似精度,而不能获取真实的全局最优解区域。本章采用的解决方法是同时选择多个较优解的区域作为潜在的最优解区域,在它们附近的区域增加样本点,从而提高获得全局最优解区域的概率,降低陷入局部最优的可能性。如图 5.11 所示,可在已知的 4 个较优的点附近增加样本点。目前,尚无办法确定选择多少个较优解的区域作为潜在的最优解区域能够避免陷入局部最优,通常最优解包括在前面几个初始样本较优点的附近,可根据优化问题的规模进行加点。

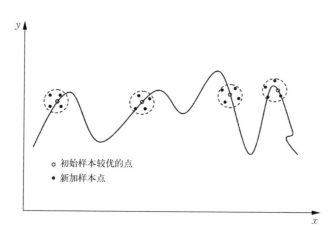

图 5.11　加点区域示意图

3. 数值测试

1) 测试函数

本节通过 3 个测试函数对该方法的有效性和可行性进行验证。

(1) 六驼峰函数。

$$f(x) = 4x_1^2 - 2.1x_1^4 + \frac{x_1^6}{3} + x_1 x_2 - 4x_2^2 + 4x_2^4 \qquad (5.24)$$

式中,$-5 \leqslant x_1, x_2 \leqslant 5$。

该函数有 6 个局部最优解,2 个全局最优解。最优解分别为 $x^* = f(-0.0898, 0.7126)$ 和 $x^* = f(0.0898, -0.7126)$,全局最优值 $f(x^*) = -1.0316$。

(2) Styblinski - Tang 函数。

$$f(x) = \frac{1}{2} \sum_{i=1}^{D} (x_i^4 - 16x_i^2 + 5x_i) \qquad (5.25)$$

式中,$D = 5$;$-5 \leqslant x_i \leqslant 5$。最优解为

$x^* = f(-2.903534, -2.903534, -2.903534, -2.903534, -2.903534)$

全局最优值 $f(x^*) = -195.831$。

（3）Rosenbrock 函数。

$$f(x) = \sum_{i=1}^{D-1} \left[100(x_{i+1} - x_i^2)^2 + (x_i - 1)^2 \right] \tag{5.26}$$

式中，$D = 10$；$-5 \leqslant x_i \leqslant 5$。最优解为 $x^* = f(1, \cdots, 1)$，全局最优值 $f(x^*) = 0$。

2）测试结果

以测试函数 1 为例，其优化流程如下：

（1）采用拉丁超立方试验设计进行 200 次采样，获得初始样本；

（2）根据目标函数满足情况，对样本进行排序；

（3）去除 150 个不可行或较差的样本点，剩余的样本点生成快照矩阵；

（4）POD 分析后，保留一个基函数，建立降维的设计空间；

（5）确定潜在最优解区域，然后在初始样本中选取 5 个较优的点，在其附近区域增加 50 个新样本点；

（6）将新样本点加入样本点集，然后建立代理模型。

图 5.12 给出了上述样本点的分布情况。由图 5.12 可知，由于保留了一个基函数，新样本点都位于一个主方向上并呈线性分布。如果不采用本征正交分解进行降维，在初始潜在最优点附近加点时，新样本点将围绕潜在的最优点呈方形分布。显然，采用 POD 降维的加点策略更为高效，因为其仅在对目标函数影响最大的方向上加点，所需的加点数量更少。

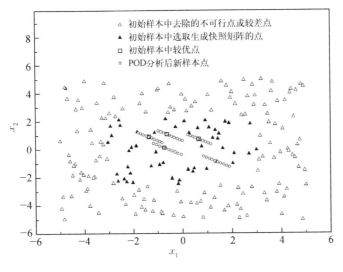

图 5.12　样本点分布

函数 2 和函数 3 的优化流程与函数 1 相似，在此不对优化流程进行赘述，仅列出参数设置和优化结果。参数设置如表 5.6 所示，优化结果如表 5.7 所示。由表

5.7可知,在同样的样本数量的情况下,采用基于POD加点的采样方法可以获得更优的优化结果。此外,由于拉丁超立方采样具有一定的随机性,为了减小随机误差对结果的影响,表中数据为运行10次的平均值。

表5.6 参数设置

函数	初始样本点数	用来生成快照矩阵的样本点数	保留的基函数个数	新增样本点数
1	200	50	1	50
2	1 000	300	2	200
3	5 000	1 000	5	500

表5.7 优化结果

函 数	真实最优解	总样本点数	代 理 模 型	
			RBF+POD	RBF
1	−1.031 6	250	−1.031 5	−0.968 2
2	−195.831	1 200	−182.6	−174.1
3	0	5 500	250.3	608.9

这样,基于POD补充采样的自适应代理模型通过POD分析获得主要基函数;然后以主要基函数建立降维的设计空间来近似原样本空间;之后进行补充采样,显然在降维的设计空间对潜在最优区域进行的补充采样将远小于原始设计空间采样的样本数;最后,当获得的基函数的贡献率满足要求,即降维设计空间能较完整地表达原始设计空间时,采用径向基函数建立总体分配的系统级设计变量与子系统优化得到的最优解之间的代理模型。基于此,分别建立压气机子系统、燃烧室子系统、燃气涡轮子系统和动力涡轮子系统的基于POD补充采样的自适应代理模型,鉴于四个子系统代理模型构造方式一致,下面仅以燃气涡轮子系统代理模型为例进行说明。

根据BLISS-POD策略,采用该代理模型近似模拟燃气涡轮的系统级设计变量与燃气涡轮子系统优化分析的最优解之间的关系。这里的输入量是燃气涡轮的进口流量、进口总压、进口总温这三个系统级设计变量,输出量则为进行燃气涡轮子系统优化得到的最优效率以及燃气涡轮子系统级设计变量(燃气涡轮流道和气动设计参数、流道几何形状参数、叶型关键几何参数、叶片造型参数等72个设计变量)的最优设计点。本章采用MATLAB编写程序实现POD降维和重构,所有的参数化建模及各学科计算流程采用商用优化软件 Isight 集成。首先采用拉丁超立方试验设计方法进行 DOE 设计,删除不可行点和较差点后进行 POD 分析并进行降维空间的自适应采样,直到基函数的贡献率达到 80% 以上,最后采用径向基函数代理模型进行近似建模。

5.3.3　MDO 数学建模

5.2 节已指出,本章采用 BLISS‐POD 策略。据此建立 MDO 数学模型,其系统级优化为发动机总体优化,四个子系统级优化分别为压气机、燃烧室、燃气涡轮及动力涡轮优化。在整个多学科设计优化过程中,一共包含 353 个设计变量,103 个约束条件,8 个目标函数。

1. 总体优化数学模型

优化目标:2 个,设计点下耗油率最小与功率最大。

设计变量:燃烧室出口温度、动力涡轮效率、发动机总引气量、压气机效率、压气机压比、燃气涡轮效率、燃烧室总压损失、燃烧室效率,共 8 个;

约束条件:发动机总重量,一阶、二级、三阶临界转速裕度,共 4 个。

总休层的优化目标、设计变量、约束条件分别如表 5.8~表 5.10 所示。

表 5.8　总体层的优化目标列表

优 化 目 标				
序　号	符　号	名　称	单　位	目 标 类 型
1	SFC	耗油率	kg/(kW·h)	min
2	Ns	功率	(kW·s)/kg	max

表 5.9　总体层的设计变量列表

设 计 变 量					
序　号	符　号	名　称	单　位	初始值	变化范围
1	$T_{4(1)}$	燃烧室出口温度	K	1 554	1 500~1 600
2	Eff_pt	动力涡轮效率	—	0.915	0.91~0.925
3	Mass_in	发动机总引气量	kg/s	4.1	4~4.2
4	Eff_c	压气机效率	—	0.805	0.8~0.815
5	Pai_c	压气机压比	—	13.6	12~15

设 计 变 量					
序　号	符　号	名　　称	单　位	初始值	变化范围
6	Eff_gt	燃气涡轮效率	—	0.89	0.88~0.91
7	Loss_comb	燃烧室总压损失	—	0.035	0.025~0.035
8	Eff_comb	燃烧室效率	—	0.995	0.99~0.999

表 5.10　总体层的约束条件列表

约 束 条 件				
序　号	符　　号	名　　称	单　位	变 化 范 围
1	M_all	发动机总重量	kg	≤200
2	Ljyd1	一阶临界转速裕度	—	≥20%
3	Ljyd2	二阶临界转速裕度	—	≥20%
4	Ljyd3	三阶临界转速裕度	—	≥20%

2. 压气机优化数学模型

优化目标: 2 个, 设计点下压气机压比和效率最大。

设计变量: 轴流各转子进、出口气流轴向速度, 轴流各转子进、出口叶尖半径, 轴流级功因子, 离心叶轮出口后弯角, 轴流压气机压比或离心压气机压比等流道参数, 转子叶片压比沿叶高分布, 静子叶片气流转角沿叶高分布, S2 流道形状, 叶片叶根、叶中、叶尖厚度沿周向分布, 叶栅损失系数分布, 叶片厚度分布, 叶片角分布等, 共 145 个。

约束条件: 压气机叶片造型约束、压气机喘振裕度、压气机轴流叶片最大当量应力、离心叶轮子午截面平均周向应力、轮心厚度以及重量等, 共 14 个。

压气机级的部分设计变量和约束条件分别如表 5.11、表 5.12 所示。

表 5.11　压气机的部分设计变量列表

设 计 变 量					
序　号	符　号	名　　称	单　位	初始值	变化范围
1	Zlyb	轴流压气机压比	—	4.12	4~4.4
2	Ht1	一级轴流级功因子	—	0.325	0.32~0.4

设　计　变　量					
序　号	符　号	名　　　称	单　位	初始值	变化范围
3	Ht2	二级轴流级功因子	—	0.264	0.26~0.32
4	Ht3	三级轴流级功因子	—	0.162	0.16~0.24
5	CaR1	一级轴流转子进口气流轴向速度	m/s	166.5	140~180
6	CaR2	二级轴流转子进口气流轴向速度	m/s	173.8	150~190
7	CaR3	三级轴流转子进口气流轴向速度	m/s	162.6	150~190
8	CaS3C	轴流压气机出口气流轴向速度	m/s	141	120~170
9	CaS1	一级轴流转子出口气流轴向速度	m/s	172.3	150~190
10	CaS2	二级轴流转子出口气流轴向速度	m/s	169.2	150~190
11	CaS3	三级轴流转子出口气流轴向速度	m/s	153	120~170
12	FLD	轴流反力度	—	0.6	0.5~0.7
13	FLD-ZL	反力度调整系数	—	0	-0.2~0.2
14	LXHWJ	离心叶轮出口后弯角	(°)	60	40~80
15	LXJKJD	离心径扩角度	(°)	58	40~70
16	LXRH	离心叶片根部半径	m	0.125	0.11~0.14
17	LXRT	离心叶片尖部半径	m	0.168	0.15~0.18
18	R1t	一级轴流转子进口叶尖半径	m	0.196	0.18~0.21
19	R2t	二级轴流转子进口叶尖半径	m	0.191	0.18~0.21
20	R3t	三级轴流转子进口叶尖半径	m	0.182	0.17~0.2
21	S3t	轴流压气机出口叶尖半径	m	0.171	0.16~0.19
22	Yxjd	轴流预旋角度	(°)	86	80~90
23	ZHYB	轴流出口下压角度	(°)	13.5	13~14
24	Zlckjd	轴流出口叶片角度	(°)	58	40~70
25	big1_1	离心叶轮大叶片叶高 1 处叶片角	(°)	-55	-60.5~49.5
26	big1_2	离心叶轮大叶片叶高 2 处叶片角	(°)	-18.6	-20~-16
27	big1_3	离心叶轮大叶片叶高 3 处叶片角	(°)	-10	-11~-9

		设　计　变　量			
序　号	符　号	名　　称	单　位	初始值	变化范围
28	big1_4	离心叶轮大叶片叶高 4 处叶片角	(°)	−12.5	−13～−11
29	big1_5	离心叶轮大叶片叶高 5 处叶片角	(°)	−21.5	−23～−19
30	big2_1	离心叶轮小叶片叶高 1 处叶片角	(°)	−62	−68～−55
31	big2_2	离心叶轮小叶片叶高 2 处叶片角	(°)	−39	−42～−35
32	big2_3	离心叶轮小叶片叶高 3 处叶片角	(°)	−28	−30～−25
33	big2_4	离心叶轮小叶片叶高 4 处叶片角	(°)	−29.9	−32～−26
34	big2_5	离心叶轮小叶片叶高 5 处叶片角	(°)	−28.2	−31～−25
35	R1BX−1	一级转子叶片叶高 1 处轴向弦长	m	0.6	0.5～0.7
36	R1BX−3	一级转子叶片叶高 3 处轴向弦长	m	0.571	0.56～0.584
37	R1BX−5	一级转子叶片叶高 5 处轴向弦长	m	0.548	0.536～0.56
38	R1BX−7	一级转子叶片叶高 7 处轴向弦长	m	0.521	0.503～0.536
39	R1BX−9	一级转子叶片叶高 9 处轴向弦长	m	0.48	0.4～0.503
40	R2BX−1	二级转子叶片叶高 1 处轴向弦长	m	0.53	0.52～0.54
41	R2BX−3	二级转子叶片叶高 3 处轴向弦长	m	0.52	0.51～0.52
42	R2BX−5	二级转子叶片叶高 5 处轴向弦长	m	0.49	0.48～0.51
43	R2BX−7	二级转子叶片叶高 7 处轴向弦长	m	0.47	0.44～0.46
44	R2BX−9	二级转子叶片叶高 9 处轴向弦长	m	0.45	0.46～0.48
45	R3BX−1	三级转子叶片叶高 1 处轴向弦长	m	0.53	0.52～0.54
46	R3BX−3	三级转子叶片叶高 3 处轴向弦长	m	0.52	0.51～0.52
47	R3BX−5	三级转子叶片叶高 5 处轴向弦长	m	0.49	0.48～0.51
48	R3BX−7	三级转子叶片叶高 7 处轴向弦长	m	0.47	0.46～0.48
49	R3BX−9	三级转子叶片叶高 9 处轴向弦长	m	0.45	0.44～0.46
50	Pai1−r1	一级转子叶片叶高 1 处压比	—	2.14	2～3
51	Pai1−r3	一级转子叶片叶高 3 处压比	—	2.14	2～3
52	Pai1−r5	一级转子叶片叶高 5 处压比	—	2.16	2～3

续　表

设 计 变 量					
序　号	符　号	名　　称	单　位	初始值	变化范围
53	Pai1 - r7	一级转子叶片叶高 7 处压比	—	2.17	2~3
54	Pai1 - r9	一级转子叶片叶高 9 处压比	—	2.18	2~3
55	Pai2 - r1	二级转子叶片叶高 1 处压比	—	1.62	1~2
56	Pai2 - r3	二级转子叶片叶高 3 处压比	—	1.62	1~2
57	Pai2 - r5	二级转子叶片叶高 5 处压比	—	1.61	1~2
58	Pai2 - r7	二级转子叶片叶高 7 处压比	—	1.6	1~2
59	Pai2 - r9	二级转子叶片叶高 9 处压比	—	1.6	1~2
60	Pai3 - r1	三级转子叶片叶高 1 处压比	—	1.33	1~2
61	Pai3 - r3	三级转子叶片叶高 3 处压比	—	1.28	1~2
62	Pai3 - r5	三级转子叶片叶高 5 处压比	—	1.28	1~2
63	Pai3 - r7	三级转子叶片叶高 7 处压比	—	1.28	1~2
64	Pai3 - r9	三级转子叶片叶高 9 处压比	—	1.3	1~2

表 5.12　压气机的约束条件列表

约 束 条 件				
序　号	符　号	名　　称	单　位	变化范围
1	r1_stressE	一级轴流叶片最大当量应力	MPa	≤628
2	r1_stressX	一级轴流叶片最大径向应力	MPa	≤461
3	r1 - zdyd	一级轴流叶片振动裕度	—	≥0.05
4	r2_stressE	二级轴流叶片最大当量应力	MPa	≤587
5	r2_stressX	二级轴流叶片最大径向应力	MPa	≤368
6	r2 - zdyd	二级轴流叶片振动裕度	—	≥0.05
7	r3_stressE	三级轴流叶片最大当量应力	MPa	≤512
8	r3_stressX	三级轴流叶片最大径向应力	MPa	≤472
9	r3 - zdyd	三级轴流叶片振动裕度	—	≥0.05

		约　束　条　件		
序　号	符　号	名　　称	单　位	变化范围
10	averEstress	离心叶轮子午截面平均周向应力	MPa	≤342
11	thickness	轮心厚度	mm	≤54
12	mass	重量	kg	≤4.5
13	fmax	最大相对挠度	—	≤0.4
14	Cmax	最大相对厚度	—	≤0.5
15	epsilon	叶型安装角	(°)	≤20
16	choke	喘振裕度	—	≥0.2

3. 燃烧室优化数学模型

优化目标: 2 个,设计点下燃烧室总压损失最小和燃烧效率最大。

设计变量: 燃烧室前/后壁主燃孔、掺混孔半径及轴向位置等,共 8 个。

约束条件: 燃烧室出口截面的 OTDF、RTDF、CO 排放特性值、NO_x 排放特性值、UHC 排放特性值,共 5 个。

燃烧室的优化目标、设计变量、约束条件分别见表 5.13~表 5.15。

表 5.13　燃烧室的优化目标列表

	优　化　目　标		
序　号	符　　号	名　　称	目 标 类 型
1	Loss_comb	燃烧室总压损失	min
2	Eff_comb	燃烧效率	max

表 5.14　燃烧室的设计变量列表

		设　计　变　量			
序　号	符　号	名　　称	单　位	初始值	变化范围
1	Comb_R1	燃烧室前壁主燃孔半径	mm	0.32	0.3~0.4
2	Comb_R2	燃烧室前壁掺混孔半径	mm	0.34	0.3~0.4

续　表

设 计 变 量					
序　号	符　号	名　称	单　位	初始值	变化范围
3	Comb_R3	燃烧室后壁主燃孔半径	mm	0.42	0.3~0.6
4	Comb_R4	燃烧室后壁掺混孔半径	mm	0.34	0.3~0.6
5	Comb_d1	燃烧室前壁主燃孔轴向位置	mm	54	36~72
6	Comb_d2	燃烧室前壁掺混孔轴向位置	mm	54	36~72
7	Comb_d3	燃烧室后壁主燃孔轴向位置	mm	72	36~72
8	Comb_d4	燃烧室后壁掺混孔轴向位置	mm	72	36~72

表 5.15　燃烧室的约束条件列表

约 束 条 件				
序　号	符　号	名　称	单　位	变化范围
1	Comb - OTDF	燃烧室出口温度分布系数	—	≤0.5
2	RTDF	燃烧室径向出口温度分布系数	—	≤0.3
3	EICO	CO 排气发散指数	g/kg	≤30
4	$EINO_x$	NO_x 排气发散指数	g/kg	≤30
5	EIUHC	UHC 排气发散指数	g/kg	≤30

4. 燃气涡轮优化数学模型

优化目标：1 个，设计点下燃气涡轮效率最高。

设计变量：燃气涡轮流道和气动设计参数、流道几何形状参数、叶型关键几何参数、叶片造型参数等，共 72 个。

约束条件：叶片反力度、出口马赫数、气流角、叶片平均拉伸应力以及振动裕度等，共 40 个。

各优化设计参数在叶根、叶中、叶尖三个截面有三个值，这里仅列出燃气涡轮的 24 个叶根处设计变量以供参考，具体见表 5.16；叶片反力度、出口马赫数、气流角在双级燃气涡轮叶片的叶根、叶中、叶尖三个截面共 36 个值，以下仅列出最小的叶片反力度、出口马赫数、气流角的约束，燃气涡轮的部分约束条件见表 5.17。

表 5.16　燃气涡轮的部分设计变量列表

设　计　变　量					
序　号	符　号	名　称	单　位	初始值	变化范围
1	1R－Beta1	一级转子进口气流角	(°)	54	49~59
2	1R－Beta2ef	一级转子出口有效角	(°)	26.6	24.6~28.6
3	1R－Delta	一级转子弯折角	(°)	17.5	16.5~18.5
4	1R－Gamma0	一级转子安装角	(°)	64.7	58.7~70.7
5	1R－Omega1	一级转子前缘楔角	(°)	55	50~60
6	1R－Omega2	一级转子尾缘楔角	(°)	13	12~14
7	1S－alfa0	一级导叶进口气流角	(°)	90	81~99
8	1S－alfa1	一级导叶出口有效角	(°)	19.45	17.45~21.45
9	1S－Omega2	一级导叶尾缘楔角	(°)	12	11~13
10	1S－Omega1	一级导叶前缘楔角	(°)	70	63~77
11	1S－Gamma0	一级导叶安装角	(°)	41.5	37.5~45.5
12	1S－Delta	一级导叶弯折角	(°)	15.2	14.2~16.2
13	2R－Omega2	二级转子尾缘楔角	(°)	9	8~10
14	2R－Omega1	二级转子前缘楔角	(°)	32	29~35
15	2R－Gamma0	二级转子安装角	(°)	63	57~69
16	2S－Delta	二级导叶弯折角	(°)	13.6	12.6~14.6
17	2R－Delta	二级转子弯折角	(°)	12.8	11.8~13.8
18	2R－Beta2ef	二级转子出口有效角	(°)	32	29~35
19	2R－Beta1	二级转子进口气流角	(°)	75	68~82
20	2S－alfa0	二级导叶进口气流角	(°)	77	70~84
21	2S－alfa1	二级导叶出口有效角	(°)	28.5	26.5~30.5
22	2S－Omega2	二级导叶尾缘楔角	(°)	10	9~11
23	2S－Omega1	二级导叶前缘楔角	(°)	38	35~41
24	2S－Gamma0	二级导叶安装角	(°)	49.8	44.8~54.8

表 5.17　燃气涡轮的部分约束条件列表

约束条件				
序 号	符 号	名 称	单 位	变化范围
1	HPT_Fld	燃气涡轮最小叶片反力度	—	0.3~0.6
2	HPT_Ma_out	燃气涡轮最小出口马赫数	Ma	0.6~0.9
3	HPT_angle	燃气涡轮最小气流角	(°)	15~30
4	JXYL_ave_1r	一级转子叶片平均拉伸应力	MPa	<500
5	JXYL_ave_2r	二级转子叶片平均拉伸应力	MPa	<500
6	HPT_Zdyd1	一级转子叶片振动裕度	—	>20%
7	HPT_Zdyd2	二级转子叶片振动裕度	—	>20%

5. 动力涡轮优化数学模型

优化目标：1 个，设计点下动力涡轮效率最高。

设计变量：动力涡轮流道和气动设计参数、流道几何形状参数、叶型关键几何参数、叶片造型参数等，共 120 个。

约束条件：叶片反力度、出口马赫数、气流角、叶片平均拉伸应力以及振动裕度等，共 40 个。

各优化设计参数在叶根、叶中、叶尖三个截面有三个值，这里仅列出动力涡轮的 40 个叶根处设计参数以供参考，具体见表 5.18；叶片反力度、出口马赫数、气流角在双级燃气涡轮叶片的叶根、叶中、叶尖三个截面共有 36 个值，以下仅列出最小的叶片反力度、出口马赫数、气流角的约束，动力涡轮的部分约束条件如表 5.19所示。

表 5.18　动力涡轮的设计变量列表

设 计 变 量					
序 号	符 号	名 称	单 位	初始值	变化范围
1	L1R－Beta1	一级转子进口气流角	(°)	66.3	63~77
2	L1R－Beta2	一级转子出口有效角	(°)	28	25.2~30.8
3	L1R－Delta	一级转子弯折角	(°)	17.4	15.66~19.14
4	L1R－Gamma0	一级转子安装角	(°)	56.2	50.85~62.15

续　表

		设　计　变　量			
序　号	符　号	名　称	单　位	初始值	变化范围
5	L1R - Omega1	一级转子前缘楔角	(°)	30.1	27~33
6	L1R - Omega2	一级转子尾缘楔角	(°)	9.9	9~11
7	L1R - BX	一级转子造型截面轴向弦长	mm	16.5	14.85~18.15
8	L1R - D1	一级转子前缘直径	mm	1.4	1.26~1.54
9	L1R - D2	一级转子尾缘直径	mm	0.5	0.45~0.55
10	L1R - Lambda	一级转子叶栅出口速度系数	—	0.72	0.648~0.792
11	L1S - Beta1	一级导叶进口气流角	(°)	76.4	68.4~83.6
12	L1S - Beta2	一级导叶出口有效角	(°)	32	28.953~35.387
13	L1S - Delta	一级导叶弯折角	(°)	18.3	16.65~20.35
14	L1S - Gamma0	一级导叶安装角	(°)	54.6	49.32~60.28
15	L1S - Omega1	一级导叶前缘楔角	(°)	14	12.6~15.4
16	L1S - Omega2	一级导叶尾缘楔角	(°)	8	7.2~8.8
17	L1S - BX	一级导叶造型截面轴向弦长	mm	15	13.5~16.5
18	L1S - D1	一级导叶前缘直径	mm	1.2	1.08~1.32
19	L1S - D2	一级导叶尾缘直径	mm	0.4	0.36~0.44
20	L1S - Lambda	一级导叶叶栅出口速度系数	—	0.81	0.729~0.891
21	L2R - Beta1	二级转子进口气流角	(°)	62	56.7~69.3
22	L2R - Beta2	二级转子出口有效角	(°)	33.26	29.43~35.97
23	L2R - Delta	二级转子弯折角	(°)	13.4	12.06~14.74
24	L2R - Gamma0	二级转子安装角	(°)	64	57.69~70.51
25	L2R - Omega1	二级转子前缘楔角	(°)	25.8	23.4~28.6
26	L2R - Omega2	二级转子尾缘楔角	(°)	8.8	8.1~9.9
27	L2R - BX	二级转子造型截面轴向弦长	mm	18.5	16.65~20.35
28	L2R - D1	二级转子前缘直径	mm	1.3	1.17~1.43
29	L2R - D2	二级转子尾缘直径	mm	0.5	0.45~0.55
30	L2R - Lambda	二级转子叶栅出口速度系数	—	0.7	0.63~0.77

续　表

设 计 变 量					
序　号	符　号	名　称	单　位	初始值	变化范围
31	L2S－Beta1	二级导叶进口气流角	(°)	52.2	48.6~59.4
32	L2S－Beta2	二级导叶出口有效角	(°)	29.74	26.613~32.527
33	L2S－Delta	二级导叶弯折角	(°)	12.6	12~15
34	L2S－Gamma0	二级导叶安装角	(°)	62	56~68
35	L2S－Omega1	二级导叶前缘楔角	(°)	28	27~33
36	L2S－Omega2	二级导叶尾缘楔角	(°)	8	7~9
37	L2S－BX	二级导叶造型截面轴向弦长	mm	20	18~22
38	L2S－D1	二级导叶前缘直径	mm	1.2	1.08~1.32
39	L2S－D2	二级导叶尾缘直径	mm	0.4	0.36~0.44
40	L2S－Lambda	二级导叶叶栅出口速度系数	—	0.8	0.72~0.88

表 5.19　动力涡轮的部分约束条件列表

约 束 条 件				
序　号	符　号	名　称	单　位	变化范围
1	LPT_Fld	动力涡轮最小叶片反力度	—	0.2~0.5
2	LPT_Ma_out	动力涡轮最小出口马赫数	Ma	0.3~0.6
3	LPT_angle	动力涡轮最小气流角	(°)	10~40
4	L1RJXYL	一级转子叶片平均拉伸应力	MPa	<350
5	L1RJXYL	二级转子叶片平均拉伸应力	MPa	<350
6	LPT_zdyd1	一级转子叶片振动裕度	—	>20%
7	LPT_zdyd2	二级转子叶片振动裕度	—	>20%

5.4　系　统　求　解

利用 BLISS－POD 搭建优化流程,集成了 0 维总体循环分析、0 维重量分析、1~2 维的转子动力学评估、1~3 维(代理模型)的部件气动设计及 1~3 维的关键零件的静强度与寿命评估等建模与仿真工具。系统级先采用线性加权方法(耗油率与功率的权重值均为0.5)将多目标优化问题转化为单目标优化问题,之后采用非线性二次规划算法(nonlinear programming quadratic line search,NLPQL)算法求解;子系统级采用多岛遗传算法(multi-island genetic algorithm,MIGA)求解。需要说明的是,非线性二次规划算法和多岛遗传算法均为单目标优化方法,本书第4章未加以阐述,仅在此简略介绍(见5.4.1节、5.4.2节),感兴趣的读者可查阅相关参考文献。

由于整个系统集成的学科较多,所以利用该平台进行优化时需要庞大的计算资源。但在具体使用过程中可以进行简化,冻结一部分模块,以实现不同的优化目的。例如,冻结叶型等详细设计模块,对流道进行优化;或者在不改变流道的情况下,仅对叶型进行优化,优化后,冻结的模块还可以解冻,实现对冷冻模块的验算评估等。

5.4.1　非线性二次规划算法

在序列二次规划(sequential quadratic programming,SQP)算法的基础上,提出了NLPQL算法,它在求解非线性有约束单目标优化问题时,具有稳定、收敛快等优点。通常,非线性约束单目标优化问题可用式(5.27)描述:

$$
\begin{aligned}
&\min \quad && f(x) \\
&\mathrm{w.\,r.\,t.} \quad && x \in \mathbf{R}^n \\
&\mathrm{s.\,t.} \quad && \begin{cases} g_i(x) \leqslant 0 \\ i = 1, \cdots, m \end{cases}
\end{aligned} \tag{5.27}
$$

NLPQL算法将式(5.27)中的目标函数以二阶泰勒级数形式展开,并把约束条件线性化,从而将非线性约束问题转化为如下二次规划问题:

$$
\begin{aligned}
&\min \quad && [\nabla f(x^{(k)})]^{\mathrm{T}} s + \frac{1}{2} s^{\mathrm{T}} B^{(k)} s \\
&\mathrm{w.\,r.\,t.} \quad && s \in \mathbf{R}^n \\
&\mathrm{s.\,t.} \quad && \begin{cases} g_i(x^{(k)}) + [\nabla g_i(x^{(k)})]^{\mathrm{T}} s = 0 \\ i = 1, \cdots, m \end{cases}
\end{aligned} \tag{5.28}
$$

式中,s为搜索方向;$B^{(k)}$为Hessian矩阵的逼近。

通过求解该二次规划问题确定搜索方向,进而执行新的线性搜索,得到新的设计点,进行反复迭代,直至收敛。

5.4.2　多岛遗传算法

多岛遗传算法是在经典遗传算法的基础上建立的一种基于群体分组的并行性遗传算法,它在处理大规模、复杂的问题时具有较大优势。该算法将种群分为多个独立的子种群,这些子种群称为岛屿。在岛屿上,每个子种群独立地进行选择、交叉、变异等基本的遗传操作,但每隔一定的代数,会按一定比例从各岛屿中选出部分个体进入其他岛屿中,完成种群间的交换,增加种群的多样性,这个操作称为迁移。MIGA 相比经典遗传算法计算效率更高,且具有更优良的全局求解能力。

5.5　整机多学科设计优化结果

利用上述搭建的平台,考虑到前期工作中发现某些参数对整机性能影响不大,所以后来冻结一部分设计变量,如不考虑流道的改变等,主要优化离心叶轮的叶型和轴流压气机一级叶片盘、燃烧室主燃孔和掺混孔的孔径与轴向位置、燃气涡轮叶片以及动力涡轮叶片。

5.5.1　总体优化结果

优化前后优化目标、设计变量对比见表 5.20。优化后功率提高 2.6%,耗油率降低 1.8%。

表 5.20　优化前后参数对比(归一化)

方　案		初始方案	最优方案	最优改进/%
优化目标	耗油率 SFC	1.000 0	0.982 0	−1.8
	功率 Ns	1.000 0	1.026 0	2.6
设计变量	燃烧室出口温度 $T_{4(1)}$	1.000 0	1.004 0	0.4
	动力涡轮效率 Eff_pt	1.000 0	1.000 3	0.03
	发动机总引气量 Mass_in	1.000 0	1.000 0	0
	压气机效率 Eff_c	1.000 0	1.003 0	0.3
	压气机压比 Pai_c	1.000 0	1.001 7	0.17
	燃气涡轮效率 Eff_gt	1.000 0	1.004 0	0.4
	燃烧室总压损失 Loss_comb	1.000 0	0.999 0	−0.1
	燃烧室效率 Eff_comb	1.000 0	1.000 0	0

5.5.2　压气机优化结果

对轴流压气机一级叶片盘及离心叶轮进行优化,优化前后部分设计变量对比见表 5.21,优化前后几何模型对比见图 5.13。三级轴流+一级离心叶轮的完整轴流/离心组合压气机马赫数分布对比见图 5.14,优化后适当提高了离心级在组合

表 5.21   压气机部分设计变量优化前后对比

设 计 变 量					
序　号	符　号	名　　称	单　位	初始值	优化值
1	Zlyb	轴流压气机压比	—	4.12	4.25
2	Ht1	一级轴流级功因子	—	0.325	0.335
3	CaR1	一级轴流转子进口气流轴向速度	m/s	166.5	155
4	FLD	轴流反力度	—	0.6	0.56
5	LXHWJ	离心叶轮出口后弯角	(°)	60	75
6	LXJKJD	离心径扩角度	(°)	58	99
7	LXRH	离心叶片根部半径	m	0.125	0.135
8	LXRT	离心叶片尖部半径	m	0.168	0.158
9	R1t	一级轴流转子进口叶尖半径	m	0.196	0.183
10	Yxjd	轴流预旋角度	(°)	86	88
11	big1_1	离心叶轮大叶片叶高 1 处叶片角	(°)	−55	−45
12	R1BX − 1	一级转子叶片叶高 1 处轴向弦长	m	0.6	0.55
13	Pai1 − r1	一级转子叶片叶高 1 处压比	—	2.14	2.5

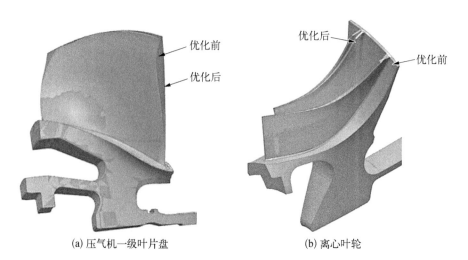

(a) 压气机一级叶片盘   (b) 离心叶轮

图 5.13   优化前后几何模型对比

压气机中的匹配压比,由马赫数分布可知,离心叶轮进口的流场得到明显改善,高马赫数区域减小,降低了流动损失。优化后强度、振动及寿命满足要求,进一步降低了叶片前缘的应力水平(图 5.15),提高了其抗外物损伤能力。压气机效率提高 0.3%,压气机压比提高 0.17%。

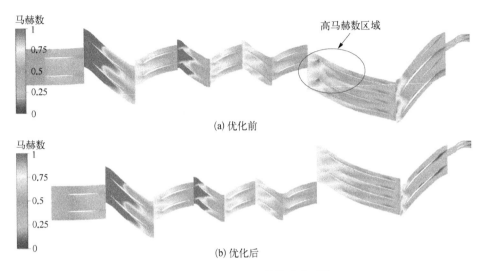

(a) 优化前

(b) 优化后

图 5.14　优化前后马赫数分布对比

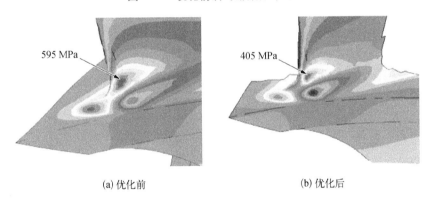

(a) 优化前　　　　　　　　　　(b) 优化后

图 5.15　优化前后前缘当量应力分布对比

5.5.3　燃烧室优化结果

通过优化燃烧室主燃孔、掺混孔的孔径及轴向位置,燃烧室流场质量得到一定提高,优化后燃烧室总压损失减小 0.1%。优化前后燃烧室设计变量对比见表 5.22。图 5.16 给出了优化前后的气流速度对比,优化前外环掺混孔气流的穿透深度大约在火焰筒的 2/3 位置处,优化后外环掺混孔气流穿透深度更深。图 5.17 给出了优化前后的出口温度分布图,优化后燃烧室出口温度略有提高。

表 5.22 燃烧室设计变量优化前后对比

设计变量					
序号	符号	名称	单位	初始值	优化值
1	Comb_R1	燃烧室前壁主燃孔半径	mm	0.32	0.35
2	Comb_R2	燃烧室前壁掺混孔半径	mm	0.34	0.36
3	Comb_R3	燃烧室后壁主燃孔半径	mm	0.42	0.5
4	Comb_R4	燃烧室后壁掺混孔半径	mm	0.34	0.55
5	Comb_d1	燃烧室前壁主燃孔轴向位置	mm	54	60
6	Comb_d2	燃烧室前壁掺混孔轴向位置	mm	54	55
7	Comb_d3	燃烧室后壁主燃孔轴向位置	mm	72	70
8	Comb_d4	燃烧室后壁掺混孔轴向位置	mm	72	68

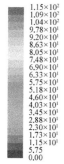  

(a) 优化前　　　　　　　　　　　　(b) 优化后

图 5.16 燃烧室气流速度分布图(单位: m/s)

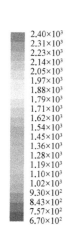  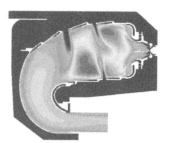

(a) 优化前　　　　　　　　　　　　(b) 优化后

图 5.17 燃烧室出口温度分布图(单位: K)

5.5.4 燃气涡轮优化结果

对燃气涡轮进行了优化,优化前后设计变量对比见表 5.23,优化前后几何模型对比见图 5.18,马赫数分布对比见图 5.19,应力对比见图 5.20。优化后强度、振动及寿命满足要求,燃气涡轮一级叶片、二级叶片伸根处应力水平有所降低,最大马赫数降低,流动有所改善,燃气涡轮效率提高 0.4%。

表 5.23 燃气涡轮设计变量优化前后对比

设 计 变 量					
序 号	符 号	名 称	单 位	初始值	优化值
1	L1R - Beta1	一级转子进口气流角	(°)	66.3	68
2	L1R - Delta	一级转子弯折角	(°)	17.4	18.2
3	L1R - Gamma0	一级转子安装角	(°)	56.2	55.5
4	L1R - BX	一级转子造型截面轴向弦长	mm	16.5	18.0
5	L1R - D1	一级转子前缘直径	mm	1.4	1.3
6	L1R - D2	一级转子尾缘直径	mm	0.5	0.55
7	L1R - Lambda	一级转子叶栅出口速度系数	—	0.72	0.75
8	L1S - Beta1	一级导叶进口气流角	(°)	76.4	75
9	L1S - Delta	一级导叶弯折角	(°)	18.3	18.5
10	L1S - Gamma0	一级导叶安装角	(°)	54.6	55.2
11	L1S - BX	一级导叶造型截面轴向弦长	mm	15	14.5
12	L1S - D1	一级导叶前缘直径	mm	1.2	1.15
13	L1S - Lambda	一级导叶叶栅出口速度系数	—	0.81	0.85
14	L2R - Beta1	二级转子进口气流角	(°)	62	65.5
15	L2R - Delta	二级转子弯折角	(°)	13.4	14.5
16	L2R - Gamma0	二级转子安装角	(°)	64	65
17	L2R - Omega1	二级转子前缘楔角	(°)	25.8	27.5
18	L2R - BX	二级转子造型截面轴向弦长	mm	18.5	17.5
19	L2R - D1	二级转子前缘直径	mm	1.3	1.2
20	L2R - Lambda	二级转子叶栅出口速度系数	—	0.7	0.75
21	L2S - Beta1	二级导叶进口气流角	(°)	52.2	50.5

续 表

设 计 变 量					
序 号	符 号	名 称	单 位	初始值	优化值
22	L2S－Delta	二级导叶弯折角	(°)	12.6	13.5
23	L2S－Gamma0	二级导叶安装角	(°)	62	58
24	L2S－Omega1	二级导叶前缘楔角	(°)	28	30
25	L2S－BX	二级导叶造型截面轴向弦长	mm	20	19

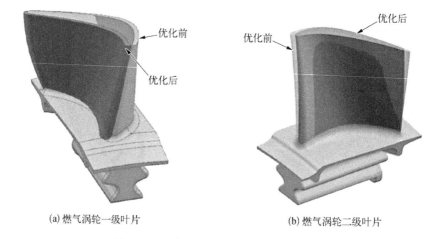

(a) 燃气涡轮一级叶片　　　　　　　(b) 燃气涡轮二级叶片

图 5.18　燃气涡轮优化前后几何模型对比

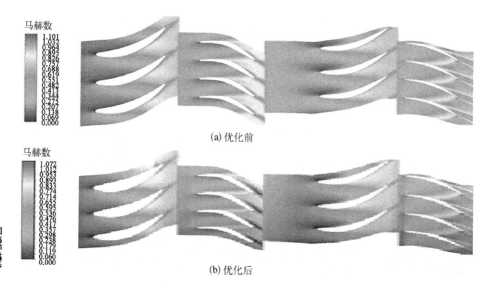

(a) 优化前

(b) 优化后

图 5.19　燃气涡轮优化前后马赫数分布对比

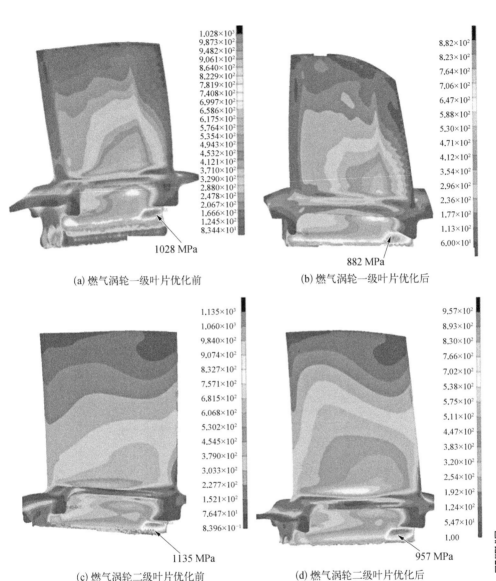

(a) 燃气涡轮一级叶片优化前   (b) 燃气涡轮一级叶片优化后

(c) 燃气涡轮二级叶片优化前   (d) 燃气涡轮二级叶片优化后

图 5.20 燃气涡轮优化前后应力对比

5.5.5 动力涡轮优化结果

对动力涡轮进行了优化,优化前后动力涡轮设计变量对比见表 5.24,优化前后几何模型对比见图 5.21,马赫数分布对比见图 5.22,当量应力对比见图 5.23、图 5.24。优化后强度、振动及寿命满足要求,但效率仅提高 0.03%。

表 5.24　动力涡轮设计变量优化前后对比

设 计 变 量					
序　号	符　号	名　称	单　位	初始值	优化值
1	L1R – Beta1	一级转子进口气流角	(°)	66.3	66.5
2	L1R – Beta2	一级转子出口有效角	(°)	28	28
3	L1R – Delta	一级转子弯折角	(°)	17.4	17.4
4	L1R – Gamma0	一级转子安装角	(°)	56.2	56.4
5	L1R – Omega1	一级转子前缘楔角	(°)	30.1	30.2
6	L1R – Omega2	一级转子尾缘楔角	(°)	9.9	9.9
7	L1R – BX	一级转子造型截面轴向弦长	mm	16.5	16.5
8	L1R – D1	一级转子前缘直径	mm	1.4	1.4
9	L1R – D2	一级转子尾缘直径	mm	0.5	0.5
10	L1R – Lambda	一级转子叶栅出口速度系数	—	0.72	0.75
11	L1S – Beta1	一级导叶进口气流角	(°)	76.4	76.2
12	L1S – Beta2	一级导叶出口有效角	(°)	32	32
13	L1S – Delta	一级导叶弯折角	(°)	18.3	18.3
14	L1S – Gamma0	一级导叶安装角	(°)	54.6	55
15	L1S – Omega1	一级导叶前缘楔角	(°)	14	14
16	L1S – Omega2	一级导叶尾缘楔角	(°)	8	8
17	L1S – BX	一级导叶造型截面轴向弦长	mm	15	15
18	L1S – D1	一级导叶前缘直径	mm	1.2	1.3
19	L1S – D2	一级导叶尾缘直径	mm	0.4	0.4
20	L1S – Lambda	一级导叶叶栅出口速度系数	—	0.81	0.81
21	L2R – Beta1	二级转子进口气流角	(°)	62	63
22	L2R – Beta2	二级转子出口有效角	(°)	33.26	34
23	L2R – Delta	二级转子弯折角	(°)	13.4	13.2
24	L2R – Gamma0	二级转子安装角	(°)	64	64.1
25	L2R – Omega1	二级转子前缘楔角	(°)	25.8	25.7

续　表

设 计 变 量					
序　号	符　号	名　称	单　位	初始值	优化值
26	L2R - Omega2	二级转子尾缘楔角	(°)	8.8	8.8
27	L2R - BX	二级转子造型截面轴向弦长	mm	18.5	18.6
28	L2R - D1	二级转子前缘直径	mm	1.3	1.3
29	L2R - D2	二级转子尾缘直径	mm	0.5	0.5
30	L2R - Lambda	二级转子叶栅出口速度系数	—	0.7	0.7
31	L2S - Beta1	二级导叶进口气流角	(°)	52.2	53.1
32	L2S - Beta2	二级导叶出口有效角	(°)	29.74	29.2
33	L2S - Delta	二级导叶弯折角	(°)	12.6	13
34	L2S - Gamma0	二级导叶安装角	(°)	62	63
35	L2S - Omega1	二级导叶前缘楔角	(°)	28	27
36	L2S - Omega2	二级导叶尾缘楔角	(°)	8	7.4
37	L2S - BX	二级导叶造型截面轴向弦长	mm	20	21.3
38	L2S - D1	二级导叶前缘直径	mm	1.2	1.2
39	L2S - D2	二级导叶尾缘直径	mm	0.4	0.4
40	L2S - Lambda	二级导叶叶栅出口速度系数	—	0.8	0.79

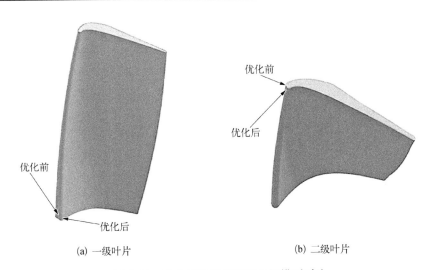

(a) 一级叶片　　　　　　　　　(b) 二级叶片

图 5.21　动力涡轮优化前后几何模型对比

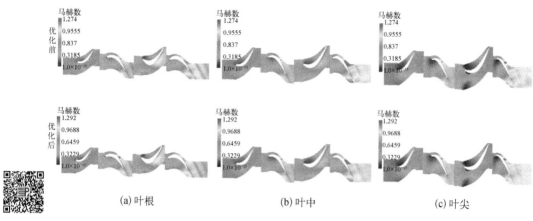

(a) 叶根 (b) 叶中 (c) 叶尖

图 5.22 动力涡轮优化前后马赫数分布对比

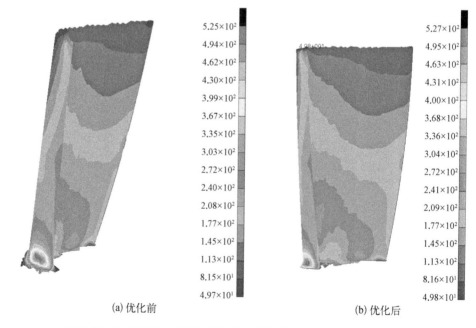

(a) 优化前 (b) 优化后

图 5.23 动力涡轮一级叶片优化前后当量应力分布对比(单位:MPa)

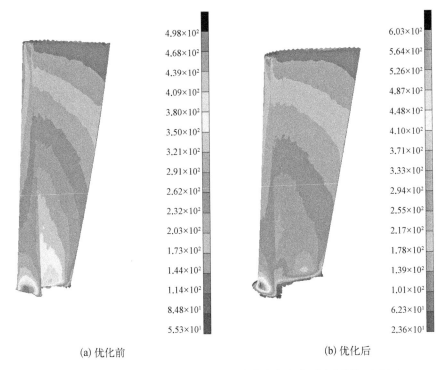

4.98×10²	6.03×10²
4.68×10²	5.64×10²
4.39×10²	5.26×10²
4.09×10²	4.87×10²
3.80×10²	4.48×10²
3.50×10²	4.10×10²
3.21×10²	3.71×10²
2.91×10²	3.33×10²
2.62×10²	2.94×10²
2.32×10²	2.55×10²
2.03×10²	2.17×10²
1.73×10²	1.78×10²
1.44×10²	1.39×10²
1.14×10²	1.01×10²
8.48×10¹	6.23×10¹
5.53×10¹	2.36×10¹

(a) 优化前　　　　　　　　　　　　　(b) 优化后

图 5.24　动力涡轮二级叶片优化前后当量应力分布对比（单位：MPa）

参考文献

陈义良,1992.燃烧原理[M].北京:航空工业出版社.

《航空发动机设计手册》总编委会,2001.航空发动机设计手册(第19册,转子动力学)[M].北京:航空工业出版社.

《航空发动机设计手册》总编委会,2001.航空发动机设计手册 燃烧室(第9册)[M].北京:航空工业出版社.

《航空发动机设计手册》总编委会,2001.航空发动机设计手册 涡轮(第10册)[M].北京:航空工业出版社.

《航空发动机设计手册》总编委会,2001.航空发动机设计手册 压气机(第8册)[M].北京:航空工业出版社.

《航空发动机设计手册》总编委会,2001.航空发动机设计手册 叶片轮盘及主轴强度分析(第18册)[M].北京:航空工业出版社.

侯晓春,2002.高性能航空燃气轮机燃烧技术[M].北京:国防工业出版社.

黄勇,2009.燃烧与燃烧室[M].北京:航空航天大学出版社.

黄致谦,丁勤卫,李春,等,2018.基于多岛遗传算法的漂浮式风力机稳定性多重调谐质量阻尼器优化控制[J].中国机械工程,29(11):1349-1355.

刘儒勋,舒其望,2003.计算流体力学的若干新方法[M].北京:国防工业出版社.

唐塞·塞比奇,邵建平,2009.工程计算流体力学[M].北京:清华大学出版社.

尹泽勇,米栋,2015. 航空发动机多学科设计优化[M]. 北京:北京航空航天大学出版社.

张立章,尹泽勇,米栋,等,2015. 基于改进的 BLISS2000 优化策略的涡轮级多学科设计优化[J].
机械强度,180(4):639-645.

张立章,尹泽勇,米栋,等,2017. 基于自适应本征正交分解的涡轮级多学科设计优化[J]. 推进技
术,38(6):1249-1257.

赵坚行,2002. 燃烧的数值模拟[M]. 北京:科学出版社.

周校平,2001. 燃烧理论基础[M]. 上海:上海交通大学出版社.

朱自强,1998. 应用计算流体力学[M]. 北京:北京航空航天大学出版社.

Gerend R P, Roundhill J P, 1970. Correlation of gas turbine engines weights and dimensions[C]. 6th
Propulsion Joint Specialist Conference, San Diego.

Lefebvre A H, Whitelaw J H, 1984. Gas turbine combustion[J]. International Journal of Heat and
Fluid Flow, 5(4):228.

Mongia H C, 2004. Combining Lefebvre correlations with combustor CFD[C]. 40th AIAA/ASME/
SAE/ASEE Joint Propulsion Conference and Exhibit, Fort Lauderdale.

Oates G C, 1998. Aerothermodynamics of gas turbine and rocket propulsion[J]. Aircraft Engineering
and Aerospace Technology, 70(6).

Rizk N K, Mongia H C, 1993. Semianalytical correlations for NO_x, CO, and UHC emissions[J].
Journal of Engineering for Gas Turbines and Power, 115(3):612-619.

Rizk N K, Mongia H C, 1994. Emission prediction of different gas turbine combustors[C]. 32th
Aerospace Sciences Meeting and Exhibit, Reno.

Schittkowski K, 1986. NLPQL: A fortran subroutine solving constrained nonlinear programming
problems[J]. Annals of Operations Research, 5(2):485-500.

Sobieszczanski-Sobieski J, Altus T D, Phillips M, et al., 2002. Bilevel integrated system synthesis for
concurrent and distributed processing[J]. AIAA Journal, 41(10):1996-2003.

Zhang L Z, Mi D, Yan C, et al., 2018. Multidisciplinary design optimization for a centrifugal
compressor based on proper orthogonal decomposition and an adaptive sampling method[J].
Applied Sciences, 8(12):2608.

Zhang L Z, Yin Z Y, Mi D, et al., 2017. Multidisciplinary design optimization of air propulsion
components using principal component analysis method[C]. 21st International Space Plane and
Hypersonic Systems and Technology Conference, Xiamen.

第6章
涡扇发动机简化的整机多学科设计优化

6.1 概　述

本章所研究的对象为某已有大涵道比涡扇发动机,如图 6.1 所示,该发动机的主要构型特征如下:

(1) 一级风扇+三级增压级+十级高压压气机;

(2) 一个环形燃烧室;

(3) 双级高压涡轮+六级低压涡轮。

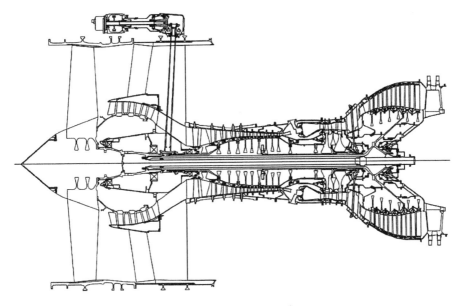

图 6.1　某涡扇发动机示意图

鉴于该航空发动机规模过于庞大,故先以简化模型为例,开展其整机多学科设计优化工作的研究。因风扇设计水平对民用航空发动机整机噪声影响最大,低压涡轮与风扇共转速,二者具有一定的耦合关系,故简化的优化模型包含了风扇

(fan)子系统与低压涡轮(low pressure turbine,LPT)子系统。对于整机多学科设计优化,总体方案(overall performance,OP)必不可少,故简化模型也包含了总体方案。综上,简化模型共包括总体、风扇和低压涡轮三个部分。对于其他部分,依据之前的设计工作,则通过合理规定相关参数等措施来处理。

需要说明的是,这里采用了2.3.7节的回归/插值组合代理模型来近似模拟风扇的输入输出关系,采用3.3.3节中介绍的两种协作优化方法,即NCO方法与ICO方法进行系统分解,并对这两种方法的结果进行了对比分析。

6.2　系 统 分 解

6.2.1　NCO 系统分解

若采用NCO方法进行系统分解,则系统分解如图6.2所示。在该分解方式下,总体称为系统级,风扇、低压涡轮称为子系统级。系统级优化通过控制总体的设计变量,在满足总体约束和一致性约束的条件下,使系统最优。子系统级优化通过控制风扇、低压涡轮的设计变量,在满足本子系统约束的条件下,使系统级与该子系统级给出的优化方案之差最小。NCO方法中,系统级优化嵌套了子系统级优化,故总体系统每进行一次仿真分析,风扇、低压涡轮子系统便(并行)进行一次子系统级优化,即需要进行多次总体仿真分析得到子系统最优解。该分解方式中总体方案无法独立进行优化,故总体方案仿真分析次数过少,而风扇、低压涡轮仿真分析次数过多。换言之,该分解方式在满足一致性约束上用时过多,而在总体方案寻优上用时过少,更详细的情况见6.3.3节第一部分。

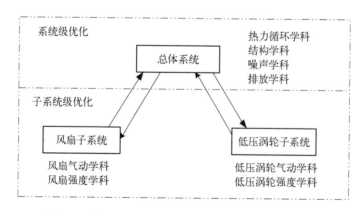

图 6.2　基于 NCO 方法的某发动机简化整机系统分解

6.2.2　ICO 系统分解

基于ICO方法的某发动机简化整机系统分解如图6.3所示。此时,顶层优化器称为系统级,总体方案、风扇及低压涡轮三部分均称为子系统级。需要注意的是,由后面数学建模的 6.3.3 节可知,ICO 只保留了 NCO 总体方案中 8 个设计变量中的 2 个设计变量作为顶层优化器的设计变量;相应调整了一致性约束条件,使之作为顶层优化器的约束条件。其余的总体方案设计变量置于总体方案子系统中,可独立进行优化。通过改进,系统级优化问题规模减小,顶层优化器每进行一次新的迭代,总体方案子系统便进行一次子系统级优化,总体方案子系统优化结束后,风扇、低压涡轮子系统便也(并行)进行一次子系统级优化。可见,ICO 可以增加总体方案子系统的仿真分析次数,减少风扇、低压涡轮子系统的仿真分析次数,即减少了在满足一致性约束上花费的时间,代价是增加了在总体方案子系统寻优上花费的时间。

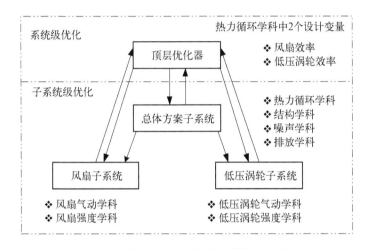

图 6.3　基于 ICO 方法的某发动机简化整机系统分解

6.3　系　统　建　模

本章所涉及物理量的上标(F)表示风扇计算得到的参量,上标(TL)表示低压涡轮计算得到的参量。下标表示发动机的工作状态:(0)表示巡航安装状态,即设计点状态;(1)表示标准天起飞状态;(2)表示高温起飞状态;(3)表示高温高原起飞状态;(4)表示最大爬升状态;(5)表示起飞着陆(land take-off,LTO)循环的起飞状态;(6)表示 LTO 的爬升状态;(7)表示 LTO 的进场状态;(8)表示 LTO 的慢车状态;(9)表示飞越状态;(10)表示进场状态;(11)表示考核风扇与低压涡轮强度的红线状态。

6.3.1　MDO 物理建模

本节不对物理建模进行详细介绍,只对某些特征内容进行说明。

1. 热力循环分析

总体性能的设计点计算和非设计点计算使用的也是 Gasturb 软件的核心程序。在总体性能计算中,通过输入发动机运行时的飞行工况、部件的特性图以及各部件、流道和空气系统的性能参数、流动损失,可以得到发动机在设计点和主要非设计点下的总体性能参数与不同站位的气动参数。通过总体性能计算,可以研究涵道比、总压比和 T_4 等主要循环参数对发动机性能的影响。

1) 设计点性能评估

设计点性能评估是发动机总体设计的核心内容,通过考虑发动机各部件设计技术水平,利用热力循环分析原理来选择恰当的循环参数及部件气动性能参数,以便满足飞机方对发动机的技术指标要求。根据前期设计经验,选择巡航安装状态作为设计点,并利用了 Gasturb 软件的二次开发程序,使其实现后台形式的批处理运算,能够通过优化平台调用,来实现自动化计算,进而评估设计点性能。与此同时,在程序中设置了合理的迭代,例如,通过迭代风扇进口空气流量 W_2 来获得所需的推力 F。

2) 非设计点性能评估

根据发动机工作包线,选择了 11 个典型工作点作为非设计点,分别是:标准天起飞状态、高温起飞状态、高温高原起飞状态、最大爬升状态、LTO 的起飞状态、LTO 的爬升状态、LTO 的进场状态、LTO 的慢车状态、飞越状态、进场状态和红线状态。此外,利用 Gasturb 软件的二次开发程序,通过关联部件设计点与部件特性图,根据特性图上标准设计点的设定值,按比例缩放特性图,来评估非设计点性能。计算得到的非设计点参量有些作为噪声评估模块和排放评估模块的输入量,有些用于优化目标及约束条件中。

2. 重量估算

这里以现有大涵道比(涵道比大于 5)涡扇发动机统计数据为基础,利用多元回归分析的方法建立了发动机重量估算模型。该模型将涵道比 $B_{(0)}$、风扇进口空气流量 $W_{2(1)}$ 和发动机定型年代 Y 作为统计自变量,构建了上述变量与发动机整机重量的经验关系式,如下所示:

$$m_E = f_m(B_{(0)}, W_{2(1)}, Y) \qquad (6.1)$$

3. 污染物排放

由于当前燃烧室污染物的预测方法和理论尚不能完全满足设计需求,相关预测方法及程序的研究和开发成为完善航空发动机设计平台的重要内容。为实现民用航空发动机燃烧室的集成化、自动化设计,本章采用 MDO 理论建立燃烧室概念设计阶段污染物减排的多学科优化平台,实现在燃烧室设计空间内的快速迭代和综合优化,从而达到减少研制成本、缩短研制周期的目的,并提高创新设计的可行性。

具体地,NO$_x$ 排放值并未采用计算公式估算而是采用污染物排放曲线取点的方式获得。当预测 NO$_x$ 排放时,参考 Mongia 提出的方法设定预燃级和主燃级均为部分预混火焰,NO$_x$ 排放与预混火焰的混合程度有关,同时还与燃烧室进口温度有关。如图 6.4 所示,图中 NPM 为非预混,PPM 为部分预混,PM 为预混。估算中主燃级、预燃级均采用 PPM 曲线,区别是 chi 值的选取,chi 值反映的是混合程度,chi 值越大越接近于预混燃烧。读取图中曲线计算预燃级 NO$_x$ 排放 EI(NO$_x$)P 和主燃级 NO$_x$ 排放 EI(NO$_x$)M。选取可变参数,包括 LTO 循环中起飞、爬升、进场、慢车四个状态点的预燃级 chi 值、主燃级 chi 值。

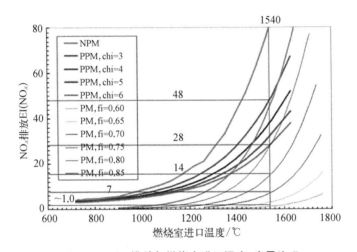

图 6.4　NO$_x$ 排放与燃烧室进口温度、当量比 fi 及燃气混合程度 chi 的关系

通过排放估算程序,可以评估出在每个设计方案下燃烧室一个 LTO 循环的污染物排放指标参数,这些指标参数具体包括氮氧化物排放特性值、一氧化碳排放特性值、碳氢化合物排放特性值和发烟指数。排放估算的计算方法基于 ICAO 数据库的排放数据,使用波音流量法、T3 - P3 法或多反应器模型法进行污染物排放估算。当选择波音流量法与 T3 - P3 法作为计算方法时,还需要选择排放计算数据来源,软件提供了"发动机排放数据库拟合"与"特定发动机排放数据"两种数据来源。这里采用波音流量法来评估 NO$_x$ 排放。

程序中提供了两种运行方式: 有界面运行与无界面运行。其设置方法为,在软件文件夹下打开 bin 文件夹中的 sys.ini 配置文本。该文本中有控制软件运行方式的参数 Mode,当该参数等于 0 时,软件将会以带界面的方式运行;当该参数等于-1 时,软件将会以无界面的方式运行。

排放估算模块中的具体输入、输出数据如表 6.1、表 6.2 所示,输入和输出数据文件均可由记事本或者其他文本编辑器打开和编辑。

表 6.1 排放估算模块的计算输入

工 况	符 号	参数含义	单 位
$i=5，\cdots，8$ 分别对应 LTO 起飞、爬升、进场、慢车	$P_{3(i)}$	压气机出口总压	Pa
	$T_{3(i)}$	压气机出口总温	K
	$W_{f(i)}$	燃油流量	kg/s
	$F_{n(i)}$	发动机推力	kN

表 6.2 排放估算模块的计算输出

符 号	参数含义	单 位
DpUHC	碳氢化合物排放特性值	g/kN
DpCO	一氧化碳排放特性值	g/kN
DpNO$_x$	氮氧化物排放特性值	g/kN

4. 噪声估算

当代民用运输机广泛采用的涡轮风扇发动机主要噪声源有五个,分别是风扇噪声源、压气机噪声源、燃烧噪声源(也称核心噪声)、涡轮噪声源和喷流噪声源,压气机噪声要经过低压风扇通道从发动机进口辐射,在传播过程中会大幅度衰减,因此压气机噪声通常在发动机总噪声中所占比例较小。

气动噪声源的噪声辐射通常有声学远场与声学近场、几何远场与几何近场之分,对于远场噪声辐射,声源可以看作一个没有几何大小的“点”;但对于近场噪声辐射,必须考虑声源大小对声辐射的影响。

通常根据声源到观察点距离与声波波长的关系,将噪声辐射分为声学远场(acoustic far field)辐射和声学近场(acoustic near field)辐射。声学远场,即观测点到声源距离远大于声波波长,反之,则为声学近场。严格地衡量一个噪声辐射是远场辐射或近场辐射,要根据声源类型(单极、偶极、四极)、声源频率、大气声速以及辐射距离等确定。临界声辐射距离的计算式为

$$Kr_c = \begin{cases} 1, & \text{单极子} \\ 2, & \text{偶极子} \\ 3, & \text{四极子} \end{cases} \quad (6.2)$$

式中,$K = 2\pi f/c$ 为波数,c 为大气声速,f 为声源频率;r_c 为临界尺寸。

对叶尖速度为亚声速的风扇/压气机,噪声分为叶片通过频率下的离散单音噪声和宽频噪声。对于叶尖超声速的风扇/压气机,从进口辐射的噪声谱中除包含叶

片通过频率下的离散单音噪声和宽频噪声外,还包括轴通过频率下的多重单音噪声。而在风扇的出口,超声速叶尖速度下的频谱类似于亚声速的频谱。

理论和实验研究表明,对于低速运转的叶片机,如轴流通风机,宽频噪声是主要的声源,而对于高速旋转的风扇/压气机,离散噪声占主导地位。多重单音噪声则随离开声源距离的增加而快速衰减。

航空发动机噪声辐射的计算可划分为三个部分:第一部分,发动机各个部件源噪声(通常是指在围绕声源 1 m 范围)的计算;第二部分,对所有噪声源进行传播修正和时基转换,即把各个部件的源噪声转化为远场计算;第三部分,各个部件噪声求和,并根据噪声评价参数的定义计算发动机噪声各种评价参数。发动机气动噪声特性通常是按照如下几个特征数值进行量化的:

(1) 总声功率级;

(2) 声功率谱;

(3) 总声压级指向性;

(4) 声压级频谱。

噪声估算部分采用的是 EngineNoiseD 噪声估算程序,该模块为一种基于飞机噪声预测程序(aircraft noise prediction program, ANPP)的发动机噪声预测模型,通过输入发动机风扇、涡轮和喷管等主要部件的气动热力参数和相关几何参数,可以预测发动机不同循环参数下整机和部件的噪声水平、频谱和指向性。噪声估算程序的计算输入和输出数据均为文本格式。噪声估算程序的原始输入和输出数据文件必须分别放置在两个不同的文件夹中,而 Isight 自动化调用时需要输入和输出文件以及执行程序均在同一个文件夹中,因此需对噪声估算程序进行适应性改造以达到自动化计算的要求。DOS(disk operating system)命令执行语句调用输入和输出文件至相同文件下,可使得噪声估算程序被 Isight 调用,实现自动化运行计算的目的。

根据适航条例 CCAR - 36 部对飞机的噪声要求,主要评估了飞机在飞越状态和进场状态的噪声级。

如前所述,气动、强度分析可分别参见5.3.1 节第四部分和5.3.1 节第八部分。

6.3.2　MDO 代理建模

1. 回归/插值组合代理模型建模过程

1) 构建回归类代理模型

选择二次多项式响应面模型和采用 Gaussian 核函数的支持向量机模型作为候选回归类模型。

RSM 表示如下:

$$\hat{y}_{1\mathrm{rsm}}(\boldsymbol{x}) = \boldsymbol{z}^{\mathrm{T}}\boldsymbol{\beta} = \beta_0 + \sum_{i=1}^{k}\beta_i x_i + \sum_{i=1}^{k}\sum_{j=i}^{k}\beta_{\frac{2j+i(2k-i+1)}{2}} x_i x_j \quad (6.3)$$

式中，$\hat{y}_{1\text{rsm}}(\boldsymbol{x})$ 为构建得到的二次多项式响应面模型；$\boldsymbol{\beta} = (\beta_0, \beta_1, \cdots, \beta_{\frac{k(k+3)}{2}})$ 为系数向量；$\boldsymbol{z} = (1, x_1, x_2, \cdots, x_k, x_1 x_1, x_1 x_2, \cdots, x_{k-1} x_k, x_k x_k)^{\text{T}}$ 为二次多项式基函数向量。

SVM 模型表示如下：

$$\hat{y}_{1\text{svm}}(\boldsymbol{x}) = \sum_{i=1}^{m} (\alpha_i^+ - \alpha_i^-) K(\boldsymbol{x}, \boldsymbol{x}_i) + b \tag{6.4}$$

式中，$\hat{y}_{1\text{svm}}(\boldsymbol{x})$ 为构建得到的支持向量机模型；α_i^+ 和 α_i^- 为计算得到的拉格朗日乘子；$K(\boldsymbol{x}, \boldsymbol{x}_i)$ 为核函数；b 为偏置项(常数)。

2) 更新训练样本信息

利用式(6.3)计算 RSM 在样本点 $(\boldsymbol{x}_1, \boldsymbol{x}_2, \cdots, \boldsymbol{x}_n)$ 处的近似响应 $(\hat{y}_{1\text{rsm}, 1}, \hat{y}_{1\text{rsm}, 2}, \cdots, \hat{y}_{1\text{rsm}, n})$，并得到 RSM 更新后的训练样本数据，如下所示：

$$\begin{aligned} &\{(\boldsymbol{x}_1, y_{\text{d, 1rsm}, 1}), (\boldsymbol{x}_2, y_{\text{d, 1rsm}, 2}), \cdots, (\boldsymbol{x}_n, y_{\text{d, 1rsm}, n})\} \\ &= \{(\boldsymbol{x}_1, y_1 - \hat{y}_{1\text{rsm}, 1}), (\boldsymbol{x}_2, y_2 - \hat{y}_{1\text{rsm}, 2}), \cdots, (\boldsymbol{x}_n, y_n - \hat{y}_{1\text{rsm}, n})\} \end{aligned} \tag{6.5}$$

同理，利用式(6.4)计算 SVM 模型在样本点 $(\boldsymbol{x}_1, \boldsymbol{x}_2, \cdots, \boldsymbol{x}_n)$ 处的近似响应 $(\hat{y}_{1\text{svm}, 1}, \hat{y}_{1\text{svm}, 2}, \cdots, \hat{y}_{1\text{svm}, n})$，并得到 SVM 更新后的训练样本数据，如下所示：

$$\begin{aligned} &\{(\boldsymbol{x}_1, y_{\text{d, 1svm}, 1}), (\boldsymbol{x}_2, y_{\text{d, 1svm}, 2}), \cdots, (\boldsymbol{x}_n, y_{\text{d, 1svm}, n})\} \\ &= \{(\boldsymbol{x}_1, y_1 - \hat{y}_{1\text{svm}, 1}), (\boldsymbol{x}_2, y_2 - \hat{y}_{1\text{svm}, 2}), \cdots, (\boldsymbol{x}_n, y_n - \hat{y}_{1\text{svm}, n})\} \end{aligned} \tag{6.6}$$

3) 构建插值类代理模型

选择 Multiquadric 形式的径向基函数模型和 Inverse Multiquadric 形式的径向基函数模型作为插值类代理模型。

通用的径向基函数模型 $\hat{y}_{\text{rbf}}(\boldsymbol{x})$ 可用如下形式表示：

$$\hat{y}_{\text{rbf}}(\boldsymbol{x}) = \sum_{i=1}^{n} \lambda_i \phi(\| \boldsymbol{x} - \boldsymbol{x}_i \|) \tag{6.7}$$

式中，λ_i 为插值系数；$\phi(r)$ 为径向函数，$r = \| \boldsymbol{x} - \boldsymbol{x}_i \| = \sqrt{(\boldsymbol{x} - \boldsymbol{x}_i)^{\text{T}}(\boldsymbol{x} - \boldsymbol{x}_i)}$ 为点 $\boldsymbol{x}$ 和点 $\boldsymbol{x}_i$ 之间的距离。

Multiquadric 形式的径向基函数可表示为 $\phi(r) = (r^2 + c^2)^{1/2}$，Inverse Multiquadric 形式的径向基函数可表示为 $\phi(r) = (r^2 + c^2)^{-1/2}$。插值系数可根据 2.3.2 节所述求得，现重新列出公式如下：

$$\boldsymbol{\lambda} = \boldsymbol{A}^{-1} \boldsymbol{y} \tag{6.8}$$

式中，

$$\boldsymbol{\lambda} = [\lambda_1,\ \lambda_2,\ \cdots,\ \lambda_n]^{\mathrm{T}}$$

$$\boldsymbol{y} = [y_1,\ y_2,\ \cdots,\ y_n]^{\mathrm{T}}$$

$$A = \begin{bmatrix} \phi(\|\boldsymbol{x}_1 - \boldsymbol{x}_1\|) & \phi(\|\boldsymbol{x}_1 - \boldsymbol{x}_2\|) & \cdots & \phi(\|\boldsymbol{x}_1 - \boldsymbol{x}_n\|) \\ \phi(\|\boldsymbol{x}_2 - \boldsymbol{x}_1\|) & \phi(\|\boldsymbol{x}_2 - \boldsymbol{x}_2\|) & \cdots & \phi(\|\boldsymbol{x}_2 - \boldsymbol{x}_n\|) \\ \vdots & \vdots & & \vdots \\ \phi(\|\boldsymbol{x}_n - \boldsymbol{x}_1\|) & \phi(\|\boldsymbol{x}_n - \boldsymbol{x}_2\|) & \cdots & \phi(\|\boldsymbol{x}_n - \boldsymbol{x}_n\|) \end{bmatrix} \tag{6.9}$$

选择 Multiquadric 形式的径向基函数,并分别用 $\hat{y}_{\mathrm{rbfm}}(\boldsymbol{x})$ 和 $\lambda_{i,\,\mathrm{rbfm}}$ 替换式(6.7)中的 $\hat{y}_{\mathrm{rbf}}(\boldsymbol{x})$ 和 λ_i,便可构建得到 Multiquadric 形式的径向基函数模型 $\hat{y}_{\mathrm{rbfm}}(\boldsymbol{x})$,用于近似真实物理模型。其系数 $\boldsymbol{\lambda}_{\mathrm{rbfm}}$ 可由式(6.8)计算得到。同理,选择 Inverse Multiquadric 形式的径向基函数,并分别用 $\hat{y}_{\mathrm{rbfi}}(\boldsymbol{x})$ 和 $\lambda_{i,\,\mathrm{rbfi}}$ 替换式(6.7)中的 $\hat{y}_{\mathrm{rbf}}(\boldsymbol{x})$ 和 λ_i,便可构建得到 Inverse Multiquadric 形式的径向基函数模型 $\hat{y}_{\mathrm{rbfi}}(\boldsymbol{x})$,用于近似真实物理模型。其系数 $\boldsymbol{\lambda}_{\mathrm{rbfi}}$ 可由式(6.8)计算得到。

选用 Multiquadric 形式的径向基函数模型 $\hat{y}_{\mathrm{2rbfm1}}(\boldsymbol{x})$ 来近似 RSM 的偏差函数 $y_{\mathrm{d,\,1rsm}}(\boldsymbol{x})$(由真实物理模型与 RSM $\hat{y}_{\mathrm{1prs}}(\boldsymbol{x})$ 相减得到)。用 RSM 更新后的训练样本数据 $(x_i,\ y_{\mathrm{d,\,1rsm},\,i})\ (i = 1,\ \cdots,\ n)$ 替换初始训练样本数据 $(\boldsymbol{x}_i,\ y_i)\ (i = 1,\ \cdots,\ n)$,可由式(6.8)计算得到 $\hat{y}_{\mathrm{2rbfm1}}(\boldsymbol{x})$ 的系数 $\boldsymbol{\lambda}_{\mathrm{rbfm1}}$。同理,选用 Inverse Multiquadric 形式的径向基函数模型 $\hat{y}_{\mathrm{2rbfi1}}(\boldsymbol{x})$ 来近似 RSM 的偏差函数 $y_{\mathrm{d,\,1rsm}}(\boldsymbol{x})$。用 RSM 更新后的训练样本数据 $(\boldsymbol{x}_i,\ y_{\mathrm{d,\,1rsm},\,i})\ (i = 1,\ \cdots,\ n)$ 替换初始训练样本数据 $(\boldsymbol{x}_i,\ y_i)\ (i = 1,\ \cdots,\ n)$,可由式(6.8)计算得到 $\hat{y}_{\mathrm{2rbfi1}}(\boldsymbol{x})$ 的系数 $\boldsymbol{\lambda}_{\mathrm{rbfi1}}$。

选用 Multiquadric 形式的径向基函数模型 $\hat{y}_{\mathrm{2rbfm2}}(\boldsymbol{x})$ 来近似 SVM 模型的偏差函数 $y_{\mathrm{d,\,1svm}}(\boldsymbol{x})$(由真实物理模型与 SVM 模型 $\hat{y}_{\mathrm{1svm}}(\boldsymbol{x})$ 相减得到)。用 SVM 模型更新后的训练样本数据 $(\boldsymbol{x}_i,\ y_{\mathrm{d,\,1svm},\,i})\ (i = 1,\ \cdots,\ n)$ 替换初始训练样本数据 $(\boldsymbol{x}_i,\ y_i)\ (i = 1,\ \cdots,\ n)$,可由式(6.8)计算得到 $\hat{y}_{\mathrm{2rbfm2}}(\boldsymbol{x})$ 的系数 $\boldsymbol{\lambda}_{\mathrm{rbfm2}}$。同理,选用 Inverse Multiquadric 形式的径向基函数模型 $\hat{y}_{\mathrm{2rbfi2}}(\boldsymbol{x})$ 来近似 SVM 模型的偏差函数 $y_{\mathrm{d,\,1svm}}(\boldsymbol{x})$。用 SVM 更新后的训练样本数据 $(\boldsymbol{x}_i,\ y_{\mathrm{d,\,1svm},\,i})\ (i = 1,\ \cdots,\ n)$ 替换初始训练样本数据 $(\boldsymbol{x}_i,\ y_i)\ (i = 1,\ \cdots,\ n)$,可由式(6.8)计算得到 $\hat{y}_{\mathrm{2rbfi2}}(\boldsymbol{x})$ 的系数 $\boldsymbol{\lambda}_{\mathrm{rbfi2}}$。

4) 构建组合代理模型

由上述两种回归类代理模型和两种插值类代理模型,可构建得到四种类型的组合代理模型。

组合方案 1: RRBM(RSM 和 RBFM 的组合),对构建得到的 $\hat{y}_{\mathrm{1rsm}}(\boldsymbol{x})$ 和 $\hat{y}_{\mathrm{2rbfm1}}(\boldsymbol{x})$ 求和,可得到组合模型 RRBM $\hat{y}_{\mathrm{rrbm}}(\boldsymbol{x})$,表示如下:

$$\hat{y}_{\mathrm{rrbm}}(\boldsymbol{x}) = \hat{y}_{\mathrm{1rsm}}(\boldsymbol{x}) + \hat{y}_{\mathrm{2rbfm1}}(\boldsymbol{x}) \tag{6.10}$$

组合方案 2: RRBI(RSM 和 RBFI 的组合),对构建得到的 $\hat{y}_{\mathrm{1rsm}}(\boldsymbol{x})$ 和 $\hat{y}_{\mathrm{2rbfi1}}(\boldsymbol{x})$

求和,可得到组合模型 RRBI $\hat{y}_{\text{rrbi}}(\boldsymbol{x})$,表示如下:

$$\hat{y}_{\text{rrbi}}(\boldsymbol{x}) = \hat{y}_{1\text{rsm}}(\boldsymbol{x}) + \hat{y}_{2\text{rbfi1}}(\boldsymbol{x}) \tag{6.11}$$

组合方案 3:SRBM(SVM 和 RBFM 的组合),对构建得到的 $\hat{y}_{1\text{svm}}(\boldsymbol{x})$ 和 $\hat{y}_{2\text{rbfm2}}(\boldsymbol{x})$ 求和,可得到组合模型 SRBM $\hat{y}_{\text{srbm}}(\boldsymbol{x})$,表示如下:

$$\hat{y}_{\text{srbm}}(\boldsymbol{x}) = \hat{y}_{1\text{svm}}(\boldsymbol{x}) + \hat{y}_{2\text{rbfm2}}(\boldsymbol{x}) \tag{6.12}$$

组合方案 4:SRBI(SVM 和 RBFI 的组合),对构建得到的 $\hat{y}_{1\text{svm}}(\boldsymbol{x})$ 和 $\hat{y}_{2\text{rbfi2}}(\boldsymbol{x})$ 求和,可得到组合模型 SRBI $\hat{y}_{\text{srbi}}(\boldsymbol{x})$,表示如下:

$$\hat{y}_{\text{srbi}}(\boldsymbol{x}) = \hat{y}_{1\text{svm}}(\boldsymbol{x}) + \hat{y}_{2\text{rbfi2}}(\boldsymbol{x}) \tag{6.13}$$

利用式(6.10)~式(6.13)可分别得到组合代理模型 RRBM、RRBI、SRBM 和 SRBI 在设计空间内任意点处的近似响应。

2. 数值试验

1)测试算例

选用 6 个标准数学算例来测试回归/插值组合代理模型的性能。

(1)2 - Variable Goldstein - Price 函数。

$$\begin{aligned}
f(x) = &\left[1 + (x_1 + x_2 + 1)^2 \times (19 - 14x_1 + 3x_1^2 - 14x_2 + 6x_1x_2 + 3x_2^2) \right] \\
&\times \left[30 + (2x_1 - 3x_2)^2 \times (18 - 32x_1 + 12x_1^2 + 48x_2 - 36x_1x_2 + 27x_2^2) \right]
\end{aligned} \tag{6.14}$$

式中,$x_1 \in [-2, 2]$;$x_2 \in [-2, 2]$。

(2)5 - Variable Friedman 函数。

$$f(x) = 10\sin(\pi x_1 x_2) + 20(x_3 - 0.5)^2 + 10x_4 + 5x_5 \tag{6.15}$$

式中,$x_i \in [0, 1]$,$i = 1, 2, \cdots, 5$。

(3)6 - Variable Power - Sum 函数。

$$f(x) = \sum_{j=1}^{6} \left[\left(-\sum_{i=1}^{6} x_i^j \right) - 36 \right]^2 \tag{6.16}$$

式中,$x_i \in [0, 6]$,$i = 1, 2, \cdots, 6$。

(4)7 - Variable Rosenbrock 函数。

$$f(x) = \sum_{i=1}^{6} \left[100(x_{i+1} - x_i^2)^2 + (x_i - 1)^2 \right] \tag{6.17}$$

式中,$x_i \in [-5, 10]$,$i = 1, 2, \cdots, 6$。

(5)9 - Variable Zakharov 函数。

$$f(x) = \sum_{i=1}^{9} x_i^2 + \left(\sum_{i=1}^{9} 0.5ix_i \right)^2 + \left(\sum_{i=1}^{9} 0.5ix_i \right)^4 \tag{6.18}$$

式中，$x_i \in [-5, 10]$，$i = 1, 2, \cdots, 9$。

（6）10 - Variable Powell 函数。

$$f(x) = \sum_{i=1}^{2} [(x_{4i-3} + 10x_{4i-2})^2 + 5(x_{4i-1} - x_{4i})^2 \tag{6.19}$$
$$+ (x_{4i-2} - 2x_{4i-1})^4 + 10(x_{4i-3} - x_{4i})^4]$$

式中，$x_i \in [-4, 5]$，$i = 1, 2$。

为了便于后续描述，采用 BP1 表示 2 - Variable Goldstein - Price 函数，采用 BP2 表示 5 - Variable Friedman 函数，采用 BP3 表示 6 - Variable Power - Sum 函数，采用 BP4 表示 7 - Variable Rosenbrock 函数，采用 BP5 表示 9 - Variable Zakharov 函数，采用 BP6 表示 10 - Variable Powell 函数。

2）试验过程

采用最优拉丁超立方设计，并借助 MATLAB（2011）中的 lhsdesign 程序，选用 maximin 准则，来生成上述测试算例的训练样本点和测试样本点。为了尽可能减小由 DOE 采样方案引起的随机效应，所有测试算例均重复进行了 100 次，即所有测试算例均选择了 100 组不同的训练样本和测试样本。每一组训练样本中，采样点数目确定为 $3(k+1)(k+2)/2$，k 表示测试算例的维度。在每一组测试样本中，采样点数目为 20 000。测试算例详细采样信息可参见表 6.3。

表 6.3 测试算例详细采样信息

测试算例	变量数	训练样本数	测试样本数	重复次数
BP1	2	18	20 000	100
BP2	5	63	20 000	100
BP3	6	84	20 000	100
BP4	7	108	20 000	100
BP5	9	165	20 000	100
BP6	10	198	20 000	100

3）性能准则

选用测试点均方根误差（root mean square error，RMSE）来评估代理模型的性能。

3. 性能对比

1）模型性能

图 6.5 示出了各测试算例分别重复 100 次所得的 RMSE 箱形图。可见：① 对

于所有测试算例,性能最优的组合模型始终优于性能最优的个体模型;② 对于所有测试算例,性能最差的组合模型始终优于性能最差的个体模型;③ 四个组合模型间的性能差异明显小于四个个体模型间的性能差异。

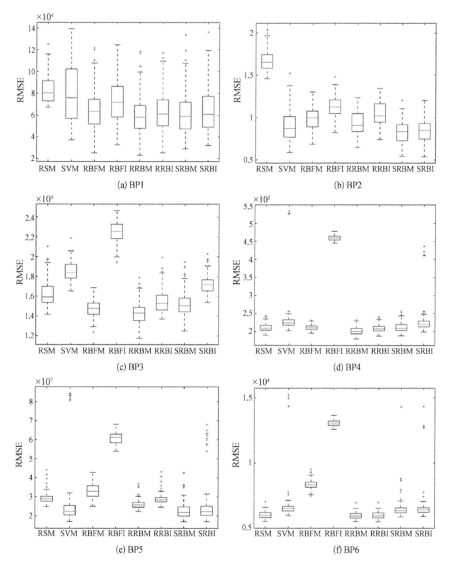

图 6.5　各测试算例分别重复 100 次所得的 RMSE 箱形图

对于每个测试算例,以性能最优的个体代理模型为基准,对所有代理模型的 RMSE 进行归一化,如表 6.4 所示。表中加粗数值表示性能最优的组合模型或性能最优的个体模型,斜体数值表示性能最差的组合模型或性能最差的个体模型,加下划线数值表示性能优于最优个体模型的组合模型。由表 6.4 可见:① 与性能最优的个体模型相比,性能最优的组合模型的 RMSE 平均值减小了 1.1%~22.2%;② 与性能最差的个体模型相比,性能最差的组合模型的 RMSE 平均值减小了 21.1%~52.5%;③ 除 BP3 以外的所有测试算例中,有两个及以上组合模型的性能优于最优的个体模型;④ 特别是对于 BP5,四个组合模型的性能均优于最优的个体模型。

表 6.4 各测试算例分别重复 100 次所得的归一化后的 RMSE 平均值

测试算例	BP1	BP2	BP3	BP4	BP5	BP6
PRS	*1.280*	*1.866*	1.113	**1.000**	**1.000**	**1.000**
SVR	1.224	**1.000**	1.262	1.149	1.006	1.133
RBFM	**1.000**	1.108	**1.000**	1.001	1.123	1.385
RBFI	1.133	1.261	*1.536*	2.175	2.073	2.166
PRBM	**0.929**	1.043	**0.981**	**0.957**	0.889	**0.989**
PRBI	0.977	*1.173*	1.062	0.990	*0.985*	0.994
SRBM	0.968	**0.922**	1.039	1.006	**0.778**	1.080
SRBI	*1.010*	0.937	*1.176*	*1.102*	0.910	*1.109*
最优组合模型与最优个体模型相比	−7.1%	−7.8%	−1.9%	−4.3%	−22.2%	−1.1%
最差组合模型与最差个体模型相比	−21.1%	−37.1%	−23.5%	−49.3%	−52.5%	−48.8%

对所有代理模型进行排序,并整理得到所有测试算例中代理模型的性能排序次数,如表 6.5 所示。可见:① 组合模型共有 11 次性能排序为第一或第二,而个体模型仅有 1 次性能排序为第一或第二;② 个体模型共有 12 次性能排序为倒数第一或倒数第二,而组合模型性能排序为倒数第一或倒数第二的次数为 0;③ 若以性能排序前二的次数多少作为标准,则所有组合模型的性能均优于个体模型;④ 4 个组合模型的性能排序为:RRBM>SRBM>RRBI>SRBI。

表 6.5 所有测试算例中代理模型的性能排序次数

排序	1	2	3	4	5	6	7	8
RSM	0	0	2	0	2	0	0	2
SVM	0	0	1	0	0	2	3	0

排　序	1	2	3	4	5	6	7	8
RBFM	0	1	0	2	1	0	2	0
RBFI	0	0	0	0	0	1	1	4
总计	0	1	3	2	3	3	6	6
RRBM	4	1	0	1	0	0	0	0
RRBI	0	2	1	2	0	1	0	0
SRBM	2	1	1	1	1	0	0	0
SRBI	0	1	1	0	2	2	0	0
总计	6	5	3	4	3	3	0	0

共采用四种组合方案,即组合方案 1(RSM 和 RBFM 组合得到 RRBM)、组合方案 2(RSM 和 RBFI 组合得到 RRBI)、组合方案 3(SVM 和 RBFM 组合得到 SRBM)和组合方案 4(SVM 和 RBFI 组合得到 SRBI),因此有必要单独比较各组合模型及与其相对应的个体模型的性能。图 6.6 对比了各种组合方案下组合模型与个体模型的性能。可见:① 对于组合方案 1,RRBM 在 8 个测试算例中性能均优于 RSM 和 RBFM;② 对于组合方案 2,RRBI 在 8 个测试算例中性能均优于 RSM 和 RBFI;③ 对于组合方案 3,SRBM 在 5 个测试算例中性能排序第一,在两个测试算例中性能排序第二;虽然 RBFM 在两个测试算例中性能排序第一,但在其余测试算例中性能排序均为倒数第一;④ 对于组合方案 4,在所有测试算例中 SRBI 的性能均优于 SVM 和 RBFI。

综上所述,组合模型的性能优于个体模型的性能。特别地,四个组合模型中 RRBM 的性能最佳,其次是 SRBM、RRBI 和 SRBI。

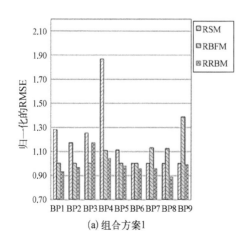

(a) 组合方案1

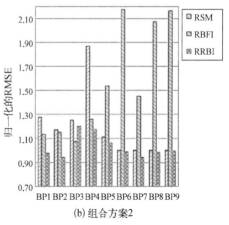

(b) 组合方案2

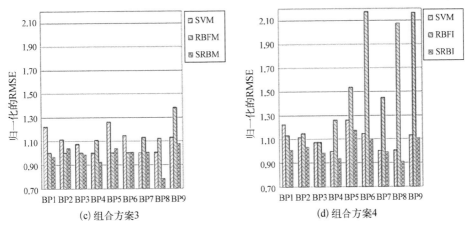

(c) 组合方案3　　　　　　　　　(d) 组合方案4

图 6.6　各种组合方案下组合模型与个体模型的性能

2）训练样本数的影响

上述分析中每个测试算例的训练样本数始终保持 $n_{trn} = 3(k+1)(k+2)/2$ 不变,因此这里探索了训练样本数发生变化时组合模型与个体模型的性能表现(表6.6 和表 6.7)。

由表 6.6 可见:① 与性能最优的个体模型相比,性能最优的组合模型的 RMSE 平均值减小了 0.9%～8.1%;② 与性能最差的个体模型相比,性能最差的组合模型的 RMSE 平均值减小了 23.4%～53.8%;③ 除 BP3 以外的所有测试算例中,有两个及以上组合模型的性能优于最优的个体模型;④ 总的来说,所有组合模型的性能均优于个体模型;⑤ 四个组合模型中,RRBM 性能最优,SRBI 性能最差。

表 6.6　$n_{trn} = 7(k+1)(k+2)/4$ 时各测试算例分别重复 100 次所得归一化后的 RMSE 平均值

测试算例	BP1	BP2	BP3	BP4	BP5	BP6
PRS	*1.400*	2.282	1.104	**1.000**	1.342	**1.000**
SVR	1.209	**1.000**	1.283	1.154	**1.000**	1.130
RBFM	**1.000**	1.186	**1.000**	1.012	1.496	1.371
RBFI	1.174	1.383	*1.555*	*2.188*	*2.847*	*2.195*
PRBM	**0.921**	1.102	**0.952**	**0.946**	1.158	**0.991**
PRBI	0.985	*1.271*	1.044	0.987	*1.316*	0.992
SRBM	0.958	**0.937**	1.040	1.000	**0.919**	1.076

续　表

测试算例	BP1	BP2	BP3	BP4	BP5	BP6
SRBI	*1.014*	<u>0.949</u>	*1.191*	*1.102*	<u>0.972</u>	*1.105*
最优组合模型与最优个体模型相比	−7.9%	−6.3%	−4.8%	−5.4%	−8.1%	−0.9%
最差组合模型与最差个体模型相比	−27.6%	−44.3%	−23.4%	−49.6%	−53.8%	−49.7%

由表 6.7 可见：① 除 BP3 外，与性能最优的个体模型相比，性能最优的组合模型的 RMSE 平均值减小了 0.9%~16.9%；② 与性能最差的个体模型相比，性能最差的组合模型的 RMSE 平均值减小了 20.9%~51.3%；③ 总的来说，所有组合模型的性能均优于个体模型。

表 6.7　$n_{trn} = 5(k+1)(k+2)/4$ 时各测试算例分别重复 100 次所得归一化后的 RMSE 平均值

测试算例	BP1	BP2	BP3	BP4	BP5	BP6
PRS	*1.268*	*1.577*	1.115	1.022	**1.000**	**1.000**
SVR	1.248	**1.000**	1.242	1.206	1.027	1.174
RBFM	**1.000**	1.020	**1.000**	**1.000**	1.134	1.379
RBFI	1.100	1.126	*1.517*	*2.151*	*2.030*	*2.093*
PRBM	<u>**0.937**</u>	1.008	**1.015**	<u>**0.991**</u>	<u>0.918</u>	<u>**0.991**</u>
PRBI	<u>0.980</u>	*1.098*	1.079	1.014	<u>0.989</u>	<u>0.995</u>
SRBM	0.965	**0.924**	1.053	1.035	<u>**0.831**</u>	1.073
SRBI	*1.002*	<u>0.938</u>	*1.167*	*1.152*	<u>0.951</u>	*1.139*
最优组合模型与最优个体模型相比	−6.3%	−7.6%	1.5%	−0.9%	−16.9%	−0.9%
最差组合模型与最差个体模型相比	−20.9%	−30.4%	−23.1%	−46.4%	−51.3%	−45.6%

综上所述，不同的训练样本数可轻微影响性能结果，但所得的结论保持不变，即组合模型的性能优于个体模型的性能。

3）分析与讨论

为了探索组合模型性能更优的原因，以简单算例 BP1 和组合方案 3（SVM 和

RBFM 的组合）为例,显示化对比了各代理模型与真实模型的差异。图 6.7 示出了
SVM、RBFM 和 SRBM 三种近似模型与真实模型的等值线图。可见:① SVM 的全
局趋势拟合能力强于 RBFM;② RBFM 在采样点附近的精度高于 SVM;③ SRBM 结
合了 SVM 的全局趋势拟合能力和 RBFM 的局部精度预测优势。

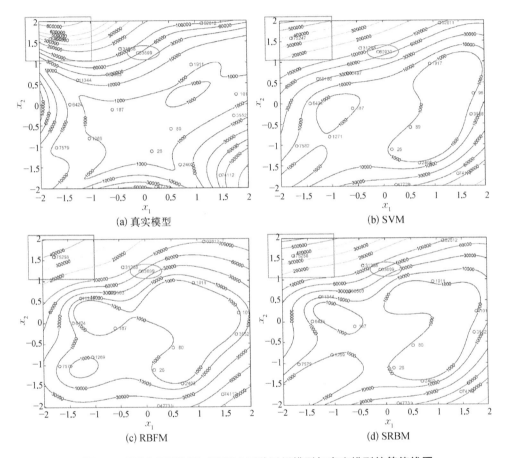

图 6.7　SVM、RBFM 和 SRBM 三种近似模型与真实模型的等值线图

综上,组合模型性能更优的原因在于:真实模型可视为一个回归类代理模型
和一个偏差函数之和,首先回归类代理模型可以捕捉真实模型在整个设计空间内
的全局趋势,使得偏差函数的非线性程度弱于真实模型,其次采用插值类代理模型
来近似拟合偏差函数以保证组合模型在采样点处的局部精度,因此组合模型综合
了回归类代理模型与插值类代理模型的优势。

4）显著性对比

为了进一步说明其性能优势,对比了回归/插值组合代理模型与常见的加权组
合代理模型的性能。Kriging 模型有时也被认为是多项式响应面模型与高斯过程的

组合模型,因此也将其纳入对比。为了便于描述,用 BPS 表示最佳 PRESS 方法,用 PWS 表示 PRESS 加权平均方法,用 OWSD 表示采用对角元素的最优加权方法,用 KRG1 表示采用一阶多项式回归函数的 Kriging 模型,用 KRG2 表示采用二阶多项式回归函数的 Kriging 模型。

图 6.8 对比了 RRBM、SRBM、KRG1、KRG2、BPS、PWS 和 OWSD 的性能。可见:① 对于 BP1,RRBM 和 SRBM 的性能优于其他代理模型的性能;② 对于 BP2,

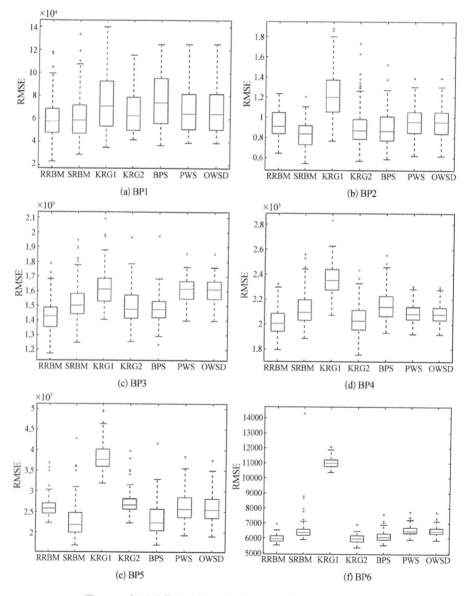

图 6.8　各测试算例分别重复 100 次所得的 RMSE 箱形图

SRBM 和 BPS 的性能最佳;③ 对于 BP3,RRBM 和 BPS 的性能优于其他代理模型的性能;④ 对于 BP4,RRBM 和 KRG2 的性能最佳;⑤ 对于 BP5,SRBM 和 BPS 的性能优于其他代理模型的性能;⑥ 对于 BP6,RRBM 和 KRG2 的性能最佳。

综上所述,即便与 KRG1、KRG2、BPS、PWS 和 OWSD 相比,所提出的回归/插值组合代理模型也具有一定的优势。

4. 风扇子系统代理建模

直接利用 NUMECA 和 ANSYS 软件评估风扇子系统气动性能和强度特性耗时较长,为了减少计算时间,采用代理模型近似模拟风扇子系统的输入输出关系。这里的输入量主要是风扇子系统的 33 个设计变量,输出量则包括计算得到的风扇子系统设计点进口物理流量 $W_{2(0)}^{(F)}$、外涵压比 $\pi_{F(0)}^{(F)}$、效率 $\eta_{F(0)}^{(F)}$、飞越状态进口物理流量 $W_{2(9)}^{(F)}$、外涵压比 $\pi_{F(9)}^{(F)}$、红线状态的风扇叶片叶根最大等效应力 $\sigma_{F(11)}$。 建立代理模型之前,需要进行 DOE 获得样本数据。此处采用正交试验设计方法获得 108 个样本点,每个样本点的响应均采用 NUMECA 和 ANSYS 软件计算得到,并采用之前回归/插值组合代理模型中的 SRBM 代理模型进行近似建模。

6.3.3　MDO 数学建模

1. 基于 NCO 的数学模型

针对该发动机简化模型的整机多学科设计优化,考虑总体、风扇及低压涡轮间的耦合关系,建立基于 NCO 的数学模型。式(6.20)、式(6.22)、式(6.24)中的 $A_1 \sim A_{12}$ 表示约束中所涉及物理量的上下限数值,J_F^* 表示风扇子系统级的一致性约束,J_{TL}^* 表示低压涡轮子系统级的一致性约束。模型一共包含 54 个设计变量,11 个约束条件,7 个目标函数。

1) 总体优化数学模型

为了适应市场需求,民用航空发动机在设计时,除了需要满足耗油率、推力、重量等性能指标,还需要特别关注噪声、排放等绿色环保指标。为了突出绿色环保特性,在设计点推力不变的前提下,确定了 5 个总体方案优化目标,分别是: 设计点耗油率 $sfc_{(0)}$、整机重量 m_E、飞越噪声 $dB_{(9)}$、进场噪声 $dB_{(10)}$ 和燃烧室氮氧化物排放特性值 $DpNO_x$。这些优化目标的值在数量级上差别较大,因此以初始方案为基准进行归一化处理。

为了达到这些指标,需要选择多个参数,如涵道比、各部件效率、风扇及压气机增压比、空气流量等。结合前期已开展的总体方案设计经验,选择了设计点涵道比 $B_{(0)}$、风扇外涵压比 $\pi_{F(0)}$、内涵与增压级压比 $\pi_{CL(0)}$、高压压气机压比 $\pi_{CH(0)}$、燃烧室总压恢复系数 $\sigma_{B(0)}$、燃烧室出口总温 $T_{4(0)}$、风扇效率 $\eta_{F(0)}$ 和低压涡轮效率 $\eta_{TL(0)}$ 共 8 个作为总体方案的设计变量,其他参数则通过相关设计准则及经验来选取。

在选取设计点参数时,还要兼顾各典型工作状态的参数限制,结合材料工艺水平、冷却水平以及热障涂层技术等,选择了 8 个总体方案的约束条件,分别是:标准天起飞状态燃烧室出口总温 $T_{4(1)}$、高温起飞状态燃烧室出口总温 $T_{4(2)}$、高温高原起飞状态燃烧室出口总温 $T_{4(3)}$、最大爬升状态燃烧室出口总温 $T_{4(4)}$、设计点高压涡轮落压比 $\pi_{TH(0)}$、设计点低压涡轮落压比 $\pi_{TL(0)}$ 以及 2 个子系统的一致性约束。

这样,系统级即总体层数学优化模型如式(6.20)所示,5 个系统级即总体层优化目标、8 个设计变量、8 个约束条件分别如表 6.8~表 6.10 所示。

$$
\begin{aligned}
\min \quad & sfc_{(0)}, m_E, dB_{(9)}, dB_{(10)}, DpNO_x \\
\mathrm{w.r.t.} \quad & B_{(0)}, \pi_{F(0)}, \pi_{CL(0)}, \pi_{CH(0)}, \pi_{B(0)}, T_{4(0)}, \eta_{F(0)}, \eta_{TL(0)} \\
\mathrm{s.t.} \quad & \begin{cases}
\pi_{TH(0)} \leqslant A_1 & \pi_{TL(0)} \leqslant A_2 \\
T_{4(1)} \leqslant A_3 & T_{4(2)} \leqslant A_4 \\
T_{4(3)} \leqslant A_5 & T_{4(4)} \leqslant A_6 \\
J_F^* \leqslant A_{11} & J_{TL}^* \leqslant A_{12}
\end{cases}
\end{aligned} \tag{6.20}
$$

表 6.8   总体层的优化目标列表

优 化 目 标				
序　号	符　号	名　　称	单　位	目标类型
1	$sfc_{(0)}$	耗油率(设计点)	kg/(daN·h)	min
2	m_E	整机重量	kg	min
3	$dB_{(9)}$	噪声(飞越状态)	dB	min
4	$dB_{(10)}$	噪声(进场状态)	dB	min
5	$DpNO_x$	燃烧室氮氧化物排放特性值	g/(K·N)	min

表 6.9   总体层的设计变量列表(设计点工况)

设 计 变 量				
序　号	符　号	名　　称	单　位	变化范围
1	$B_{(0)}$	涵道比	—	5~11
2	$\pi_{F(0)}$	风扇外涵压比	—	1.2~1.7
3	$\sigma_{B(0)}$	燃烧室总压恢复系数	—	0.95~0.96
4	$\pi_{CL(0)}$	内涵/增压级压比	—	1.2~2.5

续　表

		设　计　变　量		
序　号	符　号	名　　称	单　位	变化范围
5	$\pi_{CH(0)}$	高压压气机压比	—	12~27
6	$T_{4(0)}$	燃烧室出口总温	K	1 500~1 800
7	$\eta_{F(0)}$	风扇效率	—	0.90~0.94
8	$\eta_{TL(0)}$	低压涡轮效率	—	0.90~0.94

表 6.10　总体层的约束条件列表

		约　束　条　件		
序　号	符　号	名　　称	单　位	变化范围
1	$\pi_{TH(0)}$	高压涡轮落压比(设计点)	—	<6.0
2	$\pi_{TL(0)}$	低压涡轮落压比(设计点)	—	<7.0
3	$T_{4(i)}$ $(i=1,2,3,4)$	非设计点燃烧室出口总温	K	<2 000
4	J_F^*	风扇子系统的一致性约束	—	<1.0
5	J_{TL}^*	低压涡轮子系统的一致性约束	—	<1.0

2) 风扇优化数学模型

总体方案设计与风扇设计存在较强的耦合关系,例如,总体方案计算得到的风扇进口总温、总压和转速等作为风扇的设计输入,风扇计算得到的设计点进口物理流量 $W_{2(0)}^{(F)}$、外涵压比 $\pi_{F(0)}^{(F)}$、效率 $\eta_{F(0)}^{(F)}$ 及飞越状态进口物理流量 $W_{2(9)}^{(F)}$、外涵压比 $\pi_{F(9)}^{(F)}$ 与总体方案分配的设计指标($W_{2(0)}$、$\pi_{F(0)}$、$\eta_{F(0)}$、$W_{2(9)}$、$\pi_{F(9)}$)需相互匹配。

因此,定义 1 个目标函数 J_F 为风扇计算得到的 $W_{2(0)}^{(F)}$、$\pi_{F(0)}^{(F)}$、$\eta_{F(0)}^{(F)}$、$W_{2(9)}^{(F)}$、$\pi_{F(9)}^{(F)}$ 与总体方案分配的设计指标($W_{2(0)}$、$\pi_{F(0)}$、$\eta_{F(0)}$、$W_{2(9)}$、$\pi_{F(9)}$)的差。这些指标的值在数量级上差别较大,因此采用加权法求差,J_F 的表达式如下所示:

$$J_F = \left(\frac{\pi_{F(0)}^{(F)} - \pi_{F(0)}}{0.02}\right)^2 + \left(\frac{\eta_{F(0)}^{(F)} - \eta_{F(0)}}{0.002}\right)^2 + \left(\frac{W_{2(0)}^{(F)} - W_{2(0)}}{0.025 \times W_{2(0)}}\right)^2$$
$$+ \left(\frac{W_{2(9)}^{(F)} - W_{2(9)}}{0.025 \times W_{2(9)}}\right)^2 + \left(\frac{\pi_{F(9)}^{(F)} - \pi_{F(9)}}{0.025 \times \pi_{F(9)}}\right)^2 \tag{6.21}$$

　　为达到这些指标,根据设计经验,确定了风扇叶片的气动设计与造型参数作为设计变量,共 33 个,分别是:环量分布控制点位置 $\text{Circ}_{(i)}$、环量分布系数 $\text{Coef}_{(i)}$、积叠轴周向偏移控制点位置 $\text{StaC}_{(j)}$、积叠轴周向偏移量 $\text{StaS}_{(k)}$、叶片攻角展向控制点位置 $\text{Incid}_{(m)}$、叶片最大厚度分布展向控制点位置 $\text{TOB}_{(m)}$,其中,$i = 1, \cdots, 8$;$j = 1, \cdots, 4$;$k = 1, 2, 3$;$m = 1, \cdots, 5$。

　　红线转速是发动机所有工作状态工作时都不能超过的最大物理转速。根据风扇强度设计准则,可知该转速下强度问题最关键。因此,这里选择 1 个约束条件,即为红线状态的风扇叶片叶根最大等效应力 $\sigma_{\text{F}(11)}$ 不超过材料许用应力。

　　风扇子系统数学优化模型如式(6.22)所示,部分风扇设计变量的具体取值范围如表 6.11 所示。

$$
\begin{aligned}
\min \quad & J_{\text{F}} \\
\text{w.r.t.} \quad & \begin{cases}
\text{Circ}_{(i)}, \ \text{Coef}_{(i)}, \ \text{StaC}_{(j)}, \ \text{StaS}_{(k)}, \ \text{Incid}_{(m)}, \ \text{TOB}_{(m)} \\
i = 1, \cdots, 8 \\
j = 1, \cdots, 4 \\
k = 1, 2, 3 \\
m = 1, \cdots, 5
\end{cases} \\
\text{s.t.} \quad & \sigma_{\text{F}(11)} \leqslant A_7
\end{aligned}
\tag{6.22}
$$

表 6.11　风扇的部分设计变量列表

设 计 变 量				
序　号	符　号	名　　称	单　位	变化范围
1	$\text{Circ}_{(1)}$	环量分布控制点 1 位置	—	0.1~0.75
2	$\text{Circ}_{(2)}$	环量分布控制点 2 位置	—	0.2~1.5
3	$\text{Circ}_{(3)}$	环量分布控制点 3 位置	—	0.1~0.75
4	$\text{Coef}_{(1)}$	环量分布系数 1	—	0.01~0.625
5	$\text{Coef}_{(2)}$	环量分布系数 2	—	0.2~0.925
6	$\text{Coef}_{(3)}$	环量分布系数 3	—	0.01~0.625
7	$\text{StaC}_{(1)}$	积叠轴周向偏移控制点 1 位置	—	0.014 8~0.017 22
8	$\text{StaC}_{(2)}$	积叠轴周向偏移控制点 2 位置	—	0.01~0.014
9	$\text{StaS}_{(1)}$	积叠轴周向偏移量 1	—	0.2~0.3
10	$\text{StaS}_{(2)}$	积叠轴周向偏移量 2	—	0.45~0.55

设 计 变 量				
序　号	符　号	名　　称	单　位	变 化 范 围
11	$\text{Incid}_{(1)}$	叶片攻角展向控制点 1 位置	—	$-5.0 \sim 1.5$
12	$\text{Incid}_{(2)}$	叶片攻角展向控制点 2 位置	—	$-2.0 \sim 2.0$
13	$\text{TOB}_{(1)}$	叶片最大厚度分布展向控制点 1 位置	—	$0.064 \sim 0.078$
14	$\text{TOB}_{(2)}$	叶片最大厚度分布展向控制点 2 位置	—	$0.032\,3 \sim 0.039\,4$

3) 低压涡轮优化数学模型

总体方案设计与低压涡轮设计也存在较强的耦合关系,总体方案计算得到的设计点低压涡轮进口总温 $T_{45(0)}$、进口总压 $P_{45(0)}$、流量 $W_{45(0)}$、功率 $P_{\text{TL}(0)}$、转速 $N_{1(0)}$ 和进场状态低压涡轮进口总温 $T_{45(10)}$、进口总压 $P_{45(10)}$、流量 $W_{45(10)}$、功率 $P_{\text{TL}(10)}$、转速 $N_{1(10)}$ 作为低压涡轮的设计输入,低压涡轮计算得到的设计点的落压比 $\pi_{\text{TL}(0)}^{(\text{TL})}$、气动效率 $\eta_{\text{TL}(0)}^{(\text{TL})}$ 及进场状态的落压比 $\pi_{\text{TL}(10)}^{(\text{TL})}$ 与总体方案分配的设计指标 ($\pi_{\text{TL}(0)}$、$\eta_{\text{TL}(0)}$、$\pi_{\text{TL}(10)}$) 需要相互匹配。

因此,此处定义了 1 个目标函数 J_{TL},它是低压涡轮计算得到的 $\pi_{\text{TL}(0)}^{(\text{TL})}$、$\eta_{\text{TL}(0)}^{(\text{TL})}$ 及 $\pi_{\text{TL}(10)}^{(\text{TL})}$ 与总体方案分配的设计指标 ($\pi_{\text{TL}(0)}$、$\eta_{\text{TL}(0)}$、$\pi_{\text{TL}(10)}$) 之间的差。采用加权法求差,J_{TL} 的表达式如下所示:

$$J_{\text{TL}} = \left(\frac{\eta_{\text{TL}(0)}^{(\text{TL})} - \eta_{\text{TL}(0)}}{0.002} \right)^2 + \left(\frac{\pi_{\text{TL}(0)}^{(\text{TL})} - \pi_{\text{TL}(0)}}{0.02 \times \pi_{\text{TL}(0)}} \right)^2 + \left(\frac{\pi_{\text{TL}(10)}^{(\text{TL})} - \pi_{\text{TL}(10)}}{0.04 \times \pi_{\text{TL}(10)}} \right)^2 \quad (6.23)$$

低压涡轮气动计算采用已开发的一维计算程序,根据试验设计方法,以对上述指标影响最大为准则,选择了 13 个低压涡轮设计变量,分别是: 末级转子叶片叶高 BH、叶尖半径 RT、6 级功分配比 FC 和 5 级反力度 OMG。

其他参量则需要在一定范围内选取,例如,对于涡轮级数,若级数少,则重量轻、成本低、维修性好、可靠性高,但级负荷重、效率水平低;对于进口马赫数,若马赫数选择过大,则会造成涡轮损失增加,从而降低涡轮效率,若过小,则增加过渡段逆压梯度水平,增大过渡段设计难度;对于各叶片排间距系数,若间距过小,则会加强上游尾迹与下游叶片的干涉,可能导致下游叶片排内部损失增大,若间距过大,则将导致流道沿程损失以及涡轮重量增大,所以应根据设计经验,合理选取这些参数。

根据低压涡轮叶片强度问题和出口气动问题,选择约束条件为设计点出口气流角 a_{out} 在偏离轴向 $\pm 5°$ 范围内,红线温度状态末级转子叶片的叶根拉伸应力 $\sigma_{\text{TL}(11)}$ 不大于叶片材料的许用应力,共 2 个。

低压涡轮子系统数学优化模型如式(6.24)所示,低压涡轮部分设计变量的具体取值范围如表6.12所示。

$$
\begin{aligned}
& \min && J_{\text{TL}} \\
& \text{w.r.t.} && \begin{cases} \text{BH, RT, FC}_{(p)}, \text{OMG}_{(q)} \\ p = 1, \cdots, 6 \\ q = 1, \cdots, 5 \end{cases} \\
& \text{s.t.} && \begin{cases} A_8 \leqslant a_{\text{out}} \leqslant A_9 \\ \sigma_{\text{TL}(11)} \leqslant A_{10} \end{cases}
\end{aligned}
\tag{6.24}
$$

表 6.12　低压涡轮的部分设计变量列表

设 计 变 量				
序　号	符　号	名　　称	单　位	变化范围
1	FC_1	一级功分配比	—	0~3
2	FC_2	二级功分配比	—	0~3
3	FC_3	三级功分配比	—	0~3
4	FC_4	四级功分配比	—	0~3
5	FC_5	五级功分配比	—	0~3
6	FC_6	六级功分配比	—	0~3
7	OMG_1	一级反力度	—	0.1~0.8
8	OMG_2	二级反力度	—	0.1~0.8
9	OMG_3	三级反力度	—	0.1~0.8
10	OMG_4	四级反力度	—	0.1~0.8
11	OMG_5	五级反力度	—	0.1~0.8

可见,三个部分的设计变量和约束条件分散至三个优化器中,J_{F} 和 J_{TL} 分别作为风扇子系统级和低压涡轮子系统级的优化目标,其最优值 J_{F}^* 和 J_{TL}^* 用于系统级的一致性约束条件中。

图 6.9 给出了基于 NCO 的某涡扇发动机简化模型的整机多学科设计优化流程。可见,系统级优化嵌套了子系统级优化,总体每进行一次仿真分析,风扇、低压涡轮子系统便(并行)进行一次子系统级优化。总体通过仿真分析,得到设计点与非设计点的各项性能参数,将 $\text{sfc}_{(0)}$、m_{E}、$\text{dB}_{(9)}$ 等传递至系统级优化器,作为系统级优化目标;将 $T_{4(1)}$、$T_{4(2)}$、$T_{4(3)}$ 等传递至系统级优化器,作为系统级约束条件;将 $T_{45(0)}$、$P_{45(0)}$、$W_{2(0)}$、$\pi_{\text{F}(0)}$、$\eta_{\text{F}(0)}$、$\pi_{\text{TL}(0)}$、$\eta_{\text{TL}(0)}$ 等传递至风扇、低压涡轮子系统,作

为二者的设计输入或设计指标。风扇子系统通过子系统级优化,在 $\sigma_{F(11)}$ 满足约束的条件下,计算得到 J_F 的最优值 J_F^*,并传递到系统级,作为系统级的一致性约束条件。低压涡轮子系统通过子系统级优化,在 a_{out} 和 $\sigma_{TL(11)}$ 满足约束的条件下,计算得到 J_{TL} 的最优值 J_{TL}^*,并传递到系统级,作为系统级的一致性约束条件。在优化过程中,J_F^* 和 J_{TL}^* 不断减小,直至满足一致性约束条件,进而实现系统解耦。

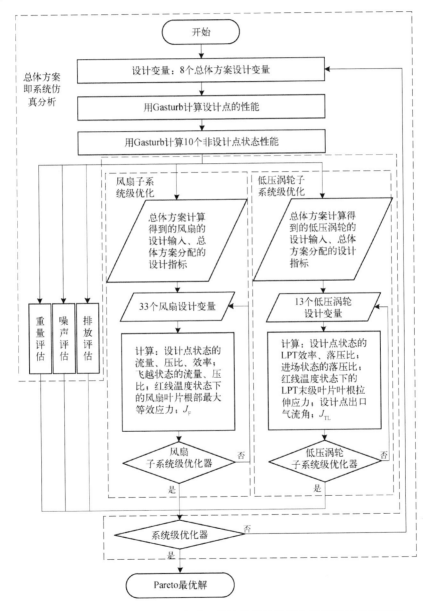

图 6.9 基于 NCO 的某涡扇发动机简化模型的整机多学科设计优化流程

2. 基于 ICO 的数学模型

针对该发动机简化模型的整机多学科设计优化,建立了基于 ICO 的数学模型。数学模型的设计变量、约束条件及目标函数列表与 6.3.3 节第一部分的一致,但分布方式有所不同,具体情况通过比较式(6.20)、式(6.22)、式(6.24)与式(6.25)、式(6.26)、式(6.27)可知。

系统级优化模型如下:

$$
\begin{array}{ll}
\min & \mathrm{sfc}_{(0)},\ m_{\mathrm{E}},\ \mathrm{dB}_{(9)},\ \mathrm{dB}_{(10)},\ \mathrm{NO}_x \\
\mathrm{w.r.t.} & \eta_{\mathrm{F}(0)},\ \eta_{\mathrm{TL}(0)} \\
\mathrm{s.t.} & \begin{cases} J_{\mathrm{F}}^{*} \leqslant A_{11} \\ J_{\mathrm{TL}}^{*} \leqslant A_{12} \end{cases}
\end{array}
\tag{6.25}
$$

总体方案子系统级优化模型如下:

$$
\begin{array}{ll}
\min & \mathrm{sfc}_{(0)},\ m_{\mathrm{E}},\ \mathrm{dB}_{(9)},\ \mathrm{dB}_{(10)},\ \mathrm{NO}_x \\
\mathrm{w.r.t.} & B_{(0)},\ \pi_{\mathrm{F}(0)},\ \pi_{\mathrm{CL}(0)},\ \pi_{\mathrm{CH}(0)},\ \pi_{\mathrm{B}(0)},\ T_{4(0)} \\
\mathrm{s.t.} & \begin{cases} \pi_{\mathrm{TH}(0)} \leqslant A_1 \quad \pi_{\mathrm{TL}(0)} \leqslant A_2 \\ T_{4(1)} \leqslant A_3 \quad T_{4(2)} \leqslant A_4 \\ T_{4(3)} \leqslant A_5 \quad T_{4(4)} \leqslant A_6 \end{cases}
\end{array}
\tag{6.26}
$$

风扇子系统级优化模型如下:

$$
\begin{array}{ll}
\min & J_{\mathrm{F}} \\
\mathrm{w.r.t.} & \begin{cases} \mathrm{Circ}_{(i)},\ \mathrm{Coef}_{(i)},\ \mathrm{StaC}_{(j)},\ \mathrm{StaS}_{(k)},\ \mathrm{Incid}_{(m)},\ \mathrm{TOB}_{(m)} \\ i = 1,\ \cdots,\ 8 \\ j = 1,\ \cdots,\ 4 \\ k = 1,\ 2,\ 3 \\ m = 1,\ \cdots,\ 5 \end{cases} \\
\mathrm{s.t.} & \sigma_{\mathrm{F}(11)} \leqslant A_7
\end{array}
\tag{6.27}
$$

低压涡轮子系统级优化模型如下:

$$
\begin{array}{ll}
\min & J_{\mathrm{TL}} \\
\mathrm{w.r.t.} & \begin{cases} \mathrm{BH},\ \mathrm{RT},\ \mathrm{FC}_{(p)},\ \mathrm{OMG}_{(q)} \\ p = 1,\ \cdots,\ 6 \\ q = 1,\ \cdots,\ 5 \end{cases} \\
\mathrm{s.t.} & \begin{cases} A_8 \leqslant a_{\mathrm{out}} \leqslant A_9 \\ \sigma_{\mathrm{TL}(11)} \leqslant A_{10} \end{cases}
\end{array}
\tag{6.28}
$$

由以上可见,ICO 的设计变量和约束条件分散至四个优化器,使总体方案子系统、低压涡轮子系统及风扇子系统均能独立进行优化。图 6.10 给出了基于 ICO 的

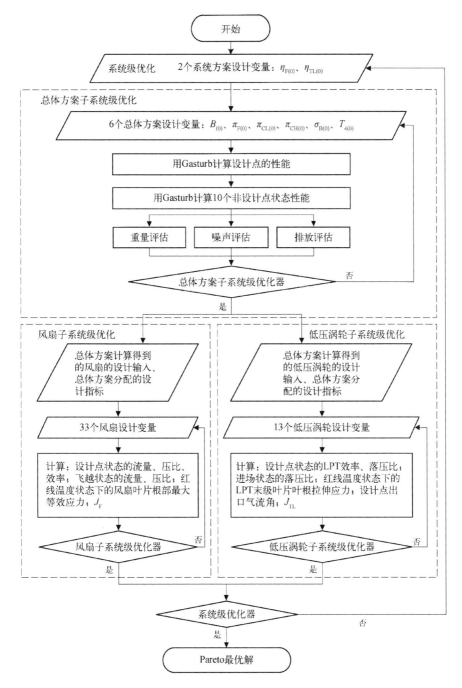

图 6.10 基于 ICO 的某涡扇发动机简化模型的整机多学科设计优化流程

某涡扇发动机简化模型的整机多学科设计优化流程。

6.4　系统求解

如前所述,针对多目标优化问题,通常采用两种处理方法。第一种是单目标转换法,特点是"先决策后优化",该方法依赖设计者的设计经验与偏好;第二种是非劣解法,特点是"先优化后决策",该方法不考虑设计者的偏好,但是可以得到一组非劣解供设计者最终决策。

利用 Isight 软件平台,建立了基于 NCO 的该航空发动机简化模型的整机多学科设计优化平台,选择 4.4.1 节中介绍的基于非劣解法的多目标遗传算法处理系统级多目标优化问题,选择 5.4.1 节中介绍的非线性二次规划算法处理低压涡轮子系统级单目标优化问题,选择 MATLAB（2011）中"ga"程序处理风扇子系统级单目标优化问题。

利用 Isight 软件平台,也建立了基于 ICO 的航空发动机简化整机多学科设计优化平台,选择 NSGA － II 算法处理系统级优化和总体方案子系统级优化问题,选择 NLPQL 算法处理低压涡轮子系统级单目标优化问题,选择 MATLAB（2011）中"ga"程序处理风扇子系统级单目标优化问题。

6.5　多学科设计优化结果

6.5.1　优化效果

当优化结束时,基于 NCO 的优化得到 234 个可行解,包括 69 个 Pareto 解;基于 ICO 的优化得到 43 个可行解,包括 31 个 Pareto 解。

前面已指出,对于多目标优化问题,目标之间往往存在一定的矛盾,因此需要确定一个综合指标,方可衡量 NCO 与 ICO 的优劣。以归一化后的 $sfc_{(0)}$、m_E、$dB_{(9)}$、$dB_{(10)}$、NO_x 之和作为一个综合评价指标(用 SUM 表示),以该综合评价指标最小作为最优方案的决策标准,得到 NCO 与 ICO 分别对应的最优方案。

表 6.13 列出了初始方案及 NCO 和 ICO 得到的最优方案。与初始方案相比,NCO 优化得到的 $sfc_{(0)}$ 降低了 1.75%,m_E 提高了 0.86%,$dB_{(9)}$ 降低了 0.06%,$dB_{(10)}$ 降低了 0.07%,NO_x 降低了 2.33%;ICO 优化得到的 $sfc_{(0)}$ 降低了 2.28%,m_E 提高了 0.94%,$dB_{(9)}$ 降低了 0.18%,$dB_{(10)}$ 降低了 0.13%,NO_x 降低了 3.62%。可见,采用 NCO 与 ICO 均得到了较好的结果,但后者更好一些。

分析可知,涵道比对整机重量影响相对较大;风扇效率和低压涡轮效率对耗油率及氮氧化物排放量影响较大;而涵道比又与排气速度直接相关,排气速度与风扇

表 6.13　初始方案及 NCO 和 ICO 得到的最优方案(归一化)

优 化 方 法			NCO		ICO	
方　案		初始方案	最优方案	最优改进	最优方案	最优改进
综合评价指标 SUM		5.000 0	4.966 5	−0.67%	4.947 3	−1.05%
优化目标	设计点耗油率 $sfc_{(0)}$	1.000 0	0.982 5	−1.75%	0.977 2	−2.28%
	整机重量 m_E	1.000 0	1.008 6	0.86%	1.009 4	0.94%
	飞越噪声 $dB_{(9)}$	1.000 0	0.999 4	−0.06%	0.998 2	−0.18%
	进场噪声 $dB_{(10)}$	1.000 0	0.999 3	−0.07%	0.998 7	−0.13%
	氮氧化物排放特性值 $DpNO_x$	1.000 0	0.976 7	−2.33%	0.963 8	−3.62%
设计变量	涵道比 $B_{(0)}$	1.000 0	1.028 8	2.88%	1.035 6	3.56%
	风扇外涵压比 $\pi_{F(0)}$	1.000 0	1.003 5	0.35%	0.988 6	−1.14%
	内涵/增压级压比 $\pi_{CL(0)}$	1.000 0	0.947 8	−5.22%	0.989 6	−1.04%
	高压压气机压比 $\pi_{CH(0)}$	1.000 0	1.047 9	4.79%	1.009 8	0.98%
	燃烧室总压恢复系数 $\sigma_{B(0)}$	1.000 0	1.005 9	0.59%	1.010 1	1.01%
	燃烧室出口总温 $T_{4(0)}$	1.000 0	0.999 2	−0.08%	1.001 1	0.11%
	风扇效率 $\eta_{F(0)}$	1.000 0	1.027 4	2.74%	1.030 9	3.09%
	低压涡轮效率 $\eta_{TL(0)}$	1.000 0	0.998 1	−0.19%	1.000 4	0.04%

压比对噪声影响较大,故涵道比与风扇压比直接影响噪声水平。因此,两种最优方案对应的 $B_{(0)}$ 变大,将促使 m_E 变大;$\eta_{F(0)}$ 有一定提升,促使 $sfc_{(0)}$ 和 NOx 减小;$B_{(0)}$ 变大,导致排气速度减小,促使 $dB_{(9)}$ 和 $dB_{(10)}$ 变小。

对比 NCO 和 ICO 的结果,可知 NCO 得到的综合评价指标 SUM 降低了 0.67%,而 ICO 优化得到的综合评价指标 SUM 降低了 1.05%,故 ICO 优化效果比 NCO 好。分析可知,在 NCO 中,总体方案作为系统级进行优化,风扇和低压涡轮作为子系统级,系统级优化嵌套了子系统级优化,故总体方案无法独立进行优化。而 ICO 中,仅以顶层优化器作为系统级,总体方案、风扇及低压涡轮均作为子系统级,此时总体方案子系统可独立进行优化,因此优化效果有所提升。

图 6.11 给出了 ICO 优化前后发动机流道尺寸对比。

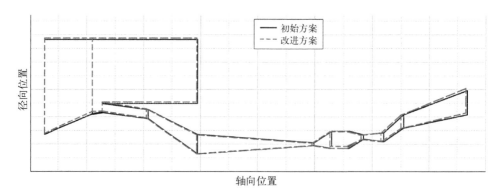

图 6.11　ICO 优化前后发动机流道尺寸对比

6.5.2　优化效率

当优化结束时,得到 NCO 与 ICO 对应的各子系统仿真分析次数,见表 6.14。相比 NCO,ICO 对应的总体方案子系统仿真分析次数较多,而风扇和低压涡轮子系统仿真分析次数较少。分析可知,ICO 将总体方案中的大部分设计变量和约束条件分离为单独的子系统,仅使 $\eta_{F(0)}$ 和 $\eta_{TL(0)}$ 作为顶层优化器的设计变量,J_F^* 和 J_{TL}^* 作为顶层优化器的约束条件,从而减小了系统级优化问题的规模,减少了系统级迭代次数以及风扇和低压涡轮子系统的优化次数,即减少了风扇和低压涡轮子系统的仿真分析次数。当然,在 ICO 中,总体方案子系统可单独进行优化,故总体方案子系统的仿真分析次数较 NCO 时有所增加。

表 6.14　各子系统仿真分析次数

优　化　方　法	NCO	ICO
总体方案子系统仿真分析次数	481	62 465
风扇子系统仿真分析次数	24 050 000	3 250 000
低压涡轮子系统仿真分析次数	47 492	5 499

实际工程中,总的优化时间也应受到关注。因此,需要比较 NCO 与 ICO 对应的总的优化时间。在本算例中,ICO 耗时略长。这是因为,对于不同的设计需求,需要选择不同复杂度的子系统分析模型,而不同复杂度的子系统分析模型耗时相差较大。为考虑模型的普遍适用性,尚需进一步研究各子系统模型仿真分析一次耗时发生变化时,两种系统分解方式对应的总的优化时间。

根据各子系统仿真分析次数,可做出如下推测:

(1) 当总体方案模型仿真分析一次耗时大于风扇、低压涡轮模型仿真分析一次耗时时,NCO 总体方案仿真分析次数较少,导致总的优化时间较短,从而优化效率较高。

（2）当总体方案模型仿真分析一次耗时小于风扇、低压涡轮模型仿真分析一次耗时时,ICO 风扇、低压涡轮仿真分析次数均较少,导致总的优化时间较短,从而优化效率较高。

6.5.3　小结

通过 NCO 方法及 ICO 方法在某航空发动机的 MDO 应用研究,可以得出如下结论:

（1）与初始方案相比,NCO 与 ICO 均得到了较好的优化结果,说明采用这类方法的航空发动机整机 MDO 是一种有潜力的方法,能改善传统设计模式,研发高综合性能、低成本的先进航空发动机;

（2）优化效果方面,NCO 得到的综合评价指标 SUM 降低了 0.67%,ICO 得到的 SUM 降低了 1.05%,说明 ICO 优化效果更好;

（3）优化效率方面,NCO 与 ICO 各具优势,适用于不同的模型。

需要再次说明的是,此处采用的某航空发动机简化模型仅包括总体方案、风扇、低压涡轮三个部分,且其仿真分析模型的精度还不够高,应当在此基础上进一步提高各子系统仿真分析模型的精度,并将增压级、燃烧室、高压涡轮等部件/子系统纳入考虑,以便更好地支撑实际工程型号的研制。

参考文献

闫成,2019.航空发动机 MDO 高精度代理模型及协作优化策略研究[D].北京:北京航空航天大学.

闫成,尹泽勇,郭福水,等,2017.基于 MDO 策略的民用航空发动机概念设计研究[J].航空动力学报(8):1911-1921.

尹泽勇,米栋,2015.航空发动机多学科设计优化[M].北京:北京航空航天大学出版社.

尹泽勇,米栋,吴立强,等,2007.航空发动机多学科设计优化技术研究[J].中国工程科学,9(6):1-10.

Hough J W, Weir D S, 1996. Aircraft noise prediction program (ANOPP) fan noise prediction for small engines[R]. Hampton: NASA Langley Research Center.

ICAO, 2008. International standards and recommended practices: Annex 16 environmental protection [S]. Chicago: ICAO.

ICAO, 2021-12-31. ICAO Engine exhaust emissions databank[EB/QL]. http://easa.eurapa.eu/environment/edb/aircraft-engine-emissions.php.

Krejsa E A, Valerino M F, 1976. Interim prediction method for turbine noise[R]. Cleveland: Lewis Research Center.

Mathews D C, Rekos N F, 1977. Prediction and measurement of direct combustion noise in turbopropulsion systems[J]. Journal of Aircraft, 14(9): 850 – 859.

Matta R K, Sandusky G T, Doyle V L, 1977. GE core engine noise investigation-low emission engines [R]. FAA – RD – 77 – 4.

Mongia H, 2008. Recent progress in comprehensive modeling of gas turbine combustion[C]. 46th AIAA Aerospace Science Meeting and Exhibit, Reno.

Rawis J W, Yeager J C, 2004. High speed research noise prediction code (HSRNOISE) user's and theoretical manual[R]. Hampton: NASA Langley Research Center.

Yan C, Yin Z, Guo F, et al., 2017. A newly improved collaborative optimization strategy: Application to conceptual multidisciplinary design optimization of a civil aero-engine[C]. ASME Turbo Expo 2017: Turbomachinery Technical Conference and Exposition, Charlotte.

Yan C, Zhu J, Shen X, et al., 2020. Ensemble of regression-type and interpolation-type metamodels [J]. Energies, 13(3): 654.

Yin Z, 2014. Multidisciplinary design optimization technology accepting challenge of advanced green aeroengine design[R]. Plenary Lecture on the Cira-Crain2 Short Course.

Zorumski W E, 1982. Aircraft noise prediction program theoretical manual[R]. Hampton: NASA Langley Research Center.

第7章
涡扇发动机整机多学科设计优化

7.1 概　　述

从航空发动机概念设计阶段开始,整机多学科设计优化就是要在满足材料、工艺、结构、强度、重量等方面的约束条件下,评估不同设计参数组合下的设计方案所对应的设计点/非设计点推力、耗油率、零部件及整机寿命等发动机重要指标。这通常需要进行大量的计算和结果对比分析,特别是随着设计变量增多,需要花费的计算时间也大幅度增加。

随着国际社会对环境保护意识的逐渐增强,适航部门对航空发动机的燃烧室污染物排放、发动机噪声等也提出了越来越高的要求。除了考虑以往的耗油率、推力外,污染物排放和发动机噪声等也被纳入民用航空发动机的性能设计优化目标。所有这些目标之间,往往相互矛盾,例如,当发动机获得较大推力和较低耗油率时,涵道比的增加会使得其尺寸和重量增加。如何合理平衡各学科指标之间的冲突,并在此基础上找出综合性能最优的设计方案是航空发动机设计无法避开的问题。如果仍然采用传统的方式处理这样一个极其复杂的多设计变量多目标优化问题,很难在一个庞大的设计空间内进行自由、合理、彻底的优化搜索。

因此,对于先进民用航空发动机设计,迫切需要研究人员及工程研制人员利用目前先进的设计理念、方法和工具,建立概念设计阶段即开始的整机多学科设计优化方法与工具,弥补传统设计体系的缺陷与不足,解决先进航空发动机设计要求与现有设计体系能力之间的差距。

本章将以某大涵道比涡扇发动机整机多学科设计优化为例来介绍所开展的相关工作。所研究的对象为第6章按简化方式优化的大涵道比涡扇发动机。第6章已经说明,该发动机的主要构型为:

(1) 一级风扇+三级低压压气机+十级高压压气机;

(2) 一个环形燃烧室;

(3) 双级高压涡轮+六级低压涡轮。

7.2　系统分解

为使涡扇发动机整机多学科多目标设计优化有效进行,本项优化工作采用的是协作优化方法,如图7.1所示,将其分解成一个系统级优化及三个子系统级优化:系统级总体性能优化包含设计点/非设计点性能计算模块、污染物排放估算模块、整机噪声估算模块、尺寸/重量估算模块和经济性评估模块;低压转子子系统级优化包括风扇/增压级/低压涡轮气动分析模块、结构强度分析模块和低压转子动力学分析模块;高压转子子系统级优化包括高压压气机/高压涡轮气动分析模块、结构强度分析模块和高压转子动力学分析模块;燃烧室子系统级优化包括扩压器设计模块、燃烧室气动分析模块和污染物排放分析模块。其中,总体性能、高/低压转子子系统、燃烧室子系统的设计优化流程分别如图7.2~图7.4所示,低压转子子系统与高压转子子系统设计优化流程一致,均可参见图7.3。

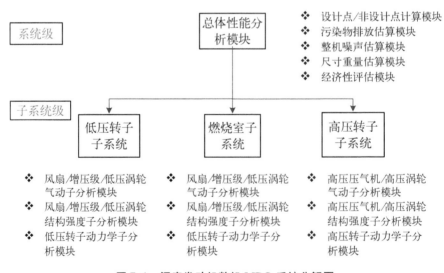

图 7.1　涡扇发动机整机 MDO 系统分解图

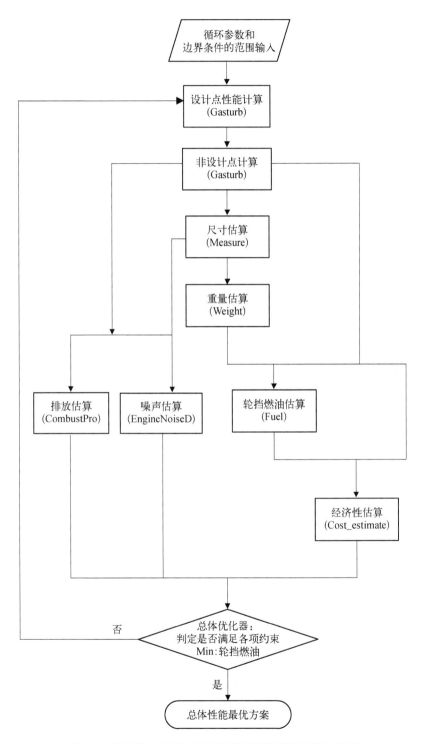

图 7.2 涡扇发动机概念设计阶段总体性能设计优化流程

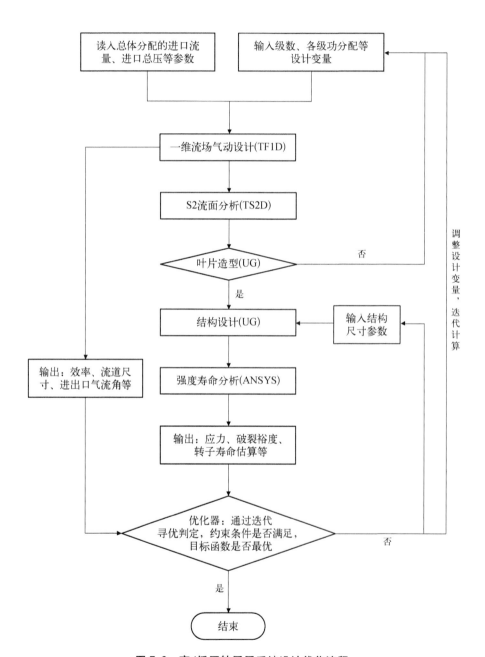

图 7.3   高/低压转子子系统设计优化流程

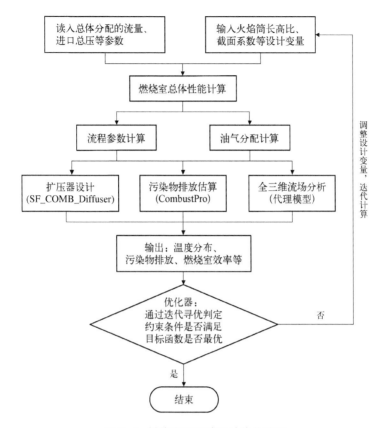

图 7.4　燃烧室子系统设计优化流程

7.3　系 统 建 模

7.3.1　MDO 物理建模

1. 热力循环分析

热力循环分析参见 6.3.1 节第一部分。

2. 尺寸/重量估算

这里的尺寸/重量模块程序以部件 Smith 图为基础,将发动机尺寸/重量估算划分为参考点初步确定和基于参考点的优化两个部分。对于不同的热力循环方案,基于参考点初步确定的发动机尺寸满足马赫数相似的动力相似准则,可以作为热力循环分析阶段尺寸估算的运算方法。在热力循环方案确定后,可以在参考点初步确定的基础上,进一步优化发动机的尺寸估算结果,以获取更加合理的结构方案。尺寸/重量模块的输入包含了各部件的流量系数、功系数、进口马赫数、总温、总压和流量等相关气动参数,其计算输出包含了部件进/出口级的轮毂比、叶高、面积、级数和转速等相关重要参数。

3. 排放估算

NO$_x$ 排气发散指数采用 6.3.1 节第三部分所述方法；CO 排气发散指数采用 5.3.1 节中 Rizk 等的 CO 排放公式(5.17)，式中 C_{CO} = 5 500；UHC 排气发散指数采用 5.3.1 节中 Rizk 等的 UHC 排放公式(5.19)，式中 C_{UHC} = 6 500，k = 2.3，m = 0.35，l = 0.6；发烟数采用以下公式计算：

$$SN = C_{SN} \frac{FAR_{pz}P^2}{FW_{31C}T_{pz}}[1 - 0.005\,15\exp(0.001T_{sz})/FAR_{sz}](18 - H)^{1.5} \quad (mg/kg)$$

式中，SN 为发烟数；C_{SN} 为冒烟数经验修正系数，这里取 C_{SN} = 0.024；FAR$_{pz}$、FAR$_{sz}$ 分别为主燃区和掺混区的油气比；T_{pz}、T_{sz} 分为主燃区和掺混区的温度(K)；F 为推力；W_{31C} 为燃烧室进口流量；H 为燃油中的氢含量，常取 13.77%；P 为燃烧室的进口压力(kPa)。

4. 噪声估算

噪声估算参见 6.3.1 节第四部分。

5. 经济性评估

在预先研究阶段取得的成果会应用到多个型号的发动机上，预先研究阶段的成本评估不易也不应该纳入某一型号或某一方案的成本评估工作中。因此，一般将民用航空发动机从"工程研制阶段"到"运营发展阶段"的这一时段确定为全寿命周期成本的评估范围。对于包含航空发动机在内的一个复杂系统，其全寿命周期内的成本几乎是先天决定的，即在初期的设计和发展阶段，就已经决定了全寿命周期的绝大部分成本。图 7.5 较有代表性地展示了一个复杂系统全寿命周期各阶

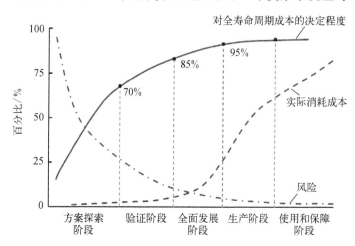

图7.5　系统全寿命周期各阶段所消耗的成本、对全寿命周期成本的决定程度和风险变化情况

段所消耗的成本、对全寿命周期成本的决定程度和风险变化。可以看出,在成本消耗很低的方案阶段就已经决定了 70% 的全寿命周期成本,到发展阶段结束时则为95%。从实际的成本消耗来看,民用航空发动机在全面发展阶段即制造与试验验证阶段,所消耗的经费约为 10% 的全寿命周期成本,而方案探索阶段消耗的成本更是只占全寿命周期成本的 3%。因此,在民用航空发动机的研发过程中,特别是在成本消耗很低的方案探索阶段,及早地进行全寿命周期成本评估并考虑影响成本的各种因素是十分重要的。

结合民用航空发动机的研制发展过程和全寿命周期成本的评估范围,可将民用航空发动机的全寿命周期成本划分成 4 项:研制成本(C_{RDTE})、获取成本(C_{ACQ})、运营成本(C_{OPS})、处置成本(C_{DISP}),但处置成本在全寿命周期成本中所占比例较小,在全寿命周期成本的评估中通常可忽略。

$$LCC = C_{RDTE} + C_{ACQ} + C_{OPS} + C_{DISP} \tag{7.1}$$

运营成本是航空公司在发动机运营时产生的成本,因此分析运营成本应当站在航空公司的立场,成本结构中不分析发动机 OME 和维修厂商提供服务获取的利润,该部分利润与航空公司无关。运营主要由两部分组成,即间接运营成本(C_{IOC})和直接运营成本(C_{DOC}),其中间接运营成本与发动机设计没有直接关系,因此一般不在评估范围内。直接运营成本是运营成本评估的主体,不同的设计方案的直接运营成本会有较大差异。由此,航空发动机经济性评估模型的基本框架如图 7.6 所示。

在分析民用航空发动机全寿命周期成本的分析过程中,获取成本是对于发动机原始设备制造商自身而言的,它包含了制造成本(C_{MAN})与利润(C_{PRO}):

$$C_{ACQ} = C_{MAN} + C_{PRO} \tag{7.2}$$

这里的获取成本需要与飞机原始设备制造商或者航空公司的获取成本区分开,对于飞机原始设备制造商和航空公司,获取成本是指发动机的价格。对于不同的飞机原始设备制造商和航空公司,发动机原始设备制造商给出的价格通常不同,决定价格高低的因素除了制造成本外,还有以下 4 点:

(1) 该型号发动机投产的量 N_M;
(2) 该型号发动机的需求量 N_{ACQ};
(3) 发动机原始设备制造商期望获取的利润 C_{PRO};
(4) 该型号发动机的研制成本 C_{RDTE}。

上述的第(2)点和第(3)点通常息息相关,它体现了发动机 OME 的市场布局。因而,发动机单价 AEP 可用以下公式估算:

$$AEP = (C_{MAN} + C_{PRO} + C_{RDTE})/N_M = (C_{ACQ} + C_{RDTE})/N_M \tag{7.3}$$

式(7.3)表述了民用航空发动机获取成本、制造成本和单价三者之间的关系。

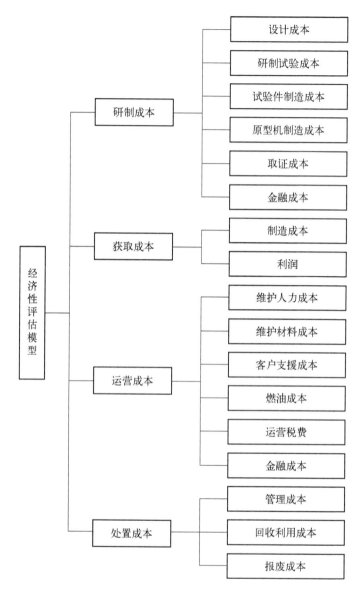

图 7.6 航空发动机经济性评估模型的基本框架

民用航空发动机的制造成本可根据生产制造阶段产生的活动进一步分解为：工程设计成本（C_{RED_M}）、生产成本（C_{APC_M}）、产品测试成本（C_{FTO_M}）、金融成本（C_{FIN_M}）共 4 项，如式（7.4）所示：

$$C_{MAN} = C_{RED_M} + C_{APC_M} + C_{FTO_M} + C_{FIN_M} \tag{7.4}$$

这里的多学科设计优化工作中采用了某经济性评估模型进行相关经济性的评

估。在迭代计算中,可通过选取该模型中的参数法进行经济估算。具体地说,该方法主要是基于发动机最大起飞工况涡轮前温度、巡航耗油率、整机重量和起飞推力等发动机主要总体参数以及发动机飞行循环的燃油消耗量、燃烧室 LTO 循环和巡航过程的污染物排放值等,根据以往的发动机数据和工程经验,对发动机的研制成本、单台制造成本、一个飞行循环的燃油费用以及污染物排放费用等进行估算。经济性评估模型中的主要输入、输出数据分别如表 7.1 和表 7.2 所示,输入和输出数据文件均可由记事本或者其他文本编辑器打开和编辑。

表 7.1 经济性评估模型主要输入数据

符　号	参 数 含 义	单　位
Max Takeoff T_4	最大起飞工况 T_4	K
Cruise SFC	巡航耗油率	$kg/(kgf^* \cdot h)$
ISA FN	最大起飞推力值	kgf
Engine Weight	发动机重量	kg
m_{UHC}	碳氢化合物排放量	kg
m_{CO}	一氧化碳排放量	kg
m_{NO_x}	氮氧化物排放量	kg
Fuel Consume	典型飞行循环燃油消耗量	kg
Emission Tax	排放税	元/kg

* 1 kgf = 9.806 65 N。

表 7.2 经济性评估模型主要输出数据

符　号	参 数 含 义	单　位
RDTE	发动机研制费用	美元(2013)
ACQ	发动机单台制造成本	美元(2013)
DOC	一个飞行循环直接消耗成本	元

转子动力学、气动、强度、寿命分析方式均见 5.3.1 节。

7.3.2 MDO 代理建模

本节对第 2 章简要介绍的 BP 及 RBF 神经网络模型、SVM 模型和 Kriging 模型等多种代理模型进行了相关适应性"改造"工作,使其能够在航空发动机多学科设计优化平台中自动调用计算,并始终保持较高精度。这里选取了89组风扇CFD计算结果作为样本点,样本点的取值由DOE方法获得。其中,每组输入数据包含了环量分布系数、环量分布控制点坐标、叶片攻角、叶片最大厚度等33个变量。每组输出数据为风扇流量(fanmass)、风扇压比(fanpr)和风扇效率(faneff)。随机选取80组CFD计算数据作为训练样本点,将剩下的9组数据作为校验样本点。

1. BP神经网络模型及相关工作

将BP神经网络模型工具箱函数中的隐含层节点数(layer)、迭代次数(epochs)和学习速率(lr)3个重要参数作为设计变量,将代理模型计算结果与9组校验样本点数据中的最大相对误差值(风扇流量相对误差最大值error_fanmass、风扇压比相对误差最大值error_fanpr和风扇效率相对误差最大值erro_faneff)作为优化目标,寻优方向为最小。优化方法采用改进的非支配排序遗传算法(NSGA-Ⅱ),迭代步数为5 000步。

代理模型设置参数优化模型中的优化目标、设计变量、约束条件等的表达式如下所示:

$$
\begin{aligned}
&\min && \text{error\_fanmass, error\_fanpr, error\_faneff} \\
&\text{w.r.t.} && 2 \leqslant \text{layer} \leqslant 35 \\
& && 100 \leqslant \text{epochs} \leqslant 500 \\
& && 0.01 \leqslant \text{lr} \leqslant 0.8
\end{aligned}
\tag{7.5}
$$

通过优化计算结果可以发现,当迭代次数为325、隐含层节点数为8、学习速率为0.653时,能够使得风扇效率、风扇流量和风扇压比的最大相对误差值均保持在较小的水平,其中风扇效率最大相对误差为1.89%,风扇流量最大相对误差为0.75%,风扇压比最大相对误差为3%。

2. SVM模型及相关工作

首先构建和校验SVM模型。然后,将对SVM模型预测结果影响最大的惩罚参数c和参数g这2个重要设置参数作为设计变量,将代理模型计算结果与9组校验样本点数据中的最大相对误差值(风扇流量相对误差最大值error_fanmass、风扇压比相对误差最大值error_fanpr和风扇效率相对误差最大值erro_faneff)分别作为优化目标,寻优方向为最小。LibSVM工具包构建的SVM模型每次只能预测一个输出参数,因此不能采用BP神经网络中使用的NSGA-Ⅱ多目标优化方法,只能采用单目标优化方法分别对三个优化目标进行优化计算。该单目标优化问题仅包含2个设计变量,问题规模小,且已建好代理模型,因此大幅度减少了仿真计算的时间,这里采用精确度高、鲁棒性强、收敛速度较快的模拟退火算法,设置迭代步数为5 000步。

代理模型设置参数优化模型中的优化目标、设计变量、约束条件等的表达式如下所示:

$$
\begin{aligned}
&\text{min} \qquad error\_fanmass,\ error\_fanpr,\ error\_faneff \\
&\text{w. r. t.} \quad 1 \leqslant c \leqslant 100 \qquad\qquad\qquad\qquad\qquad (7.6) \\
&\qquad\qquad 1 \leqslant g \leqslant 1\ 000
\end{aligned}
$$

表 7.3 为不同优化目标对应的最佳参数设置。可以看到,效率误差的优化效果最好,仅为 0.64%,流量误差的优化效果次佳,为 0.96%,优化结果的压比误差相对最大,为 1.6%。

表 7.3　不同优化目标对应的最佳参数设置

目　　标	参　　数		
	c	g	max_error /%
风扇压比	69	688	1.6
风扇效率	23.79	816	0.64
风扇流量	58.36	509.78	0.96

3. RBF 神经网络模型及相关工作

将对 RBF 神经网络模型预测结果影响最大的神经元数目 MN 和径向基函数的扩展速度 SPREAD 这两个重要参数作为设计变量,将代理模型计算结果与 9 组校验样本点数据中的最大相对误差值(风扇流量相对误差最大值 error_fanmass、风扇压比相对误差最大值 error_fanpr 和风扇效率相对误差最大值 erro_faneff)作为优化目标,寻优方向为最小,优化方法采用改进的非支配排序遗传算法(NSGA‐Ⅱ),迭代步数为 5 000 步。

$$
\begin{aligned}
&\text{min} \qquad error\_fanmass,\ error\_fanpr,\ error\_faneff \\
&\text{w. r. t.} \quad 1 \leqslant MN \leqslant 100 \qquad\qquad\qquad\qquad\qquad (7.7) \\
&\qquad\qquad 1 \leqslant SPREAD \leqslant 1\ 000
\end{aligned}
$$

通过优化计算结果发现,当神经元数目为 23、径向基扩展速度为 682 时,能够使得风扇效率、风扇流量和风扇压比的最大相对误差值均保持在较小水平,其中风扇效率最大相对误差为 0.8%,风扇流量最大相对误差 0.97%,风扇压比最大相对误差为 0.86%。此外,单独计算时每个优化目标的最小值均可达到 0.8% 左右。

4. Kriging 模型及相关工作

表 7.4 分别为 0 阶和 1 阶回归函数类型下的四种相关函数类型计算结果。从计算结果中分别选出风扇压比、风扇效率和风扇流量相对误差最大的值进行比较。通过对比可以看到,对计算结果影响最大的是回归函数的阶数,相比零阶回归函数的计算结果,一阶回归函数下的压比最大相对误差下降最为明显,约为 3.5%;风扇

流量最大相对误差为 2%;但风扇效率最大相对误差反而增加了将近 0.5%。在相同回归函数下,不同相关函数类型下的计算结果几乎完全一致。此外,当将风扇压比、风扇效率和风扇流量分开预测时,预测结果与一起预测时几乎没有差异。

表 7.4 Kriging 模型不同设置参数的计算结果

目 标		相 关 函 数			
		指数函数	高斯函数	线性函数	三次函数
零阶	风扇压比最大相对误差	0.043 081	0.043 083	0.043 086	0.043 086
	风扇效率最大相对误差	0.014 68	0.014 072	0.013 642	0.013 642
	风扇流量最大相对误差	0.041 133	0.041 672	0.041 675	0.041 675
目 标		相 关 函 数			
		指数函数	高斯函数	线性函数	三次函数
一阶	风扇压比最大相对误差	0.008 14	0.008 141	0.008 141	0.008 141
	风扇效率最大相对误差	0.019 989	0.019 987	0.019 987	0.019 987
	风扇流量最大相对误差	0.019 937	0.019 938	0.019 938	0.019 938

由上述代理模型的研究结果可以看出,在风扇子系统的代理建模中,RBF 神经网络模型相对其他代理模型而言,对多个目标预测更为可靠、精度更高,因此最终选择 RBF 神经网络建立风扇子系统代理模型。

7.3.3 MDO 数学建模

7.2 节已指出,采用协作优化方法进行涡扇发动机 MDO,即将总体性能优化器作为系统级优化器,用来调动总体性能计算所涉及的设计点计算、非设计点计算、尺寸/重量估算、污染物排放估算、噪声估算、轮挡燃油估算、经济性估算等相关模块;包括风扇、增压级、高压压气机和高/低压涡轮各部件的气动和结构强度分析模块,分别构成各子系统级。各子系统级优化器将对应的一致性约束最小作为优化目标,每次优化完成后将得到的最小的一致性约束值返回给系统级优化器作为一个约束条件进行处理。

系统(总体)级在每次优化后向各部件层传入其设计优化所需要的总体参数,如进口总温、总压、流量、效率、转速、总压比、膨胀比等气动参数以及各部件进出口内外径、轴向长度、各级叶片子午面轴向长度、半径和轴向间距等几何信息。各子系统(部件)级使用相应数学模型进行气动和强度的设计优化,其优化目标为其子系统的一致性约束。最后,将优化计算得到的最小一致性约束值返回给系统层(总体层)作为上一层的一个约束变量。若满足约束,则说明此时部件设计能够达到满足总体性能优化时的方案指标。

各子系统级的一致性约束如下。

(1) 风扇一致性约束。

$$J_{\text{Fan}} = \left(\frac{\pi_{\text{fan}(0)}^{\text{s}} - \pi_{\text{fan}(0)}}{0.03}\right)^2 + \left(\frac{\eta_{\text{fan}(0)}^{\text{s}} - \eta_{\text{fan}(0)}}{0.003}\right)^2 + \left(\frac{\text{w2}_{\text{fan}(0)}^{\text{s}} - \text{w2}_{\text{fan}(0)}}{0.035\text{w2}_{\text{fan}(0)}^{\text{s}}}\right)^2 \quad (7.8)$$
$$+ \left(\frac{\pi_{\text{fan}(1)}^{\text{s}} - \pi_{\text{fan}(1)}}{0.035\pi_{\text{fan}(1)}^{\text{s}}}\right)^2 + \left(\frac{\text{w2}_{\text{fan}(1)}^{\text{s}} - \text{w2}_{\text{fan}(1)}}{0.035\text{w2}_{\text{fan}(1)}^{\text{s}}}\right)^2$$

(2) 增压级一致性约束。

$$J_{\text{LPC}} = \left(\frac{\eta_{\text{LPC}(1)}^{\text{s}} - \eta_{\text{LPC}(1)}}{0.01\eta_{\text{LPC}(1)}^{\text{s}}}\right)^2 \quad (7.9)$$

(3) 高压压气机一致性约束。

$$J_{\text{HPC}} = \left(\frac{\eta_{\text{HPC}(1)}^{\text{s}} - \eta_{\text{HPC}(1)}}{0.01\eta_{\text{HPC}(1)}^{\text{s}}}\right)^2 \quad (7.10)$$

(4) 燃烧室一致性约束。

$$J_{\text{COM}} = \left(\frac{\text{DpNO}_x^{\text{s}} - \text{DpNO}_x}{0.2\text{DpNO}_x^{\text{s}}}\right)^2 \quad (7.11)$$

(5) 高压涡轮一致性约束。

$$J_{\text{HPT}} = \left(\frac{\eta_{\text{HPT}(1)}^{\text{s}} - \eta_{\text{HPT}(1)}}{0.01\eta_{\text{HPT}(1)}^{\text{s}}}\right)^2 \quad (7.12)$$

(6) 低压涡轮一致性约束。

$$J_{\text{LPT}} = \left(\frac{\eta_{\text{LPT}(1)}^{\text{s}} - \eta_{\text{LPT}(1)}}{0.01\eta_{\text{LPT}(1)}^{\text{s}}}\right)^2 \quad (7.13)$$

式(7.8)~式(7.13)中,w2 为进口物理流量;π 为压比;η 为效率;"DpNO_x"为 NO_x 排放量特性值;上角标"s"代表参数为系统(总体)级的输入变量,不带上角标的为子系统(部件)级分析模块计算结果;下角标"fan"、"LPC"、"HPC"、"COM"、"HPT"、"LPT"分别表示风扇、增压级、高压压气机、燃烧室、高压涡轮、低压涡轮;下角标"(0)"、"(1)"分别表示总体设计点参数和最大爬升工况。当子系统级的一致性约束在系统级作为约束条件时,上限均设置为1。

在整个多学科设计优化过程中,一共包含178个设计变量、79个约束条件、17个目标函数。

1. 总体优化数学模型

总体优化数学模型中的6个优化目标、14个设计变量及28个约束条件如下所示,各参数对应的中文名称及其单位详见表7.5~表7.7。其中,风扇外涵压比和风扇进口换算流量在Gasturb中分别内部迭代至相应的内/外涵喷管理论出口速度比和设计点相应推力值。

表7.5　总体层的优化目标列表

优化目标				
序 号	符 号	名 称	单 位	目标类型
1	DeltaDB	轮挡燃油相对变化量	%	min
2	$DpNO_x$	NO_x排放量特性值	g/kN	min
3	OASWL1	噪声声功级(飞越工况)	dB	min
4	OASWL2	噪声声功级(边线工况)	dB	min
5	OASWL3	噪声声功级(进场工况)	dB	min
6	Weight	发动机重量	kg	min

表7.6　总体层的设计变量列表(设计点工况)

设计变量				
序 号	符 号	名 称	单 位	变化范围
1	W2R	风扇进口换算流量	kg/s	400~800
2	FPR	风扇外涵压比	—	1.2~1.6
3	BPR	涵道比	—	5~11
4	IPCPR	风扇内涵/增压级压比	—	1.5~2.3
5	HPCPR	高压压气机压比	—	15~25
6	T_4	燃烧室出口总温	K	1 500~1 800
7	BNPR	燃烧室总压恢复系数	—	0.95~0.96
8	FANEF	风扇效率	—	0.90~0.94
9	IPCEF	增压级效率	—	0.89~0.92

续 表

	设 计 变 量			
序 号	符 号	名 称	单 位	变化范围
10	HPCEF	高压压气机效率	—	0.83~0.87
11	HPTEF	高压涡轮效率	—	0.90~0.94
12	LPTEF	低压涡轮效率	—	0.90~0.94
13	InletPR	进气道总压恢复系数	—	0.995~0.998
14	BypassPR	外涵总压恢复系数	—	0.985~0.990

表 7.7　总体层的约束条件列表

	约 束 条 件			
序 号	符 号	名 称	单 位	变化范围
1	Fn	推力	kgf	=13 000 标准起飞
				=13 000 高温起飞
				=12 000 高温高原起飞
				=2 700 最大爬升
				=13 000 LTO 起飞
				=11 000 LTO 爬升
				=4 000 LTO 进场
				=1 000 LTO 慢车
				=8 000 飞越
				=4 000 进场
2	HPTPR	高压涡轮落压比(设计点)	—	<6.0
3	LPTPR	低压涡轮落压比(设计点)	—	<7.0
4	Dt_fan	风扇外径	m	<2.00
5	$T_{4(i)}$ ($i=1,2,3,4$)	非设计点燃烧室出口总温	K	<2 000
6	J_{Fan}, J_{LPC}, J_{HPC}, J_{COM}, J_{LPT}	一致性约束	—	<1.0

续　表

		约 束 条 件		
序　号	符　号	名　称	单　位	变　化　范　围
7	DpCO	CO 排放量特性值	g/kN	<118
8	DpUHC	UHC 排放量特性值	g/kN	<19.6
9	DpSoot	Soot 排放量特性值	g/kN	<22.3
10	RDTE	发动机研制费用	百万美元	<4 400
11	ACQ	发动机单台制造成本	百万美元	<5.6
12	DOC	一个飞行循环直接消耗成本	美元	<33 000

2. 风扇优化数学模型

1) 气动设计变量

根据工程经验,风扇部件选择了设计点工况下叶片不同叶高截面处的 33 个设计变量,分别是环量分布控制点坐标 Circ、环量分布系数 Coeff、积叠轴周向偏移控制点位置 StackCir、积叠轴周向偏移量 StackSpan、叶片攻角 Incidence、叶片最大厚度 TOB 等。33 个风扇气动设计变量的具体取值范围如表 7.8 所示。

表 7.8　风扇的设计变量列表(设计点工况)

	设 计 变 量					
序号	Circ/m	Coeff	StackCir/m	StackSpan	Incidence/(°)	TOB/m
1	0.1, 0.75	0.01, 0.625	0.014 8, 0.017 22	0.2, 0.3	−5.0, 1.5	0.09, 0.110 2
2	0.2, 1.5	0.2, 0.925	0.01, 0.014	0.45, 0.55	−5.0, 1.5	0.064, 0.078
3	0.1, 0.75	0.01, 0.625	−0.027, 0.018	0.7, 0.8	−2.0, 2.0	0.032 3, 0.039 4
4	0.2, 1.5	0.2, 0.925	−0.05, −0.041	—	−2.0, 4.0	0.021 2, 0.025 9
5	−0.8, 0.75	0.01, 0.625	—	—	−2.0, 3.0	0.017 28, 0.021 12
6	0.2, 1.5	0.2, 0.99	—	—	—	—
7	−0.8, 0.75	0.01, 0.625	—	—	—	—
8	0.8, 1.5	0.2, 0.99	—	—	—	—

2) 结构强度设计变量

经过对风扇结构强度优化设计变量的筛选,设计点工况下的风扇结构强度优化中共有 6 个设计变量,包括风扇一级盘和二级盘各 2 个尺寸参数(内径、辐板厚度)、榫底厚度和盘心厚度,如表 7.9 所示。

表 7.9　风扇的结构设计变量列表(设计点工况)

设 计 变 量				
序 号	符 号	名 称	单 位	变化范围
1	Fan_hm	榫底厚度	mm	15~40
2	Fan_r1	一级盘内径	mm	100~130
3	Fan_r2	二级盘内径	mm	110~150
4	Fan_wb1	一级盘辐板厚度	mm	4~10
5	Fan_wb2	二级盘辐板厚度	mm	5~10
6	Fan_wr1	盘心厚度	mm	25~40

3) 约束条件及优化目标

1 个约束条件为风扇叶片叶根最大等效应力不超过材料屈服强度的 75%。1 个优化目标为风扇一致性约束最小。

3. 增压级优化数学模型

1) 气动设计变量

在设计点工况下,根据前期的参数化敏感性分析,选取了对增压级气动影响最大的第一级动叶进口的绝对气流角、进口气流轴向速度、出口气流轴向速度、平均级加功量因子、末级加功量因子、第一级加功量因子、平均级反力度共 7 个参数作为优化的设计变量。增压级气动设计变量的具体取值范围如表 7.10 所示。

表 7.10　增压级气动设计变量列表(设计点工况)

设 计 变 量				
序 号	符 号	名 称	单 位	变化范围
1	Angle-1_inlet	第一级动叶进口的绝对气流角	(°)	50~80
2	CAver_inlet	进口气流轴向速度	m/s	120~150
3	CAxis_outlet	出口气流轴向速度	m/s	120~150
4	FC_Aver	平均级加工量因子	—	0.23~0.35

续 表

设 计 变 量				
序 号	符 号	名 称	单 位	变化范围
5	FC_Out	末级加功量因子	—	0.23~0.35
6	FC_inlet	第一级加功量因子	—	0.23~0.35
7	OMG	平均级反力度	—	0.6~0.8

2）结构强度设计变量

经过对增压级转子结构强度优化设计变量的筛选，设计点工况下的增压级转子结构强度优化中共有10个设计变量，包括增压级第一级和第二级各三个尺寸参数（鼓筒内壁宽度、榫槽底厚度和榫槽高度）和增压级第三级的四个尺寸参数（鼓筒内壁宽度、轮盘高度、榫槽底厚度和盘心厚度），如表7.11所示。

表 7.11 增压级的强度设计变量列表（设计点工况）

设 计 变 量				
序 号	符 号	名 称	单 位	变化范围
1	LPC_blade1_hj	第一级转子榫槽高度	mm	10~20
2	LPC_blade1_ht	第一级转子榫槽底厚度	mm	10~20
3	LPC_blade1_wy	第一级转鼓筒内壁宽度	mm	10~20
4	LPC_blade2_hj	第二级转子榫槽高度	mm	10~20
5	LPC_blade2_ht	第二级转子榫槽底厚度	mm	10~20
6	LPC_blade2_wy	第二级转鼓筒内壁宽度	mm	10~20
7	LPC_blade3_hr	第三级转子轮盘高度	mm	10~20
8	LPC_blade3_ht	第三级转子榫槽底厚度	mm	10~20
9	LPC_blade3_wr	第三级转子盘心厚度	mm	10~20
10	LPC_blade3_wy	第三级转鼓筒内壁宽度	mm	10~20

3）约束条件及优化目标

5个增压级约束条件见表7.12。此外，1个增压级优化目标为增压级一致性约束 J_{LPC} 最小。

表 7.12　增压级的约束条件列表(设计点工况)

约　束　条　件				
序　号	符　号	名　　称	单　位	变化范围
1	de Haller	进出口速度比	—	>0.7
2	Mean stress	平均径向应力和平均周向应力安全系数	—	≥1.5
3	Stress	单点最大第一主应力	MPa	$<0.95\sigma_{0.2}$
4	Sf1	鼓筒径向破裂裕度安全系数	—	≥1.45
5	Sf2	周向破裂裕度安全系数	—	≥1.5

4. 高压压气机优化数学模型

1) 气动设计变量

在设计点工况下,根据前期的参数化敏感性分析,选取了对高压压气机气动影响最大的第一级动叶进口的绝对气流角、末级加功量因子、第一级加功量因子、平均级反力度共 4 个参数作为优化的设计变量。高压压气机的气动设计变量的具体取值范围如表 7.13 所示。

表 7.13　高压压气机的气动设计变量列表(设计点工况)

设　计　变　量				
序　号	符　号	名　　称	单　位	变化范围
1	Angle-1_inlet	第一级动叶进口的绝对气流角	(°)	60~80
2	FC_Out	末级加功量因子	—	0.20~0.35
3	FC_inlet	第一级加功量因子	—	0.20~0.35
4	OMG	平均级反力度	—	0.50~0.80

2) 结构强度设计变量

在设计点工况下,经过敏感性分析,最终确定每级辐板厚度、盘心厚度和盘心径向高度共 30 个参数作为高压压气机转子的强度设计变量。各气动设计变量的范围如表 7.14 所示,其中 ww 代表辐板厚度,bw 代表盘心厚度,br 代表盘心高度。

表 7.14　高压压气机的结构强度设计变量列表(设计点工况)

设计变量					
序号	符号	变化范围/mm	序号	符号	变化范围/mm
1	HPC_disk1_ww	1~100	16	HPC_disk6_ww	1~100
2	HPC_disk1_bw	1~100	17	HPC_disk6_bw	1~100
3	HPC_disk1_br	1~100	18	HPC_disk6_br	1~100
4	HPC_disk2_ww	1~100	19	HPC_disk7_ww	1~100
5	HPC_disk2_bw	1~100	20	HPC_disk7_bw	1~100
6	HPC_disk2_br	1~100	21	HPC_disk7_br	1~100
7	HPC_disk3_ww	1~100	22	HPC_disk8_ww	1~100
8	HPC_disk3_bw	1~100	23	HPC_disk8_bw	1~100
9	HPC_disk3_br	1~100	24	HPC_disk8_br	1~100
10	HPC_disk4_ww	1~100	25	HPC_disk9_ww	1~100
11	HPC_disk4_bw	1~100	26	HPC_disk9_bw	1~100
12	HPC_disk4_br	1~100	27	HPC_disk9_br	1~100
13	HPC_disk5_ww	1~100	28	HPC_disk10_ww	1~100
14	HPC_disk5_bw	1~100	29	HPC_disk10_bw	1~100
15	HPC_disk5_br	1~100	30	HPC_disk10_br	1~100

3) 约束条件及优化目标

5 个高压压气机的约束条件见表 7.15。此外,1 个优化目标为高压压气机一致性约束 J_{HPC} 最小。

表 7.15　高压压气机的约束条件列表(设计点工况)

约束条件				
序号	符号	名称	单位	变化范围
1	diffuse	扩散因子	—	<0.5
2	Sf3	周向屈服强度的安全系数	—	≥1.25
3	Sf4	径向屈服强度的安全系数	—	≥1.25

约 束 条 件				
序 号	符 号	名 称	单 位	变化范围
4	Yd1	周向破裂裕度	—	≥1.22
5	Yd2	径向破裂裕度	—	≥1.22

5. 燃烧室优化数学模型

通常来说,设计变量越多,设计自由度越大,更可能得到比较理想的设计方案。但随之而来的问题是,设计过程复杂化,计算规模加大,优化计算更加困难。因此,要合理地减少设计变量数目,可按照成熟的经验将一些参数定为设计常量,只将对目标函数影响较大的设计参数选为设计变量。考虑到燃烧室设计准则参数间较强的独立性以及本优化平台各模块所需的输入参数,同时通过前期对各设计变量的敏感性分析,在设计点工况下,燃烧室数学模型的 14 个设计变量和 11 个约束条件分别如表 7.16 和表 7.17 所示。此外,1 个优化目标为燃烧室一致性 J_{COM} 最小。

表 7.16 燃烧室的设计变量列表(设计点工况)

设 计 变 量				
序 号	符 号	名 称	单 位	变化范围
1	COM_Pri_K	火焰筒参考截面系数	—	0.1~1.0
2	COM_Pri_LdH3	前置扩压器长高比	—	1~10
3	COM_Pri_DH3	突扩间隙与进口高度之比	—	1~10
4	COM_Pri_HS	头部装置流向长度	mm	10~60
5	COM_Pri_LLHL	火焰筒长高比	—	1~10
6	COM_Pri_AR	前置扩压器扩张比	—	1~10
7	COM_Pri_HdomeB	选取头部宽高比	—	0.1~1
8	COM_Pri_LP1B	火焰筒第一段流向长度与头部高度比	—	0.1~1
9	COM_Pri_LP2B	火焰筒第二段流向长度与头部高度比	—	0.1~1
10	COM_Pri_betai	前置扩压器偏转角	(°)	1~10
11	COM_Pri_fai	燃烧区当量比	—	0.1~1

设 计 变 量				
序　号	符　号	名　　称	单　位	变化范围
12	COM_Pri_zetaref	流阻系数	—	20~200
13	COM_Pri_zetaL	估算火焰筒总压损失	—	0.01~0.1
14	COM_Pri_CAOBD	参考截面面积比	—	0.1~1

表 7.17　燃烧室的约束条件列表(设计点工况)

约 束 条 件				
序　号	符　号	名　　称	单　位	变化范围
1	g_1	计算值与总体给定总压损失之差	—	≤0.1
2	g_2	计算值与总体给定燃烧效率之差	—	≤0.1
3	g_3	扩压器流动分离约束条件	—	≤0
4	g_4	计算值与总体给定机匣内直径之差	—	≤0
5	g_5	计算值与总体给定机匣外直径之差	—	≥0
6	g_6	计算值与总体给定燃烧室轴向长度之差	—	≤0
7	COM_Vref	燃烧室参考速度	m/s	10~20
8	COM_Vref_CLI	内环参考速度	m/s	10~40
9	COM_Vref_CLO	外环参考速度	m/s	10~40
10	COM_TIME	热态驻留时间	ms	1~10
11	COM_Pri_WCLW31C	火焰筒冷却空气系数	%	10~40

6. 高压涡轮优化数学模型

经过试验设计和敏感性分析,最终确定设计点工况下高压涡轮的气动设计变量为第一级反力度、第二级反力度和第一级功分配比共 3 个,设计变量的具体取值范围如表 7.18 所示。

高压涡轮的强度设计变量为两级盘的三个位置厚度、高度、过渡圆弧角度等共 10 个,设计变量的具体取值范围如表 7.19 所示。8 个高压涡轮的约束条件见表 7.20。1 个优化目标为高压涡轮一致性约束 J_{HPT} 最小。

表 7.18 高压涡轮气动设计变量列表（设计点工况）

设计 变 量				
序 号	符 号	名 称	单 位	变化范围
1	Omega1	第一级反力度	—	0.1~0.8
2	Omega2	第二级反力度	—	0.1~0.8
3	CP1	第一级功分配比	—	0.1~0.8

表 7.19 高压涡轮结构强度设计变量列表（设计点工况）

设计 变 量				
序 号	符 号	名 称	单 位	变化范围
1	HPT_disk1_ww_bu	第一级盘前上段厚度	mm	1~100
2	HPT_disk1_ww_au	第一级盘后上段厚度	mm	1~100
3	HPT_disk1_ww_bd	第一级盘前下段厚度	mm	1~100
4	HPT_disk1_ww_ad	第一级盘后下段厚度	mm	1~100
5	HPT_disk1_br	第一级盘盘心高度	mm	1~100
6	HPT_disk1_r1	第一级盘过渡圆弧	mm	1~100
7	HPT_disk1_bw	第一级盘盘心厚度	mm	1~100
8	HPT_disk2_br	第二级盘盘心高度	mm	1~100
9	HPT_disk2_bw	第二级盘盘心厚度	mm	1~100
10	HPT_disk2_ww	第二级盘辐板厚度	mm	1~100

表 7.20 高压涡轮的约束条件列表（设计点工况）

约 束 条 件				
序 号	符 号	名 称	单 位	变化范围
1	theta	出口气流折转角	(°)	<120
2	Ma	出口马赫数	—	<0.5
3	raio	轴速比	—	0.6~0.8
4	beta	出口气流角	(°)	85~90
5	Sf5	周向屈服强度的安全系数	—	≥1.25

续　表

		约　束　条　件		
序　号	符　号	名　　称	单　位	变化范围
6	Sf6	径向屈服强度的安全系数	—	≥1.25
7	Yd3	周向破裂裕度	—	≥1.22
8	Yd4	径向破裂裕度	—	≥1.22

7. 低压涡轮优化数学模型

经过试验设计和敏感性分析,最终确定设计点工况下低压涡轮的气动设计变量为每级反力度和功分配比等共 12 个设计变量,其具体取值范围如表 7.21 所示。

表 7.21　低压涡轮气动设计变量列表(设计点工况)

		设　计　变　量			
序号	符　　号	变化范围	序号	符　　号	变化范围
1	FC1	0~3	7	Omega1	0.1~0.8
2	FC2	0~3	8	Omega2	0.1~0.8
3	FC3	0~3	9	Omega3	0.1~0.8
4	FC4	0~3	10	Omega4	0.1~0.8
5	FC5	0~3	11	Omega5	0.1~0.8
6	FC6	0~3	12	Omega6	0.1~0.8

通过灵敏度分析,综合判断有关参数对结构应力和质量的贡献程度,最后确定选取辐板厚度(wb)、盘心厚度(wr)、盘心高度(hr)和轮盘内径(r)四个尺寸参数作为轮盘结构强度优化的设计变量。因此,低压涡轮转子结构强度优化中共有 24 个设计变量(6 级轮盘),这些参数的变化范围如表 7.22 所示(单位 mm)。

表 7.22　低压涡轮结构强度设计变量列表(设计点工况)

		设　计　变　量			
序号	符　　号	变化范围	序号	符　　号	变化范围
1	LPT_disk1_wb	1~300	3	LPT_disk1_hr	1~300
2	LPT_disk1_wr	1~300	4	LPT_disk1_r	1~300

设 计 变 量					
序号	符　号	变化范围	序号	符　号	变化范围
5	LPT_disk2_wb	1~300	15	LPT_disk4_hr	1~300
6	LPT_disk2_wr	1~300	16	LPT_disk4_r	1~300
7	LPT_disk2_hr	1~300	17	LPT_disk5_wb	1~300
8	LPT_disk2_r	1~300	18	LPT_disk5_wr	1~300
9	LPT_disk3_wb	1~300	19	LPT_disk5_hr	1~300
10	LPT_disk3_wr	1~300	20	LPT_disk5_r	1~300
11	LPT_disk3_hr	1~300	21	LPT_disk6_wb	1~300
12	LPT_disk3_r	1~300	22	LPT_disk6_wr	1~300
13	LPT_disk4_wb	1~300	23	LPT_disk6_hr	1~300
14	LPT_disk4_wr	1~300	24	LPT_disk6_r	1~300

低压涡轮的 6 个约束条件见表 7.23。1 个优化目标为低压涡轮一致性约束 J_{LPT} 最小。

表 7.23　低压涡轮的约束条件列表(设计点工况)

约 束 条 件				
序　号	符　号	名　称	单　位	变 化 范 围
1	lift	升力系数	—	<1.1
2	gamma	折转角	(°)	<110
3	beta	出口气流角	(°)	85~95
4	Von	等效应力	MPa	$<\sigma_{0.1}$
5	Mean_T	平均周向应力	MPa	$<0.75\sigma_{0.1}$
6	Tstress	幅板周向应力	MPa	$<0.85\sigma_{0.1}$

8. 高压转子动力学优化数学模型

经过结构参数化建模,设计点工况下高压转子共有 782 个结构尺寸参数。显然在优化中不能对这些参数都进行优化,选取优化设计变量的主要原则包括:① 各设计变量之间应相互独立;② 设计变量应对约束条件和优化目标影响较大;

③ 设计变量要保证有较大的优化余地。根据以上三个原则,确定高压转子的优化设计变量为 3 号支点和 4 号支点的刚度这两个参数。

在高压转子动力学的优化中,设计优化目标包括转子的临界转速和应变能。根据工程经验,前三阶临界转速和前两阶应变能最为重要,所以高压转子动力学优化的 3 个目标函数为:前两阶临界转速和应变能达到最小,第三阶临界转速达到最大。约束条件为 1~3 阶临界转速和 1 阶、2 阶应变能的取值范围。2 个设计变量和 5 个约束条件的具体取值范围分别见表 7.24、表 7.25。

表 7.24　高压转子动力学设计变量列表(设计点工况)

设 计 变 量				
序 号	符 号	名 称	单 位	变 化 范 围
1	k_3	3 号支点刚度	N/m	100~8 000
2	k_4	4 号支点刚度	N/m	5 000~200 000

表 7.25　高压转子动力学约束条件列表(设计点工况)

约 束 条 件				
序 号	符 号	名 称	单 位	变 化 范 围
1	CS1	1 阶临界转速	r/min	<12 000
2	CS2	2 阶临界转速	r/min	<12 000
3	CS3	3 阶临界转速	r/min	<25 000
4	SENE1	1 阶应变能	—	≤0.30
5	SENE2	2 阶应变能	—	≤0.30

9. 低压转子动力学优化数学模型

由于支承刚度对转子-支承系统的临界转速有显著的影响,改变支承刚度可以较明显地改变转子-支承系统的临界转速,所以在转子动力学优化中,各支点支承刚度(k_1, k_2, k_5)为主要设计变量。其次,在转子支承方案中,支承位置和支撑锥壁角对转子临界转速也有一定影响。根据敏感度分析,选取设计点工况下各支点支承刚度、支点轴向位置、支承锥壁角以及低压轴壁厚 10 个参数作为设计变量,10 个约束条件为临界转速裕度、转子最大轴/径向变形和应变能等的取值范围,2 个优化目标为 1 阶和 2 阶应变能最大。设计变量和约束条件具体取值范围分别见表 7.26、表 7.27。

表 7.26　低压转子动力学设计变量列表(设计点工况)

设　计　变　量				
序　号	符　号	名　称	单　位	变　化　范　围
1	ANGLE_ConeShaft_h	上支承锥壁角	(°)	10~100
2	ANGLE_coneshaft_l	下支承锥壁角	(°)	10~100
3	ANGLE_Zuibih	支承锥壁面角	(°)	0.1~2.0
4	BEARING_RIGI_1	一阶轴承支承刚度	N/m	10 000~50 000
5	BEARING_RIGI_2	二阶轴承支承刚度	N/m	10 000~50 000
6	BEARING_RIGI_5	五阶轴承支承刚度	N/m	10 000~50 000
7	LPC_bearing1_w1	增压级支承位置 1	mm	-100~-1 000
8	LPC_bearing2_w1	增压级支承位置 2	mm	-100~-1 000
9	LPShaft_Tk	低压轴壁厚	mm	0~30
10	LPT_bearing_w	低压涡轮支承位置	mm	0~500

表 7.27　低压转子动力学约束条件列表(设计点工况)

约　束　条　件				
序　号	符　号	名　称	单　位	变　化　范　围
1	FAN_MAX_UYX	风扇转子最大径向变形	mm	<1.0
2	LP_CSM1	一阶临界转速裕度	—	>0.2
3	LP_CSM2	二阶临界转速裕度	—	>0.2
4	LPC_MAX_UYX	增压级转子最大径向变形	mm	<4.5
5	LPC_MAX_UZ	增压级转子最大轴向变形	mm	<4.5
6	LPS_MAX_UYX	低压轴最大径向变形	mm	<4.5
7	LPT_MAX_UYX	低压涡轮转子最大径向变形	mm	<4.5
8	LPT_MAX_UZ	低压涡轮转子最大轴向变形	mm	<4.5
9	SENE1	一阶应变能	—	<0.25
10	SENE2	二阶应变能	—	<0.25

7.4 系 统 求 解

优化平台搭建所使用的是多学科设计优化软件 Isight,以实现多学科耦合情况下设计优化过程迭代。

利用以 Isight 软件建立的发动机多学科设计优化平台,对某型民用大涵道比涡扇发动机进行了方案多目标寻优。采用 DELL T3600 台式工作站执行计算,该工作站配置了 4 个主频为 2.8 GHz 的英特尔 Xeno(R) E5 - 1603 CPU,其安装内存为 16 GB。

这里选取了 4.4.1 节所述的基于非支配解的多目标遗传算法 NSGA - Ⅱ 来处理多目标优化问题。

7.5 多学科设计优化结果

7.5.1 整机优化结果

在所用 NSGA - Ⅱ 优化方法中,种群数为 16,代数为 30,总共计算步数为 480步,总共得到了 12 个 Pareto 解,从中选出 6 个,Pareto 解集优化前后的目标函数及设计变量对比见表 7.28。由于初始方案已经是前期优化得到的结果,此次优化得到的结果相对而言变化不是非常大,经过对比分析可以发现,三个工况噪声的变化趋势基本是一致的,例如,飞越工况和进场工况噪声的最低值均对应于同一个循环参数方案组合。

表 7.28 Pareto 解列表(归一化)

名 称		初始方案	Pareto 解					
			第一组	第二组	第三组	第四组	第五组	第六组
优化目标	Weight	1.0	0.966 1	1.003 6	1.012 7	1.021 9	1.025 4	1.013 9
	DeltaDB	1.0	0.998 1	0.997 3	0.999 5	1.003 2	1.003 6	1.005 2
	DpNO$_x$	1.0	1.002 9	1.000 5	0.995 6	1.004 1	1.004 9	1.011 0
	OASWL1	1.0	1.003 1	0.999 4	0.998 8	0.997 5	0.998 8	0.999 4
	OASWL2	1.0	1.003 8	0.999 4	0.999 4	0.999 4	0.998 7	0.999 4
	OASWL3	1.0	1.003 3	0.999 3	0.998 7	0.998 0	0.998 7	0.996 7
设计变量	BPR	1.0	0.980 8	1.020 3	1.019 8	1.010 5	1.003 5	0.996 7
	FPR	1.0	1.020 1	0.995 3	0.992 6	0.992 0	0.991 3	0.994 0

续　表

名　称		初始方案	Pareto 解					
			第一组	第二组	第三组	第四组	第五组	第六组
设计变量	IPCPR	1.0	0.987 8	0.978 3	0.978 4	0.981 5	0.994 7	0.978 6
	HPCPR	1.0	0.983 1	1.010 9	1.010 9	0.996 0	0.997 7	0.996 1
	T_4	1.0	1.013 7	1.003 2	1.000 5	0.995 8	0.993 4	0.992 7

　　对于实际工程设计,如果污染物排放和噪声达到适航要求的相应标准,则最为关注的是燃油消耗和发动机整机重量,因为这两个指标直接关系着经济性以及是否满足飞机方的技术指标要求。因此,应着重围绕总体循环参数对轮挡燃油和重量的影响展开分析。

　　由 Pareto 解集可以看到,各部件压比均在原型方案值附近,变化较小,而幅值变化相对较大的是循环参数中的涵道比和涡轮前温度这两个参数。因此,针对涵道比和涡轮前温度,开展了相关的优化计算结果数据分析,研究 Pareto 解中的这两个设计变量对优化目标的影响规律。

　　图 7.7(a)、(b)所示分别是包含 Pareto 解在内的可行解中加权耗油率和整机重量随涵道比的相对变化。其中,圆形的点为可行解,方形的点为 Pareto 解,三角形点为原型方案参数。与常识判断一致,加权耗油率随涵道比的增加整体呈下降趋势,整机重量则随涵道比的增加呈上升趋势。这当然是由于涵道比增加使得外涵流体增加,发动机的推进效率得以提高,而使得经济性得到改善;而外涵流量增加意味着低压流道流量增加,尺寸增大,从而导致整机重量的上升。

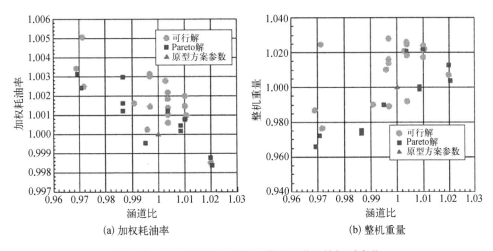

(a) 加权耗油率　　　　　　　　(b) 整机重量

图 7.7　加权耗油率和整机重量随涵道比的相对变化

图 7.8(a)、(b)所示分别是包含 Pareto 解在内的可行解中加权耗油率和整机重量随涡轮前温度的相对变化。图 7.8(a)显示出加权耗油率随涡轮前温度的升高总体呈下降趋势;相比加权耗油率而言,重量对涡轮前温度的敏感性相对较弱。

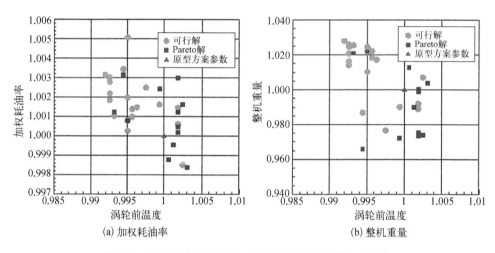

(a) 加权耗油率　　　　　　　　(b) 整机重量

图 7.8　加权耗油率和整机重量随涡轮前温度的相对变化

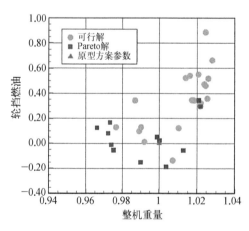

图 7.9 为轮挡燃油随整机重量的相对变化。从图中可以看到,轮挡燃油随整机重量呈先减少后增加的趋势,存在轮挡燃油最小的情况;若维持轮挡燃油不变,存在循环参数组合(更小的涵道比和涡轮前温度)使得整机重量减小,但此时噪声和排放指标会有所上升,这对应表 7.28 中的第一组 Pareto 解。

图 7.9　轮挡燃油随整机重量的相对变化

　　基于各指标性能以及经济性考虑,选取表 7.28 中的第二组 Pareto 解集作为最优方案,各部件优化结果介绍如下。

7.5.2　风扇/增压级优化结果

对风扇和增压级转子进行气动和结构优化,优化前后设计变量对比如表 7.29 所示,图 7.10 展示了优化前后风扇/增压级转子结构尺寸变化,其中灰色虚线为优化前模型,蓝色实线为优化后模型。

表 7.29　风扇/增压级优化前后设计变量对比(归一化)

设 计 变 量				
序　号	符　号	名　　称	初始值	优化值
1	Circ1	截面 1 环量分布控制点坐标	1	1.07
2	Circ2	截面 2 环量分布控制点坐标	1	0.96
3	Circ3	截面 3 环量分布控制点坐标	1	0.97
4	Circ4	截面 4 环量分布控制点坐标	1	1.06
5	Circ5	截面 5 环量分布控制点坐标	1	1.02
6	Circ6	截面 6 环量分布控制点坐标	1	1.04
7	Circ7	截面 7 环量分布控制点坐标	1	0.92
8	Circ8	截面 8 环量分布控制点坐标	1	1.01
9	Coeff1	截面 1 环量分布系数	1	0.98
10	Coeff2	截面 2 环量分布系数	1	1.03
11	Coeff3	截面 3 环量分布系数	1	1.01
12	Coeff4	截面 4 环量分布系数	1	0.97
13	Coeff5	截面 5 环量分布系数	1	1.06
14	Coeff6	截面 6 环量分布系数	1	1.02
15	Coeff7	截面 7 环量分布系数	1	1.05
16	Coeff8	截面 8 环量分布系数	1	0.97
17	StackCir1	截面 1 积叠轴周向偏移控制点位置	1	1.03
18	StackCir2	截面 2 积叠轴周向偏移控制点位置	1	0.99
19	StackCir3	截面 3 积叠轴周向偏移控制点位置	1	1.07
20	StackCir4	截面 4 积叠轴周向偏移控制点位置	1	0.99
21	StackSpan1	截面 1 积叠轴周向偏移量	1	1.04
22	StackSpan2	截面 2 积叠轴周向偏移量	1	0.99
23	StackSpan3	截面 3 积叠轴周向偏移量	1	1.01
24	Incidence1	截面 1 叶片攻角	1	0.95
25	Incidence2	截面 2 叶片攻角	1	0.98
26	Incidence3	截面 3 叶片攻角	1	1.02

	设　计　变　量			
序　号	符　号	名　　称	初始值	优化值
27	Incidence4	截面 4 叶片攻角	1	0.98
28	Incidence5	截面 5 叶片攻角	1	0.91
29	TOB1	截面 1 叶片最大厚度	1	1.01
30	TOB2	截面 2 叶片最大厚度	1	0.99
31	TOB3	截面 3 叶片最大厚度	1	1.05
32	TOB4	截面 4 叶片最大厚度	1	1.03
33	TOB5	截面 5 叶片最大厚度	1	0.96
34	Fan_ hm	榫槽底距辐板厚度	1	0.78
35	Fan_r1	一级盘内径	1	1.00
36	Fan_r2	二级盘内径	1	1.01
37	Fan_wb1	一级盘辐板厚度	1	0.92
38	Fan_wb2	二级盘辐板厚度	1	0.88
39	Fan_wr1	盘心厚度	1	0.97
40	Angle－1_inlet	第一级动叶进口的绝对气流角	1	0.93
41	CAver_inlet	进口气流轴向速度	1	0.99
42	CAxis_outlet	出口气流轴向速度	1	1.02
43	FC_Aver	平均级加工量因子	1	1.04
44	FC_Out	末级加功量因子	1	1.04
45	FC_inlet	第一级加功量因子	1	1.04
46	OMG	平均级反力度	1	1.01
47	LPC_blade1_ht	第一级转子榫槽底厚度	1	0.88
48	LPC_blade1_wy	第一级转鼓筒内壁宽度	1	0.98
49	LPC_blade1_hj	第一级转子榫槽高度	1	0.91
50	LPC_blade2_ht	第二级转子榫槽底厚度	1	0.90
51	LPC_blade2_wy	第二级转鼓筒内壁宽度	1	1.00
52	LPC_blade2_hj	第二级转子榫槽高度	1	0.92

续　表

设　计　变　量				
序　号	符　号	名　　称	初始值	优化值
53	LPC_blade3_ht	第三级转子榫槽底厚度	1	0.88
54	LPC_blade3_wr	第三级转子盘心厚度	1	0.98
55	LPC_blade3_wy	第三级转鼓筒内壁宽度	1	1.05
56	LPC_blade3_hr	第三级转子轮盘高度	1	0.96

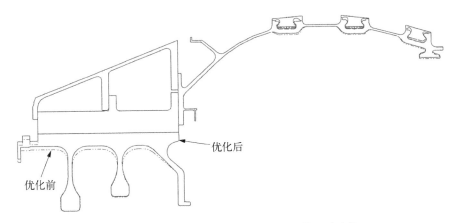

图 7.10　优化前后风扇/增压级转子结构尺寸变化

由表 7.29 可见,优化前后部分设计变量有较大幅度的变化。与此同时,转子总质量减轻了 5.51%,优化效果较好。

7.5.3　高压压气机优化结果

对高压压气机进行了气动和结构优化,优化前后设计变量对比如表 7.30 所示。

表 7.30　高压压气机优化前后设计变量对比(归一化)

设　计　变　量				
序　号	符　号	名　　称	初始值	优化值
1	Angle-1_inlet	第一级动叶进口的绝对气流角	1	0.96
2	FC_Out	末级加功量因子	1	1.03

设　计　变　量				
序　号	符　号	名　　称	初始值	优化值
3	FC_inlet	第一级加功量因子	1	1.09
4	OMG	平均级反力度	1	0.97
5	HPC_disk1_ww	一级盘辐板厚度	1	0.97
6	HPC_disk1_bw	一级盘盘心厚度	1	0.93
7	HPC_disk1_br	一级盘盘心高度	1	0.86
8	HPC_disk2_ww	二级盘辐板厚度	1	1.04
9	HPC_disk2_bw	二级盘盘心厚度	1	0.60
10	HPC_disk2_br	二级盘盘心高度	1	0.90
11	HPC_disk3_ww	三级盘辐板厚度	1	1.31
12	HPC_disk3_bw	三级盘盘心厚度	1	1.34
13	HPC_disk3_br	三级盘盘心高度	1	0.76
14	HPC_disk4_ww	四级盘辐板厚度	1	1.23
15	HPC_disk4_bw	四级盘盘心厚度	1	1.50
16	HPC_disk4_br	四级盘盘心高度	1	1.36
17	HPC_disk5_ww	五级盘辐板厚度	1	1.87
18	HPC_disk5_bw	五级盘盘心厚度	1	0.97
19	HPC_disk5_br	五级盘盘心高度	1	0.93
20	HPC_disk6_ww	六级盘辐板厚度	1	1.50
21	HPC_disk6_bw	六级盘盘心厚度	1	1.31
22	HPC_disk6_br	六级盘盘心高度	1	1.08
23	HPC_disk7_ww	七级盘辐板厚度	1	1.24
24	HPC_disk7_bw	七级盘盘心厚度	1	1.22
25	HPC_disk7_br	七级盘盘心高度	1	1.07
26	HPC_disk8_ww	八级盘辐板厚度	1	1.42
27	HPC_disk8_bw	八级盘盘心厚度	1	1.16

续　表

设 计 变 量				
序　号	符　号	名　　称	初始值	优化值
28	HPC_disk8_br	八级盘盘心高度	1	1.11
29	HPC_disk9_ww	九级盘辐板厚度	1	0.85
30	HPC_disk9_bw	九级盘盘心厚度	1	1.11
31	HPC_disk9_br	九级盘盘心高度	1	1.04
32	HPC_disk10_ww	十级盘辐板厚度	1	1.17
33	HPC_disk10_bw	十级盘盘心厚度	1	1.18
34	HPC_disk10_br	十级盘盘心高度	1	1.13

7.5.4　燃烧室优化结果

对燃烧室进行了优化,优化前后设计变量对比如表 7.31 所示。

表 7.31　燃烧室优化前后设计变量对比(归一化)

设 计 变 量				
序　号	符　号	名　　称	初始值	优化值
1	COM_Pri_K	火焰筒参考截面系数	1	1.21
2	COM_Pri_LdH3	前置扩压器长高比	1	0.66
3	COM_Pri_DH3	突扩间隙与进口高度之比	1	0.82
4	COM_Pri_HS	头部装置流向长度	1	1.04
5	COM_Pri_LLHL	火焰筒长高比	1	1.07
6	COM_Pri_AR	前置扩压器扩张比	1	0.97
7	COM_Pri_HdomeB	选取头部宽高比	1	0.95
8	COM_Pri_LP1B	火焰筒第一段流向长度与头部高度比	1	0.78
9	COM_Pri_LP2B	火焰筒第二段流向长度与头部高度比	1	0.82
10	COM_Pri_betai	前置扩压器偏转角	1	1.04
11	COM_Pri_fai	燃烧区当量比	1	1.05
12	COM_Pri_zetaref	流阻系数	1	1.09

设 计 变 量				
序　号	符　号	名　　称	初始值	优化值
13	COM_Pri_zetaL	估算火焰筒总压损失	1	1.18
14	COM_Pri_CAOBD	参考截面面积比	1	1.48

7.5.5　高压涡轮优化结果

对高压涡轮进行了气动和结构优化,优化前后设计变量对比如表 7.32 所示。

表 7.32　高压涡轮优化前后设计变量对比(归一化)

设 计 变 量				
序　号	符　号	名　　称	初始值	优化值
1	Omega1	第一级反力度	1	1.22
2	Omega2	第二级反力度	1	0.96
3	CP1	第一级功分配比	1	1.08
4	HPT_disk1_ww_bu	第一级盘前上段厚度	1	1.21
5	HPT_disk1_ww_au	第一级盘后上段厚度	1	0.74
6	HPT_disk1_ww_bd	第一级盘前下段厚度	1	1.13
7	HPT_disk1_ww_ad	第一级盘后下段厚度	1	1.11
8	HPT_disk1_br	第一级盘盘心高度	1	1.16
9	HPT_disk1_r1	第一级盘过渡圆弧	1	1.12
10	HPT_disk1_bw	第一级盘盘心厚度	1	0.97
11	HPT_disk2_br	第二级盘盘心高度	1	1.09
12	HPT_disk2_bw	第二级盘盘心厚度	1	1.02
13	HPT_disk2_ww	第二级盘辐板厚度	1	1.36

7.5.6　低压涡轮优化结果

对低压涡轮进行了气动和结构优化,优化前后设计变量对比如表 7.33 所示,图 7.11 展示了优化前后低压涡轮二级盘结构尺寸变化。

表 7.33　低压涡轮优化前后设计变量对比（归一化）

设 计 变 量				
序　号	符　　　号	名　　　称	初始值	优化值
1	FC1	一级反力度	1	1.00
2	FC2	二级反力度	1	0.97
3	FC3	三级反力度	1	1.03
4	FC4	四级反力度	1	1.02
5	FC5	五级反力度	1	0.99
6	FC6	六级反力度	1	1.05
7	Omega1	一级功分配比	1	1.11
8	Omega2	二级功分配比	1	0.98
9	Omega3	三级功分配比	1	1.02
10	Omega4	四级功分配比	1	0.98
11	Omega5	五级功分配比	1	1.01
12	Omega6	六级功分配比	1	0.95
13	LPT_disk1_wb	一级盘辐板厚度	1	0.74
14	LPT_disk1_wr	一级盘盘心厚度	1	0.62
15	LPT_disk1_hr	一级盘盘心高度	1	0.67
16	LPT_disk1_r	一级盘轮盘内径	1	1.04
17	LPT_disk2_wb	二级盘辐板厚度	1	0.74
18	LPT_disk2_wr	二级盘盘心厚度	1	0.62
19	LPT_disk2_hr	二级盘盘心高度	1	0.67
20	LPT_disk2_r	二级盘轮盘内径	1	1.04
21	LPT_disk3_wb	三级盘辐板厚度	1	0.74
22	LPT_disk3_wr	三级盘盘心厚度	1	0.62
23	LPT_disk3_hr	三级盘盘心高度	1	0.67
24	LPT_disk3_r	三级盘轮盘内径	1	1.04

设 计 变 量				
序　号	符　号	名　称	初始值	优化值
25	LPT_disk4_wb	四级盘辐板厚度	1	0.74
26	LPT_disk4_wr	四级盘盘心厚度	1	0.63
27	LPT_disk4_hr	四级盘盘心高度	1	0.67
28	LPT_disk4_r	四级盘轮盘内径	1	1.04
29	LPT_disk5_wb	五级盘辐板厚度	1	0.74
30	LPT_disk5_wr	五级盘盘心厚度	1	0.62
31	LPT_disk5_hr	五级盘盘心高度	1	0.67
32	LPT_disk5_r	五级盘轮盘内径	1	1.04
33	LPT_disk6_wb	六级盘辐板厚度	1	0.74
34	LPT_disk6_wr	六级盘盘心厚度	1	0.62
35	LPT_disk6_hr	六级盘盘心高度	1	0.67
36	LPT_disk6_r	六级盘轮盘内径	1	1.05

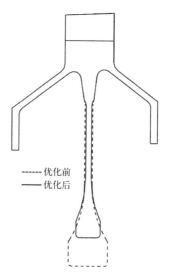

------ 优化前
—— 优化后

图 7.11　优化前后低压涡轮二级盘结构尺寸变化

由表 7.33 可见,优化前后设计变量有较大幅度的变化。与此同时,转子总质量减轻了 8.37%,优化效果较好。

7.5.7　转子动力学优化结果

根据前期对低压转子动力学中 10 个设计变量的灵敏度分析工作,选择支撑锥壁角度、1 号支点轴向位置、各支点支撑刚度共 5 个设计变量进行优化,优化前后设计变量对比如表 7.34 所示,优化后低压转子临界转速特性图如图 7.12 所示。图 7.13 为优化前后临界转速特性图对比。

表 7.34　低压转子动力学优化前后设计变量对比(归一化)

设 计 变 量				
序　号	符　号	名　　称	初始值	优化值
1	ANGLE_Zuibih	支撑锥壁壁面角	1.00	0.96
2	LPC_bearing1_w1	增压级支撑位置 1	1.00	1.01
3	BEARING_RIGI_1	一阶轴承支撑刚度	1.00	0.80
4	BEARING_RIGI_2	二阶轴承支撑刚度	1.00	0.77
5	BEARING_RIGI_5	五阶轴承支撑刚度	1.00	0.80

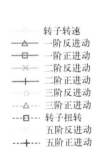
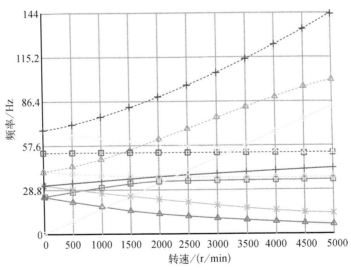

图 7.12　优化后低压转子临界转速特性图

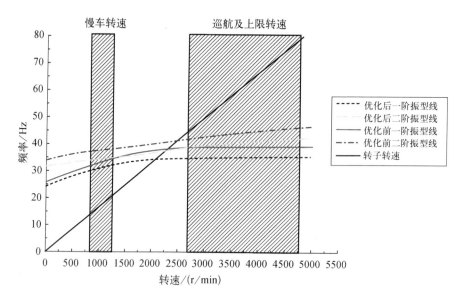

图 7.13　优化前后临界转速特性图对比

由表 7.34 和图 7.12 可见,优化前后设计变量有较大幅度的变化,优化后低压转子满足临界转速和应变能设计要求。与此同时,前两阶临界转速裕度相较于优化前分别提高了 20.11% 和 23.48%,优化效果较好。

参考文献

李晓勇,宋文滨,2012.民用飞机全寿命周期成本及经济性设计研究[J].中国民航大学学报,30(2):48-55.

刘永泉,2011.航空动力技术发展展望[J].航空科学技术(4):1-3.

AIAA Air Breathing Propulsion Technical Committee, 2006. The versatile affordable advanced turbine engines (VAATE) initiative[R]. Reston: AIAA Air Breathing Propulsion Technical Committee.

Balling R J, Wilkison C A, 1997. Execution of multidisciplinary design optimization approaches on common test problems[J]. AIAA Journal, 35(1): 178-186.

Bolebaum C L, 1991. Formal and heuristic system decomposition methods in multidisciplinary synthesis[R]. Hampton: NASA Langley Research Center.

Isokowitz S J, 2002. NASA cost estimating handbook[R]. Washington: NASA HQ.

Koop W, 1997. The integrated high performance turbine engine technology(IHPTET) program[C]. 13th International Symposium on Air Breathing Engines, Chattanooga.

Korsia J J, De Spiegeleer G V, 2006. An European R&D program for greener aero-engines[C]. 25th Congress of International Council of the Aeronautical Sciences, Hamburg.

Li X, Li W, Liu C, 2008. Geometric analysis of collaborative optimization[J]. Structural and Multidisciplinary Optimization, 35(4): 301-313.

Marx J, Gantner S, Friedrichs J, et al., 2018. A machine learning based approach of performance estmation for high-pressure compressor airfoils[C]. ASME Turbo Expo 2018, Oslo.

Song Y, Guo Z D, Song L, et al., 2017. Knowledge based aero-thermal multi-objective design optimization of a gas turbine blade[C]. ASME Turbo Expo 2017, Charlotte.

Vinogradov K A, Kretinin G V, Leshenko I A, et al., 2018. Robust multiphysics optimization for fan blade aerodynamic efficiency, structurl properties and flutter sensitivity[C]. ASME Turbo Expo 2018, Oslo.

Wilfert G, Sieber J, Rolt A, et al., 2007. New environmental friendly aero engine core concepts[C]. XVIII International Symposium of Air Breathing Engines, Beijing.

第8章
涡喷发动机整机多学科设计优化及试验验证

8.1 概　　述

本章所研究的对象为某已有涡喷发动机(图8.1),该发动机的主要构型特征如下:

(1) 一级轴流+一级离心的组合压气机;

(2) 折流燃烧室;

(3) 单级轴流涡轮。

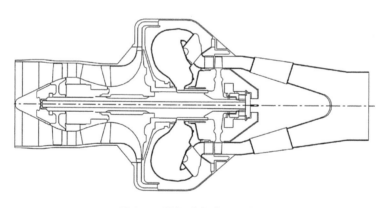

图 8.1　某涡喷发动机示意图

本章优化工作的技术路线是按发动机总体级、部件级(压气机、燃烧室及涡轮)两级进行多学科设计优化的。发动机总体级设计优化的功能是找到最佳匹配的发动机各截面热力循环参数,以达到最高的推重比及最低的耗油率,并向部件分配/协调指标;而部件级优化主要通过优化下述五个流道件,在保证强度的情况下提高其效率,以满足总体所分配的指标:

(1) 轴流叶轮;

(2) 离心叶轮;

(3) 燃烧室火焰筒;

(4) 涡轮导叶;

（5）涡轮整体叶片盘。

为了能最大限度地检验 MDO 对于原发动机性能提高的贡献,本项优化工作遵循如下原则:

（1）各学科不采用更先进的设计技术,例如发动机轮盘结构强度设计仍选取线弹性设计,而不采用更先进的弹塑性强度设计等;

（2）不对结构进行大的调整,发动机外部轮廓尺寸不变;

（3）不采用任何新材料、新工艺。

需要说明的是,该发动机最大转速状态（起飞状态）下的整机多学科设计优化在之前的《航空发动机多学科设计优化》一书中已有叙述,因此这里仅在 8.2.1 节对其优化结果进行简单介绍,接着在 8.2.2 节中详细介绍后来开展的压气机性能对比试验。试验结果表明,优化后的压气机在最大转速状态下性能有较大幅度提升,但是在巡航状态下反而有所下降,这对单次、短时间飞行器的动力是可行的,但对需要反复、不同状态长时间使用的飞行器动力来说是不可接受的。因此,又对该压气机进行第二轮多学科设计优化,针对起飞及巡航状态一起进行多状态多学科设计优化,并加工相关优化后试验件,开展压气机部件性能试验,通过了标准规定的离心叶轮超转破裂考核试验,最后将多状态优化后的压气机及涡轮导向器串装在整机上与原状态整机进行性能对比试验。

8.2　单状态多学科设计优化及组合压气机试验验证

8.2.1　单状态多学科设计优化结果

某涡喷发动机整机多学科设计优化采用 CO 方法,考虑了热力、气动、燃烧、传热、结构、强度、振动及寿命 8 个学科,各学科之间存在着较强的耦合作用。整个优化流程（图 8.2）包含 4 个优化模块,即发动机总体优化模块、压气机优化模块、燃烧室优化模块以及涡轮优化模块。在发动机最大转速状态下的优化后计算结果如表 8.1 所示。

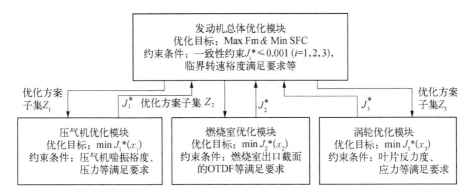

图 8.2　涡喷发动机整机多学科设计优化流程简图

表 8.1　优化前后参数对比(归一化)

方　案		初始方案	最优方案	最优改进/%
优化目标	耗油率 sfc	1.000 0	0.962 2	−3.78
	推重比 Fm	1.000 0	1.048 5	4.85
设计变量	压气机压比 Pai_c	1.000 0	1.000 0	0
	压气机效率 Eff_c	1.000 0	1.020 0	2.00
	涡轮效率 Eff_gt	1.000 0	1.023 0	2.30
	燃烧室总压损失 Loss_comb	1.000 0	0.992 7	−0.73
	燃烧室效率 Eff_comb	1.000 0	1.000 0	0

优化前后轴流叶轮几何模型对比图见图 8.3。优化前后离心叶轮几何模型对比图见图 8.4。优化后的计算结果显示,压气机部件的主要性能指标改进状况如下:

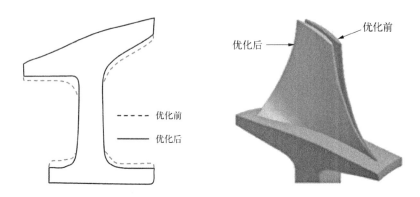

图 8.3　优化前后轴流叶轮几何模型对比图

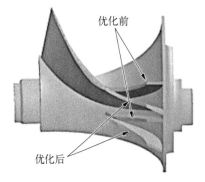

图 8.4　优化前后离心叶轮几何模型对比图

(1) 强度、振动及寿命满足要求;
(2) 压气机效率提高 2%;
(3) 轴流叶轮重量下降 1.2%;
(4) 离心叶轮重量下降 0.7%。

通过优化燃烧室二排主燃孔及二排掺混孔的半径大小,燃烧室流场质量得到进一步提高,图 8.5 示出了优化前后燃烧室温度对比图。优化后的计算结果显示,燃烧室总压恢复系数提高 0.73%。

优化前后涡轮整体叶片盘几何模型对比图

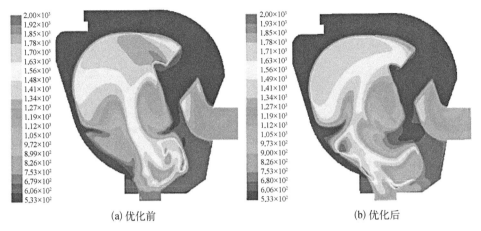

(a) 优化前　　　　　　　　　　　　　(b) 优化后

图 8.5　优化前后燃烧室温度对比图(单位：K)

见图 8.6。优化后的计算结果显示，涡轮部件的主要性能指标改进状况如下：

（1）强度、振动及寿命满足要求；

（2）涡轮效率提高 2.3%；

（3）涡轮整体叶片盘重量下降 3.9%。

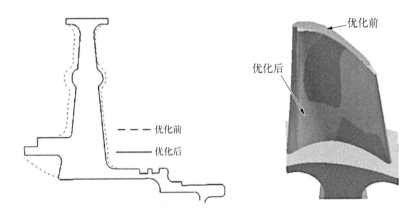

图 8.6　优化前后涡轮整体叶片盘几何模型对比图

8.2.2　单状态多学科设计优化组合压气机试验验证

本节针对某涡喷发动机最大转速状态下的多学科设计优化工作，开展多学科设计优化压气机部件与原压气机部件的性能对比试验验证，以获取多学科设计优化后的组合压气机试验件及原组合压气机试验件在各折合转速下的特性。本次多学科设计优化组合压气机试验件的离心叶轮、径向扩压器均是在整机最大转速状态下进行多学科设计优化后的零件，其余流道件为原组合压气机流道件。

单状态多学科设计优化后的离心叶轮大小叶片数由优化前的 19 片+19 片变为优化后的 12 片+12 片,优化前后离心叶轮实物如图 8.7 所示。

(a) 优化前　　　　　　　　　　　　　　　　(b) 优化后

图 8.7　单状态多学科设计优化前后离心叶轮实物

多学科设计优化后径向扩压器叶片数由原来的 25 片减少为优化后的 22 片,喉道面积提高了 2.8%。优化前后径向扩压器实物如图 8.8 所示。由于径向扩压器装配扩压器机匣,实物照片无法区分优化前后区别,以 UG 模型图作为对比展示,优化前后的径向扩压器如图 8.9 所示。

(a) 优化前　　　　　　　　　　　　　　　　(b) 优化后

图 8.8　优化前后径向扩压器实物

如前所述,在本次试验中,优化前后的流道、轴流叶片盘、轴流静子叶片、支板、轴向扩压器不变。本次试验前,对设计优化后的离心叶轮轮廓度、径向扩压器轮廓度、径向扩压器喉道面积等关键参数进行了测量,加工误差情况如表 8.2 所示,这与设计优化前压气机零件的加工误差无本质区别。

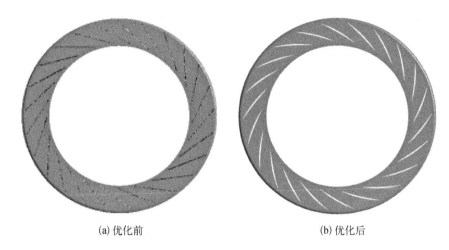

(a) 优化前　　　　　　　　　　　　(b) 优化后

图 8.9　优化前后径向扩压器 UG 模型图

表 8.2　优化后零件加工误差情况

零　件	加工误差情况	设　计　要　求	是否同意使用
离心叶轮轮廓度	大叶片：根部轮廓度为 -0.05~0.09 mm, 尖部轮廓度为 -0.04~0.08 mm; 小叶片：根部轮廓度为 -0.05~0.08 mm, 尖部轮廓度为 -0.05~0.09 mm。	±0.05 mm	同意
径向扩压器轮廓度	-0.01~0.04 mm	±0.03 mm	同意
径向扩压器喉道面积	1 966 mm²	1 941.7~1 980.9 mm²	同意

1. 试验方案

　　组合压气机试验件由进口转接段、前测量段、进气段、一级轴流、一级离心和出口转接段组成。试验件旋转方向为顺气流方向看是逆时针方向。组合压气机试验件结构示意图见图 8.10。优化前组合压气机设计指标见表 8.3。

表 8.3　优化前组合压气机设计指标

参　　数	符　　号	数　　值	单　　位
换算转速	n_{gc}	52 000	r/min
换算流量	G_{Bnp}	1.838	kg/s
增压比	π_k^*	5.5	—
绝热效率	η_k^*	≥0.745	—

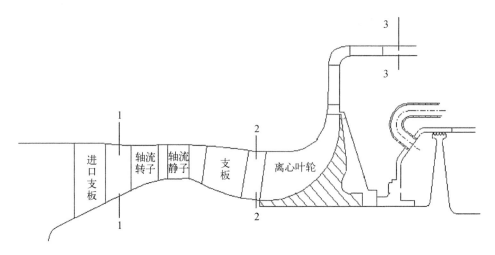

图 8.10 组合压气机试验件结构示意图

1）试验设备

多学科设计优化后组合压气机性能试验验证在某压气机试验器上进行,该试验器采用变频电机作为动力,通过传动装置驱动压气机试验件运转。试验器结构简图见图 8.11,主要包括进气部分、排气装置、电机、增速箱、稳压箱等。

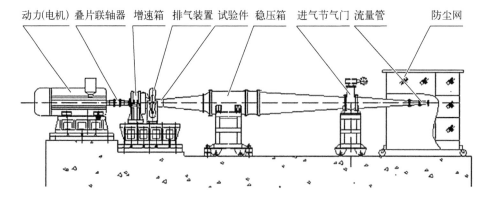

图 8.11 试验器结构简图

设备主要技术指标如下:

（1）最高转速为 71 000 r/min;

（2）最大输出功率为 400 kW;

（3）流量范围为 0~2.5 kg/s;

（4）最高排气压力为 0.8 MPa;

（5）最高排气温度为 400 ℃;

（6）转向为正、反转。

2）测点布置

多学科设计优化后组合压气机试验件上共安排了 3 个测试截面,测试截面位置见图 8.10。1-1 截面位于轴流转子进口,测量总压、壁面静压;2-2 截面为离心叶轮进口,测量总温、总压、壁面静压;3-3 截面为试验件出口,测量总温、总压、壁面静压。这些探针及其他位置处的探针实际安装情况见表 8.4。

表 8.4　各测试截面测点布置

测试截面	参 数 名 称	代 号	数 量
1-1	三点梳状总压	$P_{t1}-1-1 \sim P_{t1}-1-3$ $P_{t1}-2-1 \sim P_{t1}-2-3$	2 支
	静压	$P_{s1}1 \sim P_{s1}4$	4 点
2-2	三点梳状总压	$P_{t2}-1-1 \sim P_{t2}-1-3$ $P_{t2}-2-1 \sim P_{t2}-2-3$	2 支
	三点梳状总温	$T_{t2}-1-1 \sim T_{t2}-1-3$	1 支
	静压	$P_{s2}1 \sim P_{s2}3$	3 点
3-3	静压	$P_{s5}1 \sim P_{s5}4$	4 点
	单点总压	$P_{t5}-1 \sim P_{t5}-4$	4 支
	单点总温	$T_{t5}-1 \sim T_{t5}-3$	3 支
	五点总压把	$P_{Pt5}-1-1 \sim P_{Pt5}-1-5$	1 支
其他	流量管静压	$P_{BS}1 \sim P_{BS}4$	4 点
	防尘网总温	$T_{01} \sim T_{04}$	4 支
	大气压力	P_H	—
	离心叶轮外罩壁面静压	YL2S、YL5S	2 点
	离心叶轮后腔壁面静压	P91S~P94S	4 点
	充气腔静压	P101S、P102S	2 点

3）稳态性能参数测量

（1）大气压力 P_H 采用振动筒式大气压力计进行测量。

（2）进口温度 T_0^* 采用防尘网上的 4 支铂电阻进行测量。

（3）流量管壁面静压 P_{BS} 4 点,并联 1 点接动态。

（4）压气机进出口压力及流道壁面静压用 PSI9016 压力测量系统测量。

（5）试验件转速由磁电式传感器和转速测量仪测量。

4）喘点参数测量

采用计算机适时连续高速采集各点测量参数，人工选取喘点参数。

2. 试验数据处理

1）原始数据选取

（1）进口总温：取防尘网 4 支单点总温探针所测数据的算术平均值 T_0^*；

（2）出口总温：取 3-3 截面 3 支单点总温探针的算术平均值 T_5^*；

（3）进口总压：取 1-1 截面 2 支 3 点梳状总压所测参数的算术平均值 P_1^*；

（4）出口总压：取 3-3 截面 1 支 5 点总压耙与 4 支单点总压所测参数的算术平均值 P_5^*。

2）性能计算

（1）物理流量 G_B 计算：

$$G_B = 0.1561 K_G F P_H / (T_0^*)^{0.5} [(P_{BS}/P_H)^{2/k} - (P_{BS}/P_H)^{(k+1)/k}]^{0.5} \ (kg/s) \tag{8.1}$$

式中，F 为流量管面积；K_G 为流量管附面层修正系数，取值为 0.995；k 为绝热系数，取值为 1.4；P_H 为大气压力；T_0^* 为防尘网所测温度的算术平均值。

（2）压比 π_K^* 计算：

$$\pi_K^* = P_5^* / \{P_1^* [1 - (G_B/G_{CFD})^2 \xi_{CFD}]\} \tag{8.2}$$

式中，P_1^* 为 1-1 截面总压探针各测点所测总压的算术平均值；P_5^* 为 3-3 截面总压探针各测点所测总压的算术平均值；G_{CFD} 为三维计算设计点流量，取值为 1.838；ξ_{CFD} 为三维计算设计点支板总压损失系数，取值为 0.01。

（3）效率 η_k^* 计算：

$$\eta_k^* = T_0^* [\pi_k^{*(k_1-1)/k_1} - 1] / (T_5^* - T_0^*) \tag{8.3}$$

式中，T_0^* 为试验台防尘网温度探针各测点所测温度的算术平均值；T_5^* 为出口总温，取 3-3 截面总温探针各测点所测总温的算术平均值；k_1 为变比热系数，由下面公式计算得出：

$$k_1 = \frac{(B_1 + 2B_2 T + 3B_3 T^2 + 4B_4 T^3 + 5B_5 T^4)}{(B_1 - 1.98726 + 2B_2 T + 3B_3 T^2 + 4B_4 T^3 + 5B_5 T^4)}$$

式中，$B_1 = 7.2806730$；$B_2 = -0.0014341481$；$B_3 = 0.23482926 \times 10^{-5}$；$B_4 = -0.10484129 \times 10^{-8}$；$B_5 = 0.12429040 \times 10^{-12}$；$T = (T_0^* + T_5^*)/2 (K)$。

（4）折合流量 G_{bnp} 计算：

$$G_{\text{bnp}} = 101\,325 G_B / P_1^* \left(T_0^* / 288.15 \right)^{0.5} \quad (\text{kg/s}) \tag{8.4}$$

（5）相对换算转速 n_{gcr} 计算：

$$n_{\text{gcr}} = n_g \left(288.15 / T_0^* \right)^{0.5} / 52\,000 \tag{8.5}$$

式中，n_g 为物理转速。

（6）压气机功率 N 计算：

$$N = 1.005 G_B \left(T_5^* - T_0^* \right) \quad (\text{kW}) \tag{8.6}$$

（7）扭矩 M 计算：

$$M = 9\,549 N / n_g \quad (\text{N/m}) \tag{8.7}$$

3. 试验结果分析

按照前述试验测试方案，开展了多学科设计优化后的组合压气机性能试验，其中离心叶轮装配间隙为 0.57 mm。整个试验中录取了 $n_{\text{gcr}} = 0.5$、0.6、0.7、0.75、0.8、0.85、0.9、0.95、1.0 转速下的特性线。其中，$n_{\text{gcr}} = 0.6$、0.7、0.9 转速下，录取特性线至喘点；其余转速下录取特性线至最高效率点，未逼近喘点。

作为对照，还按照与前述相同的测试方案，进行原组合压气机的性能试验，离心叶轮装配间隙为 0.62 mm。原组合压气机试验中录取了 $n_{\text{gcr}} = 0.5$、0.6、0.7、0.75、0.8、0.85、0.9、0.95、1.0 转速下的特性线至喘点。

按照前述试验数据处理及计算方法，处理了原组合压气机和多学科设计优化组合压气机性能试验结果数据。二者的特性线对比如图 8.12 所示，优化前后组合压气机在巡航状态（$n_{\text{gcr}} = 0.9$）和最大转速状态（$n_{\text{gcr}} = 1.0$）的特征参数试验结果对比见表 8.5。

表 8.5　优化前后组合压气机在巡航状态（$n_{\text{gcr}} = 0.9$）和最大转速状态（$n_{\text{gcr}} = 1.0$）的特征参数试验结果对比

状态	方　案	堵点流量/(kg/s)	最 高 压 比	最 高 效 率
巡航状态	原组合压气机	1.725	4.781	0.771
	优化后压气机	1.641	4.380	0.770
	变化	−4.87%	−8.39%	−0.1%
最大转速状态	原组合压气机	1.902	5.979	0.740
	优化后压气机	1.946	5.854	0.791
	变化	2.31%	−2.09%	5.1%

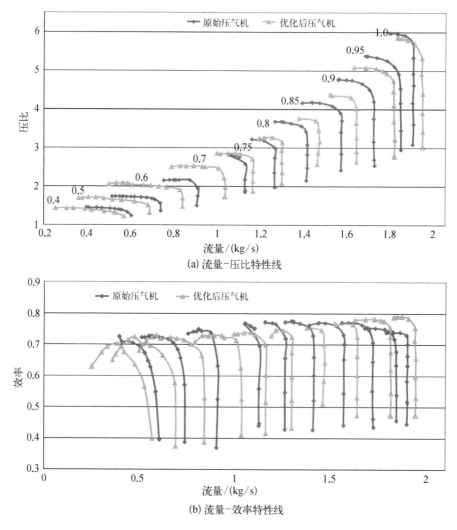

图 8.12　优化前后特性线对比

从图 8.12 与表 8.5 中可以看出,在最大转速状态下,与原组合压气机相比,优化后压气机流量增加 2.31%,效率增加 5.1%,压比略有降低,降低 2.09%,性能得到了一定的提升;但在巡航状态下,相比原组合压气机,优化后压气机流量降低 4.87%,效率降低 0.1%,压比降低 8.39%,性能反而有所下降。

8.3　多状态多学科设计优化及组合压气机试验验证

由 8.2 节试验结果可知,基于最大转速状态的多学科设计优化对设计点的性能有较大提升,但在巡航状态下,其性能反而有所下降。这对于以单一状态使用为主的动力是可以接受的,但对于多状态下使用的动力,这种优化结果是不可接受的。因此,本节在基于最大转速状态的多学科设计优化的基础上,进一步开展多状态多目标优化,以便同时提高其最大转速状态及巡航状态下的综合性能。鉴于不同状态下性能的变化主要在于压气机性能,燃烧室和涡轮影响较小,故在进行多状态多目标优化过程中仅针对压气机从整机总体性能角度进行优化,燃烧室及涡轮则采用其在单状态,多学科设计优化后的结果。

8.3.1　系统分解

系统分解的主要任务是通过改变多学科设计优化问题的结构,来降低问题的复杂性,进而减少计算时间。需要说明的是,这里不再对之前工作及本书前几章工作中的整机优化内容进行重复介绍,主要说明对于离心压气机开展的相关工作,该压气机设计所涉及的学科主要包括寿命、强度、气动、振动,如图 8.13 所示。

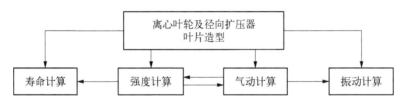

图 8.13　离心压气机设计所涉及的学科

关于其具体优化流程,因为与具体气动、结构参数关系密切,所以放在 8.3.2 节第三部分进行介绍。

8.3.2　系统建模

1. MDO 物理建模

1) 结构参数化造型

离心压气机具有体积小、结构简单、增压能力强、稳定工作范围广等特点,广泛应用在中小型航空发动机及地面燃机领域。在结构上,离心压气机主要有离心叶轮和径向扩压器两个转子件。离心压气机中的气流大体上是在垂直于旋转轴的平面内径向流动的,如图 8.14 所示。本章中离心压气机参数化造型的内容主要是离心叶轮和径向扩压器叶片造型,其

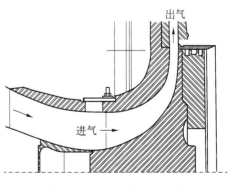

图 8.14　离心压气机示意图

功能是提供叶型参数以生成叶片三维几何实体,为气动、强度等学科分析提供几何模型。

在本章中,离心叶轮采用直纹面设计,包括大小两组叶片。其中,小叶片(也称为分流叶片)在直纹面造型时,叶片角分布与大叶片相同,只是切割位置不同。造型时给定叶根、叶尖回转面上的叶型及其相对位置,按照生成母线在子午面上和径向上的角度变化规律,生成其他回转面上的叶型。离心叶轮造型参数有:根尖两个截面中弧线叶片角分布参数、厚度分布参数,大小叶片切割位置参数。径向扩压器为直叶片,叶根、叶尖具有相同的叶片角和厚度分布,其叶片造型与离心叶轮类似。径向扩压器造型参数有:叶根、叶尖两个截面中弧线叶片角分布参数和厚度分布参数。在优化设计中,中弧线采用贝塞尔曲线(Bezier curve)进行设计。以离心叶轮大叶片为例,采用两段 3 阶贝塞尔曲线分别模拟叶片叶根和叶尖的中弧线。径向扩压器叶根、叶尖的叶片角分布相同,均由一段 5 阶贝塞尔曲线模拟。根据上述造型方法,利用 C 语言编写的离心叶轮和径向扩压器造型程序进行参数化造型。

2)气动分析

采用基于 N-S 方程的全三维流场数值模拟方法进行离心压气机气动分析,具体参见 5.3.1 节第四部分。

3)强度分析

强度分析参见 5.3.1 节第八部分。

4)振动分析

本章采用商用软件 SAMCEF 对叶片进行动频分析。首先,计算得到叶片的各阶频率;然后根据叶片上、下游的激励源情况确定叶片的共振裕度。

5)寿命分析

本章采用线性累积损伤理论,利用局部应力应变法分析叶片的低周疲劳寿命。

2. MDO 数学建模

离心压气机 MDO 的数学模型包括设计变量、约束条件和目标函数三个方面。离心叶轮和径向扩压器叶片角分布对离心压气机气动性能影响较大,同时也决定了离心叶轮叶片的强度、振动特性。因此,本章在厚度分布不变的情况下,对离心叶轮和径向扩压器的叶片角分布进行优化,选择贝塞尔曲线控制点参数作为设计变量。除了已知的参数($X_0 = 0$, $X_6 = 1$, $X_7 = 0$, $X_{13} = 1$, $Y_0 = 0$, $Y_4 = 1$, $G_6 = 0$, $J_6 = 0$),离心叶轮总共有 22 个设计变量,径向扩压器总共有 8 个设计变量。设计变量及变化范围见表 8.6,优化中以凭经验设计的叶片角分布为初始点。表 8.6 中符号的定义见 8.3.2 节,离心压气机参数化造型见图 8.15。

表 8.6　离心压气机设计变量列表

设　计　变　量			
序　号	符　号	下　限	上　限
1	G_0	−44	−38
2	G_1	−47	−17
3	G_2	−41	−11
4	G_3	−13	17
5	G_4	−9	21
6	G_5	−16	14
7	J_0	−68	−62
8	J_1	−78	−48
9	J_2	−66	−36
10	J_3	−45	−15
11	J_4	−15	15
12	J_5	−14	16
13	R_0	−74	−68
14	R_1	−67	−37
15	R_2	−76	−46
16	R_3	−75	−45
17	R_4	−62	−59
18	X_1	0.1	0.3
19	X_2	0.2	0.5
20	X_3	0.3	0.6
21	X_4	0.4	0.8
22	X_5	0.6	1.0
23	X_8	0.1	0.3
24	X_9	0.2	0.5

续 表

设 计 变 量			
序 号	符 号	下 限	上 限
25	X_{10}	0.3	0.6
26	X_{11}	0.4	0.8
27	X_{12}	0.6	1.0
28	Y_1	0	0.5
29	Y_2	0.25	0.75
30	Y_3	0.5	1

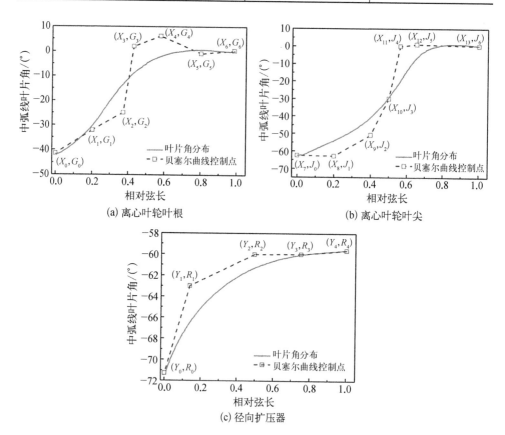

图 8.15 离心压气机参数化造型

约束条件主要是满足气动、强度、寿命和振动等学科的要求。气动方面,各型面组成的叶身应该符合气动设计要求,本章中气动约束主要有流量、压比和稳定工作裕度。强度方面,需要确保叶片在工作载荷的作用下不发生破坏,本章要求叶身最大径向应力应小于某一标准值,本章取 0.2% 屈服极限 $\sigma_{0.2}$ 的 75%。根据设计要求,叶片低循环疲劳寿命应大于某个指标,本章取 6 000 次循环。根据强度计算得到的最大当量应力和材料的性能数据,由相应的方法即可计算出叶片低循环疲劳寿命,因此本章将最大当量应力作为约束条件。前期计算中发现最大径向应力出现在叶轮出口,通过调整叶片角分布,使得叶片在出口为前倾,可以有效减小其应力水平,因此将前倾角也作为约束条件。振动方面,需要避免叶片发生共振。通过振动计算,可以求得叶片前若干阶固有频率,本章取前四阶振动频率(动频)。衡量叶片是否能够避开共振区的指标是共振裕度,本章要求共振裕度不小于 10%。

压气机优化是多学科多目标优化问题,可以考虑一个或多个工况。目标函数可以选取气动效率最高或重量最小。本章选取最大转速状态和巡航状态等熵气动效率最高为目标函数。

根据上述分析,优化模型可以表示如下:

$$
\begin{aligned}
&\min \qquad \eta_1(X) \,,\ \eta_2(X) \\
&\text{w. r. t.} \quad X = (x_1 \,,\ x_2 \,,\ \cdots \,,\ x_n)^{\mathrm{T}} \\
&\text{s. t.} \quad
\begin{cases}
0 \leqslant \alpha \leqslant A_1 \\
m_1 \geqslant A_2 \,,\ m_2 \geqslant A_3 \\
\pi_1 \geqslant A_4 \,,\ \pi_2 \geqslant A_5 \\
\psi_1 \geqslant A_6 \,,\ \psi_2 \geqslant A_7 \\
\delta_1 \geqslant A_8 \,,\ \delta_2 \geqslant A_9 \\
\tau_1 \leqslant A_{10} \,,\ \sigma_{\mathrm{von}} \leqslant A_{11}
\end{cases}
\end{aligned}
\tag{8.8}
$$

式中,η_1、η_2 分别表示最大转速状态和巡航状态等熵气动效率;α 表示前倾角(°);m_1、m_2 分别表示最大转速状态和巡航状态流量(kg/s);π_1、π_2 分别表示最大转速状态和巡航状态压比;ψ_1、ψ_2 分别表示最大转速状态和巡航状态稳定工作裕度;δ_1、δ_2 分别表示最大转速状态和巡航状态共振裕度;τ_1、σ_{von} 分别表示叶片最大径向应力和最大当量应力(MPa);$A_1 \sim A_{11}$ 表示约束中所涉及物理量的上下限数值。

3. 基于 POD 技术的离心压气机优化流程

基于 POD 技术,建立了离心压气机 MDO 流程,步骤如下:

(1) POD 方法要求样本尽可能广泛地覆盖设计空间,通常采用 DOE 采样的方法生成样本点。DOE 采样方法有很多种,如全因子法、部分因子法、正交矩阵法、拉丁超立方法等。由于拉丁超立方法允许对每一个因素研究多个点和更多的组合,并且采样数量可以自由选择,所以本章采用拉丁超立方试验设计进行采样获得初始样本数据。

（2）移除不可行或较差的样本，剩余的样本按目标函数满足情况排序，也就是说将样本中最好的解放在第一行，次好的解放在第二行，以此类推。

（3）生成快照矩阵。对数据进行归一化处理，使得数据的平均值为零，分布范围为(-1, 1)。

（4）对快照矩阵进行 POD，根据基函数贡献率和精度要求情况确定需要保留的基函数的数量，保留基函数的数量既决定了降阶模型的精度，同时对寻优效率也有影响。一般要求保留的基函数的贡献率大于 80%。

（5）将 POD 系数作为新的设计变量，并确定其变化范围，建立降维的设计空间（也称为映射空间），同时建立降维设计空间与原设计空间的联系。

（6）每一步迭代中优化器通过改变 POD 系数，在映射空间内得到一组参数，然后通过数据重构将参数返回原设计空间内生成新的叶片造型参数。

（7）依次进行相应的气动、强度、振动计算，然后判断是否满足约束条件及优化目标要求，重复上述流程直至收敛。

需要指明的是：为了提高优化效率，优化过程中增加了前倾角判断、最大转速状态气动分析结果判断、巡航状态气动分析结果判断反馈环节，在不满足设置的约束条件时，流程返回到优化器，修改叶片造型参数。优化过程反馈环节设置的条件如下。

（1）叶片参数化造型环节：$0° \leqslant \alpha \leqslant 15°$。

（2）最大转速状态气动分析环节：最大转速状态设计点等熵气动效率大于等于规定值，最大转速状态设计点流量大于等于规定值，最大转速状态设计点压比大于等于规定值，最大转速状态设计点稳定工作裕度大于等于 10%。

（3）巡航状态气动分析环节：巡航状态设计点等熵气动效率大于等于规定值，巡航状态设计点流量大于等于规定值，巡航状态设计点压比大于等于规定值，巡航状态设计点稳定工作裕度大于等于 10%。

还需要说明的是：优化设计中很难确定喘振边界，本章近似对稳定工作裕度进行估算。根据原始设计的特性线，选取两个出口反压 p_{out1} 和 p_{out2}，其中反压 p_{out1} 对应的流量在设计点附近，反压 p_{out2} 对应的流量在近堵点。优化过程中，采用 p_{out1} 和 p_{out2} 分别计算出相应的流量（m_1 和 m_2）、压比（π_1 和 π_2）。近似认为近堵点和喘点之间的流量范围不发生变化，喘点和设计点的压比范围不发生变化。然后计算出初始设计近堵点和喘点流量差 Δm，喘点和设计点的压比差 $\Delta \pi$，则优化中喘点流量 m_3 近似等于 $m_2 - \Delta m$，喘点压比 π_3 近似等于 $\pi_1 + \Delta \pi$，稳定工作裕度近似等于 $\dfrac{\pi_3/m_3}{\pi_1/m_1} - 1$。尽管这种处理方法有一定的误差，但是在一定程度上反映了稳定工作裕度的变化。

考虑到气动计算中存在计算不收敛的情况（即不稳定点），因此设定了最大迭代步数为 200 步，如果达到 200 步时仍未收敛，则终止本次计算。此外，优化流程中满足流程终止条件指的是总体分配的气动性能指标达到要求。

本章采用 MATLAB 编写程序实现了 POD 降维和重构。所有的参数化建模及各学科计算流程采用商用优化软件 Isight 集成。图 8.16 给出了基于 POD 的离心压气机 MDO 流程图。

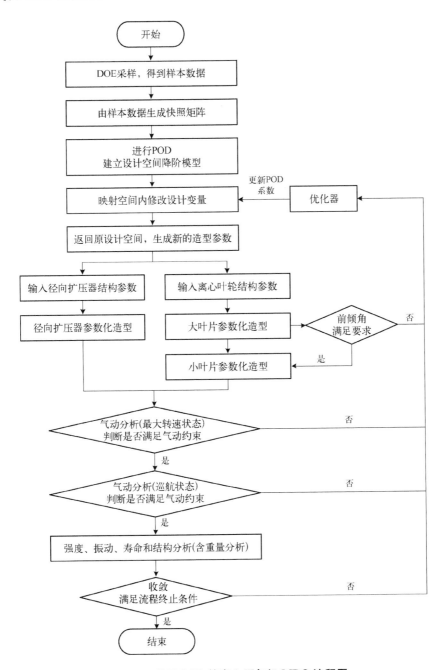

图 8.16 基于 POD 的离心压气机 MDO 流程图

具体的优化流程按图 8.16 进行,采用拉丁超立方试验设计进行 1 000 次试验,将造型不满足要求和不满足约束条件的解(如前倾角、流量、压比不满足要求)以及较差

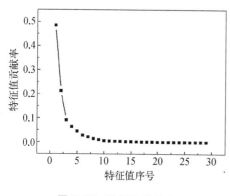

图 8.17　特征值贡献率

的可行解排除掉,得到 360 组可行解。将获得的 360 组可行解作为快照样本,生成快照矩阵。接下来进行 POD,求得基函数(即主成分)。然后计算特征值贡献率,结果如图 8.17 所示,图中特征值按数值大小进行排列,数值大小反映了该特征值对快照矩阵的贡献率。保留基函数的个数决定了降阶模型的精度,显然曲线拐点前的基函数贡献率较大,一般需要保留,经计算前 4 个特征值可以达到 85%的贡献率,作者认为已经能够保留原设计空间的大部分信息。

将 4 个 POD 系数作为新的设计变量,进行 MDO。初始样本点和寻优中产生的新设计点分布情况如图 8.18 所示。由图可知,在计算了 183 个设计点后,基本能够得到优化问题的近似收敛解。说明该方法通过减少设计变量个数,可以快速得到收敛解,提高了寻优效率。

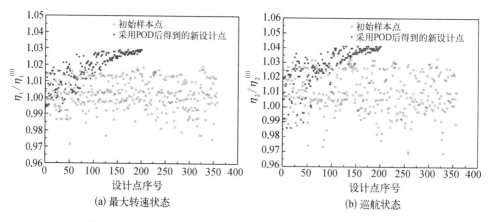

(a) 最大转速状态　　　　　　　　(b) 巡航状态

图 8.18　初始样本点及采用 POD 后得到的新设计点分布情况

8.3.3　系统求解

系统求解就是选取合适的优化搜索算法对所建立的 MDO 数学模型进行求解。值得注意的是,MDO 总是面临多目标优化问题。

在实际应用中发现,仅用一种优化方法有时不能获得最优解。因此,本章采用了混合优化方法,即综合应用几种优化方法以获得更好的结果。本章首先用 5. 4. 2

节中介绍的多岛遗传算法全局寻优得到最优点,然后以此点为基础,采用 5.4.1 节中介绍的非线性二次规划算法找出最终的最优解。本章所采用的优化方法均为商用软件 Isight 中自带的优化方法。

另外,本章采用 4.3.2 节固定权系数加权求和法处理多目标优化问题,其基本思想是: 将目标函数进行无量纲化处理后,按照其重要程度,分别乘以不同的加权系数,叠加后组成新的目标函数。对于这里的离心压气机优化问题,采用固定权系数加权求和法的目标函数为

$$\begin{cases} G_{\text{obj}} = \lambda_1 \cdot \eta_1/\eta_1^{(0)} + \lambda_2 \cdot \eta_2/\eta_2^{(0)} \\ \lambda_1 + \lambda_2 = 1 \end{cases} \tag{8.9}$$

式中,λ_1 和 λ_2 为加权系数;$\eta_1^{(0)}$ 和 $\eta_2^{(0)}$ 分别为优化前的最大转速状态和巡航状态等熵气动效率。本例中加权系数各取为 0.5。优化目标函数为: 考虑加权系数后,全局目标函数(即考虑加权系数后的综合等熵气动效率)最高。

8.3.4　多状态多学科设计优化结果

优化前后离心叶轮和径向扩压器叶片角分布对比如图 8.19 所示。优化前后结构对比如图 8.20 所示。目标函数及约束条件的优化结果见表 8.7。表 8.7 中部分数据以优化前最大转速状态的值为标准进行了归一化处理,处理后的值为其相对值。

$$\begin{cases} \eta_1^* = \eta_1/\eta_1^{(0)}, & \eta_2^* = \eta_2/\eta_1^{(0)} \\ m_1^* = m_1/m_1^{(0)}, & m_2^* = m_2/m_1^{(0)} \\ \pi_1^* = \pi_1/\pi_1^{(0)}, & \pi_2^* = \pi_2/\pi_1^{(0)} \end{cases} \tag{8.10}$$

式中,上标 * 表示相对值;上标(0)表示优化前的值。

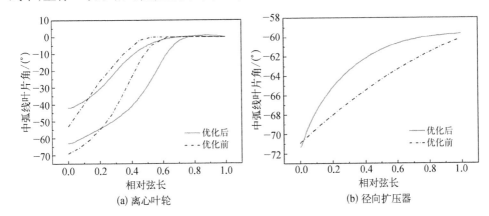

图 8.19　优化前后离心叶轮和径向扩压器叶片角分布对比

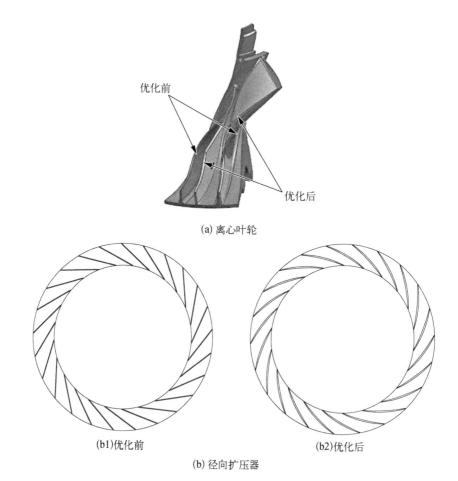

(a) 离心叶轮

(b1)优化前　　　　　　　　　　　　　　　　(b2)优化后

(b) 径向扩压器

图 8.20　优化前后结构对比

表 8.7　优化前后各学科指标变化情况

性　能　指　标	优　化　前	优　化　后
最大转速状态下设计点等熵气动效率 η_1^*	1.000	1.036
巡航状态下设计点等熵气动效率 η_2^*	1.044	1.086
最大转速状态下设计点相对流量 m_1^*	1.000	1.006
巡航状态下设计点相对流量 m_2^*	0.920	0.931
最大转速状态下设计点相对压比 π_1^*	1.000	1.014
巡航状态下设计点相对压比 π_2^*	0.771	0.786
最大转速状态下喘振裕度/%	14.5	14.3

性　能　指　标	优　化　前	优　化　后
巡航状态下喘振裕度/%	11.0	12.8
最大转速状态下最小共振裕度/%	14.5	12.7
巡航状态下最小共振裕度/%	18.6	23.1
最大转速状态下叶片最大径向应力/MPa	182	186
最大转速状态下叶片最大当量应力/MPa	209	173

图 8.21 为离心压气机优化前后等熵气动效率和压比性能对比。由图可知,最大转速状态和巡航状态下,设计点和非设计点的气动性能均有一定提高。最大转速状态下,设计点等熵气动效率提高 3.6%,设计点相对流量提高 0.6%,设计点相对压比提高 1.4%。巡航状态下,设计点等熵气动效率提高 4.2%,设计点相对流量提高 1.2%,设计点相对压比提高 2.0%。图 8.22~图 8.24 给出了近设计点马赫数分布。由图可知,离心叶轮和径向扩压器优化后主要影响了离心级各叶排的马赫数分布,而对前面的轴流级影响相对较小。优化后使得离心叶轮和径向扩压器低能失速区弱化,并向叶片前缘移动。特别是优化前小叶片叶尖处两面都存在低能失速区,对通道来流造成一定程度的堵塞,优化后降低了低能流团对叶片通道造成的堵塞,减小了叶片叶中和叶尖处的流动分离。

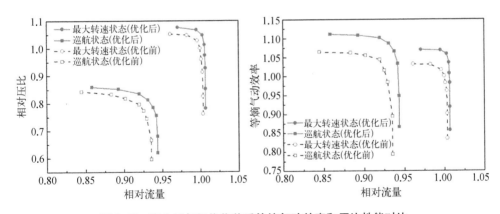

图 8.21　离心压气机优化前后等熵气动效率和压比性能对比

图 8.25 和图 8.26 分别给出了优化前后轮盘和叶片的当量应力分布对比。优化后离心叶轮轮盘最大当量应力略有增加,由 326 MPa 增至 331 MPa。优化前的离心叶轮叶片最大当量应力位于大叶片叶根处,优化后降低了离心叶轮叶根处当量应力,最大当量应力位于大叶片叶身中部,最大当量应力由 209.3 MPa 降至

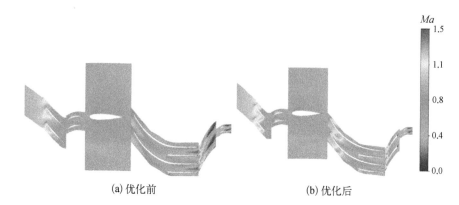

(a) 优化前　　　　　　　　　　(b) 优化后

图 8.22　优化前后马赫数分布对比（5%）

(a) 优化前　　　　　　　　　　(b) 优化后

图 8.23　优化前后马赫数分布对比（50%）

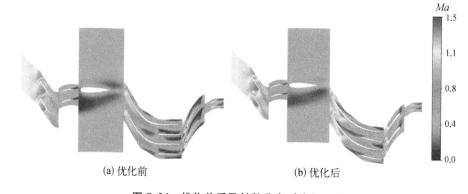

(a) 优化前　　　　　　　　　　(b) 优化后

图 8.24　优化前后马赫数分布对比（95%）

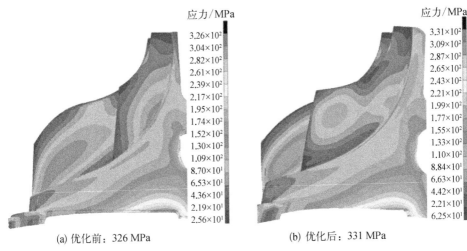

(a) 优化前：326 MPa　　　　　　　　(b) 优化后：331 MPa

图 8.25　优化前后轮盘当量应力分布对比

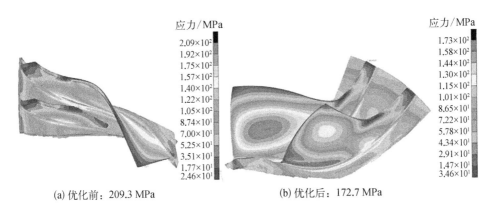

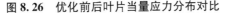

(a) 优化前：209.3 MPa　　　　　　　(b) 优化后：172.7 MPa

图 8.26　优化前后叶片当量应力分布对比

172.7 MPa,降低了约 17.5%。

优化后各阶固有频率与原始相当,优化后最大转速状态最小共振裕度比原始略有减小,巡航状态最小共振裕度比原始略有增加。

8.3.5　多状态多学科设计优化组合压气机试验验证

为了验证优化效果,加工了离心叶轮及径向扩压器试验件,多状态多学科设计优化前后试验件的对比见图 8.27。图中优化前的试验件与图 8.7 中优化前的试验件一致,优化后的试验件与图 8.7 中优化后的试验件大致相同,如大、小叶片片数相同,但具体叶型参数等细节已不相同。

1. 性能试验验证

基于多状态优化的组合压气机气动性能试验方案及试验数据处理方法与 8.2

(a) 离心叶轮优化前　　　　　　　　　　　　　(b) 离心叶轮优化后

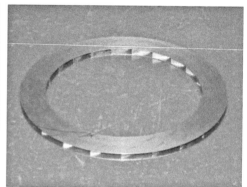

(c) 径向扩压器优化前　　　　　　　　　　　　(d) 径向扩压器优化后

图 8.27　基于多状态的优化试验件与原始试验件对比

节中的一致,此处不再赘述。

　　组合压气机气动性能试验录取了在相对换算转速为 0.5、0.6、0.7、0.75、0.8、0.85、0.9、0.95、1.0 下的特性线。每条特性线的录取,是将试验件转速稳定在对应转速下,通过调整试验件出口气流控制阀门的开度,采集压气机从堵点到喘点的各状态性能。其中,$n = 0.6$、0.7、0.9 转速下,录取特性线至喘点;其余转速下录取特性线至最高效率点,未逼喘。

　　图 8.28 给出了录取的相对换算转速为 0.5、0.6、0.7、0.75、0.8、0.85、0.9、0.95、1.0 下特性线的对比,由图 8.28 可知:1.0 转速下(最大转速状态),优化后堵点流量与优化前相当,最高压比比优化前高 2.4%(未逼喘,录取的最高压比),最高效率比优化前高 2.2%,设计点效率比优化前高 2.7%;0.9 转速下(巡航状态),优化后堵点流量比优化前高 0.9%,最高压比比优化前高 0.4%,最高效率比优化前高 1.7%,设计点效率比优化前高 1.8%;0.9 转速及以下,优化后堵点流量比优化前高 0.9%~2%,中低转速下(0.8 转速以下)压比略有降低,低转速下(0.6

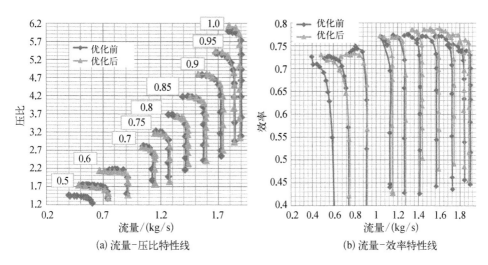

(a) 流量-压比特性线　　　　　　　　(b) 流量-效率特性线

图 8.28　优化前后气动性能试验结果对比

转速以下)效率略低于优化前。

图 8.29 给出了气动性能试验与计算结果对比。由图可知,性能曲线趋势一致,试验值略低于计算值。

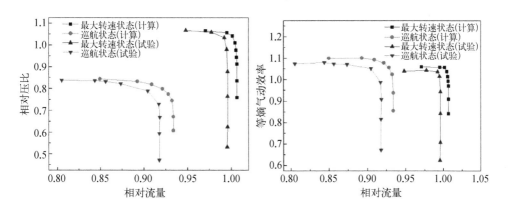

图 8.29　气动性能试验与计算结果对比

2. 结构强度试验验证

离心叶轮超转、破裂试验在立式轮盘超转试验器上完成,试验件安装照片如图 8.30 所示。

按照试验要求,将离心叶轮安装在试验器的试验仓内。在常温下将试验仓内的真空度抽至 400 Pa 以下,将离心叶轮加载至超转试验的试验转速,即 115% 物理转速,在此转速下稳定运行 300 s 后停车,超转试验结束。超转试验后离心叶轮的残余变形率 δ_b 为 0.003%,且经无损探伤检查未发现裂纹,离心叶轮通过超转试验考核。然后

图 8.30　超转、破裂试验件在试验器上的安装照片

将离心叶轮加载至破裂试验的试验转速,即 122% 物理转速,在此转速下稳定运行 30 s 后停车,破裂试验结束。破裂试验后离心叶轮未破裂,离心叶轮通过破裂试验考核。

8.4　多状态多学科设计优化组合压气机整机试验验证

在完成压气机多状态多目标优化及验证的基础上,对该涡喷发动机优化后的整机进行试验验证。整机试验中,离心压气机采用基于多状态的优化结果,其他零部件等除涡轮导向器面积外均不变。此次验证是更换优化前后重要部件(压气机)的整机性能对比试验,以此表明整机多学科设计优化方法在工程实际中的重要作用。

8.4.1　试验方案

1. 试验设备

多学科设计优化后组合压气机整机试验验证在某发动机整机试车台上进行,该试车台为 4 kN 推力级综合性喷气试车台,可完成某涡喷发动机的整机台架试车,车台主要技术指标如下:

(1) 最大测量推力为 4 000 N;

(2) 最大燃油供油量为 500 kg/h;

(3) 燃油供油压力为 0.015~0.3 MPa;

(4) 试车间最大空气流量为 10 kg/s;

(5) 起动供气压力为 0~1.0 MPa;

(6) 起动供气流量为 0.1 kg/s。

2. 测量参数

采用多学科设计优化前后的组合压气机分别安装某涡喷发动机进行整机试验

验证。整机试验测量参数包括发动机转速、燃油流量、压气机出口压力、流量管静压、排气温度、推力、进气温度、进气压力和振动等参数。主要测量参数及精度情况如表 8.8 所示。

表 8.8   主要测量参数及精度情况

序 号	参 数 名 称	代 号	数 量	精 度
1	发动机转速	n_g	1	±0.05%
2	燃油流量	W_f	1	±0.5%
3	压气机出口压力	P_{t3}	1	±0.1%
4	流量管静压	P_{s1}	4	±0.1%
5	排气温度	T_{t7}	3	±0.1%
6	推力	F	1	±0.5%
7	进气温度	T_{t1}	2	±0.5℃
8	进气压力	P_{t1}	1	±0.1%
9	振动	P_z	1	±3%

注：进气温度和进气压力采用大气温度、大气压力替代。

8.4.2   试验数据处理

1. 原始数据选取

选取发动机稳态时的物理转速 n_g、实测推力 F、实测排气温度 T_{t7}、实测耗油率 sfc、发动机进口空气流量 W_a，并对稳态数据进行算术平均，按数据换算公式换算至标准大气状态。

2. 性能计算

为了便于对比不同大气条件下的发动机性能，对选取的原始数据进行计算，获取标准大气状态的性能数据。

（1）转速。

$$n_{gc} = n_g \times \sqrt{\frac{288.15}{T_{t1}}} \tag{8.11}$$

$$n_{gcr} = \frac{n_g}{52\,000} \times \sqrt{\frac{288.15}{T_{t1}}} \tag{8.12}$$

式中, n_g 为发动机物理转速(r/min); n_{gc} 为发动机换算转速(r/min); n_{gcr} 为相对换算转速; T_{t1} 为发动机进气温度(K)。

（2）推力。

$$F_c = F \times \frac{0.101\,325}{P_{t1}} \tag{8.13}$$

式中, F 为发动机实测推力(N); F_c 为发动机换算推力(N); P_{t1} 为发动机进口压力(MPa)。

（3）耗油率。

$$sfc = \frac{W_f}{F} \tag{8.14}$$

$$sfc_c = sfc \times \sqrt{\frac{288.15}{T_{t1}}} \tag{8.15}$$

式中, W_f 为发动机实测燃油流量(kg/h); sfc 为实测耗油率(kg/(N·h)); sfc_c 为换算耗油率(kg/(N·h))。

（4）排气温度。

$$T_{t7c} = T_{t7} \times \frac{288.15}{T_{t1}} \tag{8.16}$$

式中, T_{t7} 为发动机实测排气温度(K); T_{t7c} 为换算排气温度(K)。

（5）进口空气流量。

$$W_{a1c} = W_{a1} \times \frac{0.101\,325}{P_{t1}} \times \sqrt{\frac{T_{t1}}{288.15}} \tag{8.17}$$

式中, W_{a1} 为发动机实测进口空气流量(kg/s); W_{a1c} 为发动机进口空气换算流量(kg/s)。

（6）压比。

$$\pi = \frac{P_{t3}}{P_{t1}} \tag{8.18}$$

8.4.3 试验结果分析

为降低进气温度对性能评判的影响,选取配装优化前后组合压气机并且大气温度较为接近的两次整机试验,按照数据换算公式对试验数据进行处理,见表8.9和表8.10。主要性能参数对比图见图8.31~图8.38。

表 8.9　优化前试验数据

试验条件：$T_H = 28.8℃$，$P_H = 100\,637\,Pa$，发动机无功率提取							
$n_g/(r/min)$	n_{gcr}	F_c/N	$T_{t7c}/℃$	$sfc_c/(kg/(N \cdot h))$	$W_{a1c}/(kg/s)$	$W_{fc}/(kg/min)$	π
41 998	0.789 0	404.0	418.1	0.135 4	1.311	0.912	3.261
46 799	0.879 2	626.8	474.6	0.118 6	1.600	1.239	4.165
49 396	0.927 7	789.1	528.4	0.117 5	1.743	1.546	4.729
50 180	0.942 7	843.5	548.5	0.116 8	1.784	1.643	4.920
51 220	0.962 1	918.2	578.1	0.117 5	1.836	1.798	5.166
51 989	0.976 5	973.3	602.0	0.118 0	1.873	1.915	5.353

表 8.10　优化后试验数据

试验条件：$T_H = 28.9℃$，$P_H = 100\,313\,Pa$，发动机无功率提取							
$n_g/(r/min)$	n_{gcr}	F_c/N	$T_{t7c}/℃$	$sfc_c/(kg/(N \cdot h))$	$W_{a1c}/(kg/s)$	$W_{fc}/(kg/min)$	π
41 998	0.788 6	408.8	396.6	0.113 8	1.364	0.774	3.354
46 799	0.878 9	629.4	471.6	0.104 4	1.647	1.095	4.259
49 400	0.927 9	791.2	528.7	0.104 0	1.791	1.373	4.838
50 177	0.942 3	842.4	544.5	0.104 8	1.830	1.469	5.003
51 216	0.962 1	907.9	567.7	0.105 8	1.875	1.599	5.217
51 997	0.975 9	944.8	583.4	0.106 8	1.895	1.682	5.315

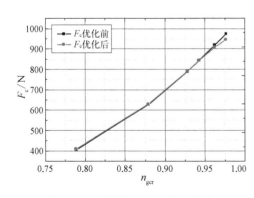

图 8.31　换算推力 F_c-相对换算
转速(n_{gcr})曲线

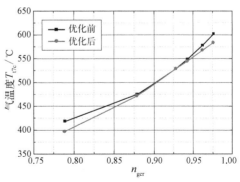

图 8.32　换算排气温度 T_{t7c}-相对
换算转速(n_{gcr})曲线

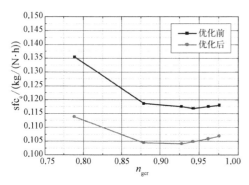

图 8.33　换算耗油率(sfc_c)-相对换算
转速(n_{gcr})曲线

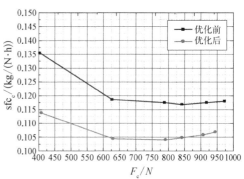

图 8.34　换算耗油率(sfc_c)-换算
推力变化(F_c)曲线

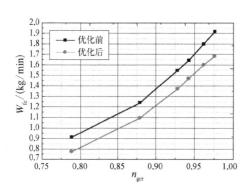

图 8.35　换算燃油流量(W_{fc})-相对换算
转速(n_{gcr})变化曲线

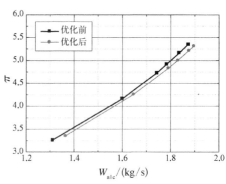

图 8.36　压气机压比(π)-压气机进口
换算流量(W_{a1c})曲线

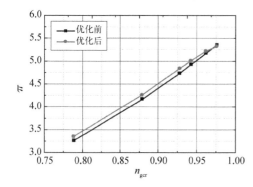

图 8.37　压气机压比(π)-相对换算
转速(n_{gcr})曲线

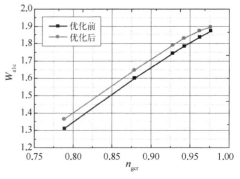

图 8.38　压气机进口换算流量(W_{a1c})-
相对换算转速(n_{gcr})曲线

对比组合压气机优化前后整机台架试车数据可以得出以下结论。

（1）组合压气机优化前后的推力基本相当，但优化后的耗油率明显下降，在相同转速下以及相同推力下，耗油率下降幅度为 9% ~ 16%；在 $n_{gcr} = 0.975$、$F_c =$ 945 N 时耗油率下降约为 9%。但是 $n_{gcr} > 0.95$ 后推力略低于优化前。这是由于压气机效率的提高，导致同样转速下所需的压气机功耗减小，同样转速下进气空气流量增加，而由于压气机效率的提高，排气温度则有所降低。由于原涡轮导向器及喷口面积未进行相应调整，在 $n_{gcr} = 0.95$ 之前，流量上升趋势较为明显，对推力影响不大；但 $n_{gcr} = 0.95$ 之后，流量上升趋势变缓，而排气温度却仍在降低，从而导致推力上升速率减缓。值得说明的是，排气温度仅有 3 支单点并联，可能存在一定的测量误差。

（2）还可从图 8.37 看出，$n_{gcr} = 0.975$ 之后优化后的压比小于优化前。从压气机部件试验结果来看，优化后压比略有升高，这说明在整机中未充分发挥优化改进后压气机的潜能。这也是因为此次试验串装的喷管出口面积没有改变，导致面积在配装优化后压气机的整机中匹配性不是很好。因此，后续可考虑进一步优化尾喷管面积，以进一步提高压气机压比，从而进一步提高推力。

（3）本章未再对燃烧室、涡轮进行新的优化，因此对整机优化效果有所影响。

参考文献

米栋,2004.航空发动机压气机叶片多学科设计优化技术研究[D].北京：中国航空研究院.

尹泽勇,米栋,2015.航空发动机多学科设计优化[M].北京：航空航天大学出版社.

张立章,尹泽勇,米栋,等,2017.基于本征正交分解的离心压气机多学科设计优化[J].推进技术,38(2)：323-333.

张煜东,霍元凯,吴乐南,等,2010.降维技术与方法综述[J].四川兵工学报,31(10)：1-10.

My-Ha D, Lim K, Khoo B, et al., 2007. Real-time optimization using proper orthogonal decomposition: Free surface prediction due to underwater bubble dynamics[J]. Computers and Fluids, 36(3): 499-512.

Zhang L Z, Mi D, Yan C, et al., 2018. Multidisciplinary design optimization for a centrifugal compressor based on proper orthogonal decomposition and an adaptive sampling method[J]. Applied Sciences, 8(12): 2608.

第9章
直升机传动系统主减速器
主传动链多学科设计优化

9.1 概　　述

　　直升机传动系统与发动机、旋翼系统并称直升机三大关键动部件,它的功用是将发动机的功率按一定的比例传送至主旋翼、尾桨和各附件(如液压泵、交流发电机、风扇等),同时承受来自发动机、旋翼和尾桨的复杂载荷。传动系统具有单机配套的特点,即一个型号直升机传动系统通常无法与另一型号直升机传动系统通用,并且其结构复杂紧凑、传动链长、传递功率大、轴速比高、各运动副间产生大量热量("干运转"时尤其严重),可以说直升机的性能在很大程度上也取决于传动系统的性能。图 9.1 为典型直升机传动系统构型示意图。

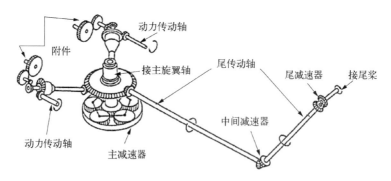

图 9.1　典型直升机传动系统构型示意图

　　直升机传动系统一般由"三轴三器"组成,即主旋翼轴、动力传动轴、尾传动轴、主减速器、中间减速器、尾减速器。主减速器是传动系统的核心部件,其作用是将一台发动机功率或多台发动机合并功率按需要分别传给主旋翼、尾桨和各个附件,以保证直升机正常工作。图 9.2 为某主减速器传动示意图,左右两部分对称。直升机使用的发动机转子的转速通常比较高,旋翼及尾桨的转速很低,因此其主减速器的减速比很大,结构也复杂。

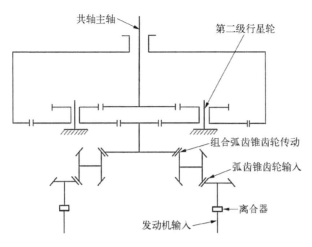

图 9.2　主减速器传动示意图

本章以传递功率为 2 000 kW 级的某直升机传动系统主减速器的主传动链为例,考虑结构、机械传动、传热、强度及寿命 5 门学科,进行多学科设计优化。整个优化过程采用协作优化方法,采用基于 Pareto 解的方法来处理多目标优化问题。作为对比,在 MDO 策略不变的前提下,也分别采用主目标函数法、固定权系数加权求和法及变权系数加权求和法进行求解,以进行比较。

9.2　系　统　分　解

对某直升机传动系统主减速器的主传动链进行 MDO 系统分解,该主减速器传动链由三级减速传动组成,即第一级螺旋锥齿轮传动、第二级螺旋锥齿轮传动和第三级行星齿轮(又称行星轮)传动。行星齿轮通过安装盘固定在主旋翼轴上。该主传动链为左右对称结构,图 9.3 中未示出左侧的第一级螺旋锥齿轮传动和第二

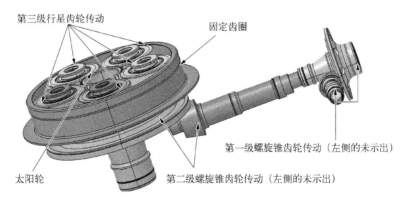

图 9.3　主传动链结构示意图

级螺旋锥齿轮传动的小齿轮。

对于该主传动链,其设计所涉及的学科主要包括结构、机械传动、传热、强度及寿命。如前所述,该主传动链由三级减速传动组成,这里采用 CO 方法将其分为一个系统及三个子系统:第一级螺旋锥齿轮传动子系统、第二级螺旋锥齿轮传动子系统和第三级行星齿轮传动子系统。具体的多学科设计优化流程都在 9.3.2 节中与各个数学建模情况一起进行介绍。

9.3   系 统 建 模

9.3.1   MDO 物理建模

1. 结构质量

结构设计的一项重要工作是利用有代表性的结构造型参数,如齿数、模数、齿宽等,建立所需的齿轮几何模型。

评价直升机传动系统性能的优劣常采用"功质比"(功率与质量之比,又称为质量系数),功质比越大,传动系统性能越好。设计优化过程中利用几何模型对质量进行估算,及时了解设计参数的变化对质量的影响,可以保持传动系统质量最轻。质量估算的方法有四种:威利斯法、波音法、RTL 法和季申科法。本章采用威利斯法进行质量估算。

威利斯法又称为实体转子体积法,它提供了一种估计直升机传动系统质量和在多级传动中选择最优传动比的简单方法,该方法认为齿轮皆为实体结构,每一个齿轮的实心体积取决于所传递的转矩,传动系统所有齿轮的总体积乘以材料密度即可获得传动系统的质量。

一对圆柱齿轮的体积可用齿宽 b 与小齿轮的分度圆直径 d_1 的平方表示,即

$$V_1 = \frac{\pi}{4} b d_1^2 (k_{vp} + i^2 k_{vg}) \tag{9.1}$$

式中,i 为传动比;k_{vp}、k_{vg} 分别为小齿轮和大齿轮结构上与圆柱体差别造成的体积减小系数,一般取 $k_{vp} = 0.8$,$k_{vg} = 0.5$。

由一对齿轮的接触强度公式

$$\sigma_H = \sqrt{\frac{2KT_1}{bd_1^2 \varepsilon_\alpha} \frac{i+1}{i}} Z_H Z_E \leqslant [\sigma_H] = \frac{\sigma_{Hlim} K_{HN}}{S_H} \tag{9.2}$$

变换得到

$$bd_1^2 = \frac{2KT_1}{\varepsilon_\alpha} \frac{i+1}{i} \left(\frac{Z_H Z_E S_H}{\sigma_{Hlim} K_{HN}} \right)^2 \tag{9.3}$$

式中，K 为载荷系数；T_1 为输入转矩（N/m），其计算公式为 $T_1 = 9\,550\dfrac{P}{n}$；ε_α 为端面重合度；Z_H 为接触区域系数；Z_E 为材料弹性系数；S_H 为接触强度安全系数；K_{HN} 为寿命系数；$\sigma_{H\lim}$ 为接触强度极限应力。

代入式（9.1）得

$$V_1 = \frac{\pi}{4}bd_1^2(k_{vp} + i^2 k_{vg}) = \frac{\pi K T_1}{2\varepsilon_\alpha}\,\frac{i+1}{i}\left(\frac{Z_H Z_E S_H}{\sigma_{H\lim} K_{HN}}\right)^2(k_{vp} + i^2 k_{vg}) \quad (9.4)$$

考虑航空齿轮特点，式（9.4）中参数取值如下：

$K = 1.4$，$\varepsilon_\alpha = 1.4$，$Z_H = 2.5$，$Z_E = 189.8$，$S_H = 1.2$，$K_{HN} = 1.0$，$\sigma_{H\lim} = 1\,600\,\mathrm{MPa}$，代入式（9.4）得

$$V_1 = 1\,898.88(0.8 + i^2 0.5)\left(\frac{i+1}{i}\right)\frac{P}{n}\ \mathrm{mm}^3 \quad (9.5)$$

最后可得一对圆柱齿轮传动的质量为 $W = \rho V_1$，ρ 为齿轮材料密度。

采用类似方法可以得到圆锥齿轮的质量计算公式，这样可以得到整个主传动链的质量。具体方法不再赘述，有兴趣的读者可以查看相应参考书。

2. 机械传动

机械传动分析的工作是通过计算平均滑动摩擦功率损失、平均滚动摩擦功率损失、风阻损失及搅油损失，获得各齿轮传动的传动效率。对于行星轮系，在求得各齿轮传动的传动效率后，按照定轴轮系的串并联关系计算整个轮系的效率。基于上述方法，开发了主减速器效率计算软件 Gear_eff.exe。

下面以圆柱齿轮传动效率计算为例，简要阐述其计算方法，弧齿锥齿轮和行星齿轮传动效率计算与之类似，这里不再赘述，有兴趣的读者可查阅相应的参考文献。

对于单对齿轮传动，其功率损失包括摩擦损失、风阻损失、搅油损失。在齿轮的功率损失中，轮齿的摩擦损失在低速和中速齿轮中是主要因素，风阻损失在高速齿轮系统中随速度的提高逐渐增强，增加了功率损失。以下对功率损失中影响最严重的摩擦损失和气-油混合物黏性阻尼功率损失进行重点叙述。

1）轮齿接触分析与承载接触分析

轮齿接触分析（tooth contact analysis，TCA）主要用于分析两圆柱渐开线齿轮的啮合过程，获得两齿面的接触路径和传递误差曲线。齿轮承载接触分析主要用于求解齿面各啮合位置的曲率、运动速度和齿面的载荷分布，为求解齿面摩擦力奠定基础，其计算流程如图9.4所示。

2）摩擦系数计算

对于圆柱齿轮的啮合过程，采用"闪温法"计算齿轮啮合承载中的摩擦系数。

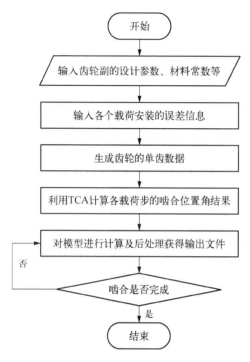

图 9.4　轮齿承载接触分析流程图

对于带状和近似带状的赫兹接触区和足够高的"佩克莱数"(对流速率与扩散速率之比)为特征的工作条件,该方法是有效的。

由于计算开始时不知道本体温度(即添加润滑油后的齿面胶合温度),所以通常工作条件下的平均摩擦系数 μ_m 可用式(9.6)计算:

$$\mu_\mathrm{m} = 0.060\left(\frac{\omega_\mathrm{Bt}}{V_{\mathrm{g}\sum\mathrm{C}} \cdot \rho_\mathrm{relC}}\right)^{0.2} X_\mathrm{L} X_\mathrm{R}$$
$$(9.6)$$

式中,ω_Bt 为切向单位载荷(N/mm);$V_{\mathrm{g}\sum\mathrm{C}}$ 为节点的切向速度之和(m/s);ρ_relC 为端面相对曲率半径(mm);X_L 为润滑度系数;X_R 为粗糙度系数。

3) 摩擦效率计算

通常的齿轮摩擦效率是指齿轮啮合过程中的平均摩擦效率。摩擦效率包括滑动摩擦效率和滚动摩擦效率,但是滚动摩擦效率损失往往太小而被忽略。瞬时滑动摩擦功率 P_f 损失如下:

$$P_\mathrm{f} = F_\mathrm{n} \mu V_\mathrm{S}$$
$$(9.7)$$

式中,F_n 为啮合点的法向压力,该值通过轮齿承载接触分析获得;μ 为齿轮啮合过程中的平均摩擦系数;V_S 为啮合点对应的滑动速度。

在获得齿轮的瞬时摩擦功率损失的基础上,可求得平均摩擦功率损失,即通过沿啮合线对瞬时摩擦功率积分获得:

$$P_\mathrm{m} = \frac{1}{B_1 B_2}\int_0^{B_1 B_2} P_f(x)\,\mathrm{d}x$$
$$(9.8)$$

从而可求得平均摩擦效率值 η_m 为

$$\eta_\mathrm{m} = \frac{P_\mathrm{m}}{P_\mathrm{in}}$$
$$(9.9)$$

式中,P_in 为输入功率(kW)。

4) 气-油混合物功率损失计算

气-油混合物功率损失主要是由于气-油混合物连续地压缩与膨胀而生成

热,从而造成能量的损失,整个能量的损失对应压缩和膨胀两个阶段的能量交换。

这里采用 Anderson - Loewenthal 提出的高速情况下圆柱齿轮中的空气和润滑油混合物在机匣中的循环流动造成的功率损失公式,即气-油功率损失 P_i 按式 (9.10)计算:

$$P_i = C_1 \left(1 + 2.3 \frac{b_i}{R_i} \right) \cdot N_i^{2.8} \cdot R_i^{4.6} \cdot (0.028 \mu_i + C_2)^{0.2} \tag{9.10}$$

式中, P_i 为齿轮 i 的功率损失(kW); $C_1 = 2.82 \times 10^{-7}$ (S.I); $C_2 = 0.019$ (S.I); b_i 为齿轮齿宽(m); N_i 为齿轮 i 的转速(r/min); μ_i 为润滑油的动力黏度(Pa·s) (这里的润滑油动力黏度与摩擦系数公式中的动力黏度相同); R_i 为齿轮 i 的节径(m)。

5) 圆柱齿轮的传动效率

根据上述计算,圆柱齿轮的平均传动效率 η 为

$$\eta = \frac{P_{\text{out}}}{P_{\text{in}}} = \frac{P_{\text{in}} - \left(\sum P_i + P_{\text{m}} \right)}{P_{\text{in}}} = 1 - \frac{\sum P_i + P_{\text{m}}}{P_{\text{in}}} \tag{9.11}$$

式中, P_{out} 为输出功率(kW); $\sum P_i$ 为相互啮合的两个圆柱齿轮的气-油功率损失; P_{m} 为两齿轮啮合过程中的摩擦功率损失。

6) 弧齿锥齿轮的传动效率

弧齿锥齿轮的平均传动效率 η 为

$$\eta = \frac{P_2}{P_1} = \frac{P_1 - \left(\overline{P_{\text{f}}} + \overline{P_{\text{r}}} + \overline{P_{\text{w}}} \right)}{P_1} = 1 - \frac{\overline{P_{\text{f}}} + \overline{P_{\text{r}}} + \overline{P_{\text{w}}}}{P_1} \tag{9.12}$$

式中, P_1 为输入功率(kW); P_2 为输出功率(kW); $\overline{P_{\text{f}}}$ 为平均滑动摩擦功率损失; $\overline{P_{\text{r}}}$ 为啮合周期内的平均滚动摩擦功率损失(kW); $\overline{P_{\text{w}}}$ 为啮合周期内的平均风阻功率损失(kW)。

3. 传热分析

主减速器主传动链中齿轮传动、轴承、密封圈等由于摩擦、风阻等功率损失而产生大量的热,必须采用润滑油进行润滑、冷却以减小摩擦,降低环境和本体温度。开展主减速器主传动链及其关重件的热分析,不仅可以预测主减速器主传动链工作的可靠性,还可以为主减速器润滑系统的设计提供可靠依据。

热分析的工作是对齿轮传动在给定润滑条件下的温度场进行分析。本节建立零件表面对流换热系数的计算模型及热传递网络,列出并求解稳态热平衡方程式,

得到相应的温度场。利用 MATLAB 语言开发了求解系统温度的计算程序 Gear_ heat. exe,计算步骤如下。

1) 温度节点的布置及热网络模型建立

在计算稳态温度场时,为了简化问题,突出重点,进行如下假设:

(1) 传热过程为稳态;

(2) 忽略辐射传热,因为传动系统内零部件之间温差低于 200℃;

(3) 传动系统内金属零部件导热材料是各向同性的;

(4) 传动系统内油-气混合物为同一温度,机匣外空气取同一温度及流速;

(5) 各齿轮轮齿具有相同温度。

应尽可能地将温度节点布置在能准确反映润滑油与齿轮、轴承、机匣、轴等各部分接触处的关键位置上。主减速器温度节点分布图如图 9.5 所示,共 93 个节点。

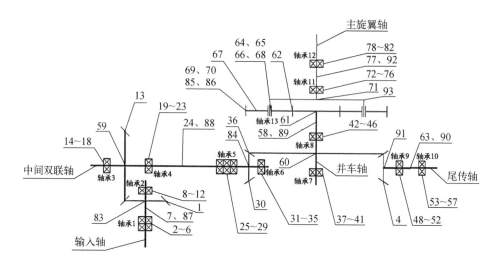

图 9.5　主减速器温度节点分布图

根据图 9.5 及系统内的热流关系,将 93 个温度节点与传导热阻和对流热阻相连接,即可形成热网络图。

2) 热平衡方程组的建立

在稳态传热过程中,流入某个温度节点的热流量等于流出该节点的热流量。基于这一能量平衡原理并参照热网络图,可得热平衡方程组:

$$[A]_{n\times n}\{x\}_{n\times 1}=\{B\}_{n\times 1} \tag{9.13}$$

式中,$\{x\}_{n\times 1}$ 为节点温度向量,$\{x\}_{n\times 1}=\{T_1, T_2, \cdots, T_{93}\}^{\mathrm{T}}$;$[A]_{n\times n}$ 为节点温度系数矩阵,由相关热阻 R 表示;$\{B\}_{n\times 1}$ 为节点的发热量。

由式（9.13）可知，一旦热阻值、节点发热量及边界温度条件值确定，可在 MATLAB 中求解此线性方程组，获得各个温度节点值。

3）热阻计算

热阻是热分析过程中的重要参数，它反映了零部件阻碍热量传递的能力，也反映了零部件之间传热能力的强弱。在热网络法中，热量的传导与电学中电荷的迁移相似。

不同的传热形式，热阻的确定方法也不相同，但对于热传导及对流换热，其热阻均可分为平面与圆柱面两种情况：

（1）平面导热热阻。

$$R = \frac{L}{kA} \tag{9.14}$$

式中，L 为特征长度（m）；k 为导热系数（W/(m·K)）；A 为与传热方向垂直的壁面面积。

（2）圆柱面导热热阻。

$$R = \frac{\ln(r_2/r_1)}{2\pi Lk} \tag{9.15}$$

式中，r_1、r_2 为圆柱内外壁直径（m）。

（3）平面对流换热热阻。

$$R = \frac{1}{hA} \tag{9.16}$$

式中，h 为对流换热系数（W/(m²·K)）；A 为对流换热面积（m²）。

（4）圆柱面对流换热热阻。

$$R = \frac{1}{2\pi rhL} \tag{9.17}$$

式中，r 为圆柱直径（m）。

4）功率损失计算

功率损失计算包括齿轮传动的功率损失计算和轴承的功率损失计算，计算方法前面已进行阐述。

5）对流换热系数的计算模型

主减速器主传动链中零部件之间的热传导计算可以近似采用一维稳态导热公式，热辐射量很小，可以忽略，对流换热是计算重点。

（1）齿轮齿面与润滑油的受迫对流换热系数。

对于齿轮与润滑油以及油-气混合物之间的对流换热，采用近似计算来确定轮齿表面的换热系数：

$$\alpha_i = 0.228Re^{0.731}Pr^{0.333}\frac{K_o}{L_i}, \quad i = 1, 13, 21, 29 \tag{9.18}$$

式中，K_o 为润滑油导热系数；L_i 为定型尺寸（齿轮取其分度圆直径）；Re 为雷诺数；Pr 为润滑油普朗特数。

（2）轴承与润滑油之间的受迫对流换热系数。

滚子、保持架、内外圈滚道以及轴承内壁与润滑油进行热交换时的对流换热系数为

$$\alpha_i = 0.332K_o P_r^{1/3}\left(\frac{u}{v_o x}\right)^{1/2}, \quad i = 2, 3, 8, 9, 16, 17, 24, 25, 32, 33, 37, 38 \tag{9.19}$$

式中，u 为保持架表面速度；x 为轴承节圆直径。

（3）机匣内有关表面与油-气混合物的受迫对流换热系数。

$$\alpha_i = 0.332K_m Pr^{1/3}Re^{1/2}/L_i, \quad i = 6, 7, 12, 20, 22, 28, 30, 36, 41 \tag{9.20}$$

式中，K_m 为油-气混合物导热系数。

（4）旋转轴与油-气混合物的受迫对流换热系数。

减速器各级轴上主要热源有齿轮和轴承，产生的热量分三路散发：一是通过轴承外圈和机匣向机匣外散热；二是被润滑油直接带走；三是通过旋转轴表面向机匣内的油-气混合物散发。旋转轴表面的对流换热系数尚无经验公式，可根据实际情况适当取值。

（5）机匣外表面与空气之间的受迫对流换热系数。

减速器机匣表面的热交换由三部分组成：机匣内润滑油以及油-气混合气体与内表面之间的对流传热，机匣的导热，机匣外壁向外部冷流体散热。

减速器机匣表面的对流换热系数与机匣的结构、材质、壁厚等参数有关。近似的减速器机匣内壁面与润滑油的对流换热系数计算公式为

$$\alpha_i = 0.3XK_a Re^{0.57}/L_i, \quad i = 43, 44, 45, 46, 47 \tag{9.21}$$

式中，X 取值为 1.5；K_a 为空气导热系数。

4. 强度、寿命分析

采用常规方法对齿轮弯曲疲劳强度、接触疲劳强度和啮合疲劳强度进行计算，并结合工程经验进行修正。采用三维有限元法对齿轮辐板进行应力计算，并

根据应力-寿命曲线,按齿轮辐板最大当量应力进行疲劳寿命计算,在此不进行详述。

1) 轮齿齿面接触疲劳强度

轮齿齿面接触疲劳应力 σ_H 按式(9.22)计算:

$$\sigma_H = 189.8 \sqrt{\frac{F_t}{b\cos\alpha_t} \cdot \frac{I \cdot k_d}{\rho_c}} \tag{9.22}$$

接触疲劳强度条件:

$$\sigma_H \leqslant \sigma_{HP} \tag{9.23}$$

式中, F_t 为分度圆上名义切向力(N); b 为工作齿宽,取两齿轮中的较小值(mm); α_t 为分度圆端面压力角(°); I 为几何系数; σ_{HP} 为许用轮齿齿面接触疲劳应力(MPa); ρ_c 为综合曲率半径(mm); k_d 为综合载荷系数。

对于直齿圆柱齿轮,有

$$I = 0.5 \times \frac{u_n}{u_n \pm 1}\cos\alpha_t\sin\alpha_t \tag{9.24}$$

对于斜齿圆柱齿轮,有

$$I = 0.5 \times \frac{u_n}{u_n \pm 1} \times 0.95L/P_{bn}\cos\alpha_t\sin\alpha_t \tag{9.25}$$

式中, u_n 为大齿轮齿数与小齿轮齿数之比; L 为啮合线长度(mm); P_{bn} 为法向基节(mm)。

2) 轮齿齿根弯曲疲劳强度

轮齿齿根弯曲疲劳应力 σ_F 按式(9.26)计算:

$$\sigma_F = \frac{F_t K_A K_V K_{F\beta} Y_X}{bm_t J} \tag{9.26}$$

齿根弯曲疲劳强度条件:

$$\sigma_F \leqslant \sigma_{FP} \tag{9.27}$$

式中, Y_X 为尺寸系数; K_A、K_V、$K_{F\beta}$ 分别为使用系数、动载系数、齿向载荷分布系数; m_t 为大端法面模数; J 为几何系数; σ_{FP} 为许用轮齿齿根弯曲疲劳应力(MPa)。

3) 啮合强度

啮合指数 SI 按式(9.28)计算:

$$SI = 1.645\,35(k \times f_t/b)^{0.75} n_{z1}^{0.5} m_t^{0.25} \tag{9.28}$$

式中，k 为载荷分担系数；f_t 为圆周力(N)；b 为有效齿宽(mm)；n_{z1} 为小齿轮转速(r/min)；m_t 为端面模数(mm)。

9.3.2　MDO 数学建模

在本章前面已经指出，采用 CO 方法进行 MDO，包括一个系统级及三个子系统级优化，它们具有各自的优化器和分析模型，具体优化流程见图 9.6。在整个学科

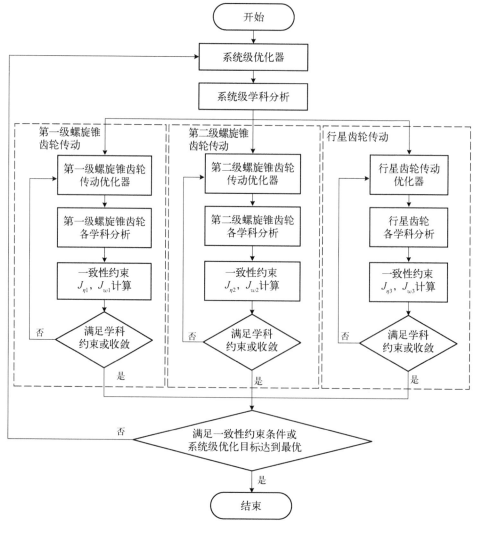

图 9.6　某主传动链构型 MDO 流程图

设计优化过程中,一共包含 19 个设计变量、27 个约束条件、8 个优化目标。

1. 系统级优化数学模型

图 9.7 示出了系统级优化流程,系统级的 2 个优化目标及 2 个设计变量、6 个约束条件分别见表 9.1~表 9.3。行星齿轮传动的传动比 i_3 由式(9.29)计算得到。$J_{\eta1}$、$J_{\eta2}$、$J_{\eta3}$、J_{w1}、J_{w2}、J_{w3} 为一致性约束条件,其表达式如式(9.30)和式(9.31)所示,上标(t)表示系统级优化传给子系统级优化的参数。

$$i_3 = \frac{i}{i_1 \cdot i_2} \tag{9.29}$$

$$J_{\eta i} = (\eta_i^{(t)} - \eta_i)^2, \ i = 1, 2, 3 \tag{9.30}$$

$$J_{w i} = (w_i^{(t)} - w_i)^2, \ i = 1, 2, 3 \tag{9.31}$$

系统级优化的优化目标是输入功率不变这一前提下的总传动效率和总传动齿轮质量。值得指出的是,由于传动效率和传动齿轮质量的数量级不同,应对它们进行归一化处理。

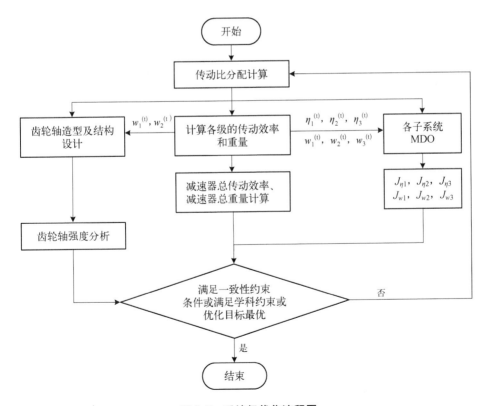

图 9.7　系统级优化流程图

表 9.1　系统级的优化目标列表

		优 化 目 标		
序　号	符　号	名　　称	单　位	目标类型
1	η	总传动效率	—	max
2	w	总传动齿轮重量	kg	min

表 9.2　系统级的设计变量列表

		设 计 变 量			
序　号	符　号	名　　称	单　位	初始值	变化范围
1	i_1	第一级螺旋锥齿轮传动比	—	2.93	2.5~3.4
2	i_2	第二级螺旋锥齿轮传动比	—	5.11	4.5~5.5

表 9.3　系统级的约束条件列表

			约 束 条 件		
序　号	符　号	约束	名　　称	单位	变化范围
1	$J_{\eta 1}$		第一级螺旋锥齿轮传动效率差值	—	$\leqslant 10^{-6}$
2	$J_{\eta 2}$		第二级螺旋锥齿轮传动效率差值	—	$\leqslant 10^{-6}$
3	$J_{\eta 3}$	一致性约束	行星齿轮传动效率差值	—	$\leqslant 2.5\times 10^{-5}$
4	J_{w1}		第一级螺旋锥齿轮传动重量差值	—	$\leqslant 10^{-6}$
5	J_{w2}		第二级螺旋锥齿轮传动重量差值	—	$\leqslant 2.5\times 10^{-5}$
6	J_{w3}		行星齿轮传动重量差值	—	$\leqslant 2.5\times 10^{-5}$

2. 第一级螺旋锥齿轮优化数学模型

图 9.8 示出了第一级螺旋锥齿轮子系统优化流程图,第二级螺旋锥齿轮、行星齿轮子系统优化流程与之一致,不再给出。选取对齿轮传动效率、齿轮质量和强度影响较大的全部齿数、模数、齿宽、压力角、螺旋角为设计变量。约束条件包括齿轮满足啮合条件限制(如啮合齿轮传动无公因子等)、齿轮弯曲强度安全系数、齿轮接触强度安全系数、齿轮啮合承载能力安全系数、齿轮低循环疲劳寿命、齿轮本体温度。这一级子系统的优化目标是使所获得的传动效率和质量与系统级分配的相应指标值的差最小。第一级螺旋锥齿的 2 个优化目标及 5 个设计变量、6 个约束条件分别见表 9.4~表 9.6。

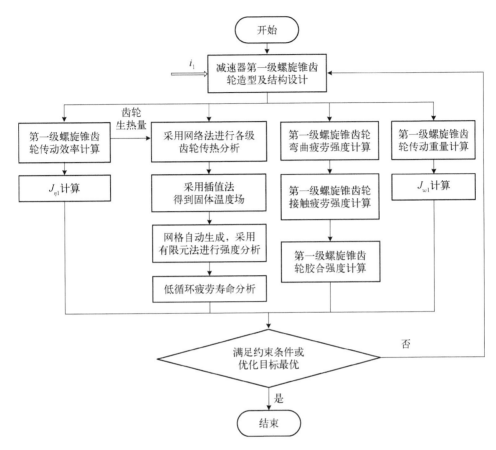

图 9.8　第一级螺旋锥齿轮子系统级优化流程图

表 9.4　第一级螺旋锥齿轮的优化目标列表

优　化　目　标				
序　号	符　号	名　称	单　位	目标类型
1	$J_{\eta 1}$	第一级螺旋锥齿轮传动效率差值	—	min
2	J_{w1}	第一级螺旋锥齿轮传动重量差值	—	min

表 9.5　第一级螺旋锥齿轮的设计变量列表

设　计　变　量					
序　号	符　号	名　称	单　位	初始值	变化范围
1	Z_{s1}	第一级锥齿轮小轮齿数	—	27	20~30
2	b_1	第一级锥齿轮齿宽	mm	31	29~33

设 计 变 量					
序　号	符　号	名　　称	单　位	初始值	变化范围
3	m_1	第一级锥齿轮模数	—	3.15	3~3.3
4	a_1	第一级锥齿轮压力角	(°)	22.5	20~25
5	β_1	第一级锥齿轮螺旋角	(°)	30	27~33

表 9.6　第一级螺旋锥齿轮的约束条件列表

约 束 条 件				
序　号	符　号	名　　称	单　位	变化范围
1	Z_{11}/Z_{s1}	第一级锥齿轮传动公因子	—	非整数
2	S_{H1}	第一级锥齿轮接触疲劳强度安全系数	—	≥1.12
3	S_{F1}	第一级锥齿轮弯曲疲劳强度安全系数	—	≥1.25
4	S_{B1}	第一级锥齿轮啮合强度安全系数	—	≥1.3
5	N_{Lcf1}	第一级锥齿轮低循环疲劳寿命	次	≥6 000
6	T_{1max}	第一级锥齿轮本体最高温度	℃	≤200

3. 第二级螺旋锥齿轮优化数学模型

第二级螺旋锥齿轮的 2 个优化目标及 5 个设计变量、6 个约束条件分别见表 9.7~表 9.9。

表 9.7　第二级螺旋锥齿轮的优化目标列表

优 化 目 标				
序　号	符　号	名　　称	单　位	目标类型
1	$J_{\eta 2}$	第二级螺旋锥齿轮传动效率差值	—	min
2	J_{w2}	第二级螺旋锥齿轮传动重量差值	—	min

表 9.8　第二级螺旋锥齿轮的设计变量列表

设 计 变 量					
序　号	符　号	名　　称	单　位	初始值	变化范围
1	Z_{s2}	第二级锥齿轮小轮齿数	—	19	15~25
2	b_2	第二级锥齿轮齿宽	mm	54	50~60

设　计　变　量					
序　号	符　号	名　　称	单　位	初始值	变化范围
3	m_2	第二级锥齿轮模数	—	5.2	5~5.5
4	a_2	第二级锥齿轮压力角	(°)	20	20~25
5	β_2	第二级锥齿轮螺旋角	(°)	30	30~35

表 9.9　第二级螺旋锥齿轮的约束条件列表

约　束　条　件				
序　号	符　号	名　　称	单　位	变化范围
1	Z_{12}/Z_{s2}	第二级锥齿轮传动公因子	—	非整数
2	S_{H2}	第二级锥齿轮接触疲劳强度安全系数	—	≥1.12
3	S_{F2}	第二级锥齿轮弯曲疲劳强度安全系数	—	≥1.25
4	S_{B2}	第二级锥齿轮啮合强度安全系数	—	≥1.3
5	N_{Lcf2}	第二级锥齿轮低循环疲劳寿命	次	≥6 000
6	T_{2max}	第二级锥齿轮本体最高温度	℃	≤200

4. 行星齿轮优化数学模型

行星齿轮的 2 个优化目标及 7 个设计变量、9 个约束条件分别见表 9.10~表 9.12。

表 9.10　行星齿轮的优化目标列表

优　化　目　标				
序　号	符　号	名　　称	单　位	目标类型
1	$J_{\eta 3}$	行星齿轮传动效率差值	—	min
2	J_{w3}	行星齿轮传动重量差值	—	min

表 9.11　行星齿轮的设计变量列表

设　计　变　量					
序　号	符　号	名　　称	单　位	初始值	变化范围
1	Z_{g3}	太阳轮齿数	—	35	30~40
2	Z_{p3}	行星轮齿数	—	43	40~50

续 表

设 计 变 量					
序 号	符 号	名 称	单 位	初始值	变化范围
3	b_{g3}	太阳轮齿宽	mm	60	50~70
4	b_{p3}	行星轮齿宽	mm	58	50~70
5	m_{gp3}	太阳轮-行星轮基圆模数	—	4.103	4~4.2
6	m_{pc3}	行星轮-固定齿圈基圆模数	—	3.902	3.8~4
7	a_{gp3}	太阳轮-行星轮基圆压力角	(°)	23.623 2	23~24.5

表 9.12 行星齿轮的约束条件列表

约 束 条 件				
序 号	符 号	名 称	单 位	变化范围
1	Z_{c3}/Z_{p3}	行星齿轮传动公因子	—	非整数
2	Z_{g3}/n_p	太阳轮齿数与行星轮个数之比	—	非整数
3	Z_{p3}/n_p	行星轮齿数与行星轮个数之比	—	非整数
4	a_{gp3}	太阳轮-行星轮压力角	(°)	≤25
5	S_{H3}	行星齿轮接触疲劳强度安全系数	—	≥1
6	S_{F3}	行星齿轮弯曲疲劳强度安全系数	—	≥1.25
7	S_{B3}	行星齿轮啮合强度安全系数	—	≥1.3
8	N_{Lcf3}	行星齿轮低循环疲劳寿命	次	≥6 000
9	T_{3max}	行星齿轮本体最高温度	℃	≤200

9.4 系 统 求 解

　　针对主传动链多学科多目标优化问题,采用传统多目标优化方法和智能多目标优化方法进行求解。前者通常将多目标优化问题转化为单目标优化问题,再通过单目标优化方法求解得到一个最优解,解的效果依赖设计者的经验,而后者通常可以得到一组非劣解,即 Pareto 解集,以供设计者选择。这里对比了主目标函数法、固定权系数加权求和法及变权系数加权求和法三种传统多目标优化方法,并选择基于切比雪夫的 MOEA/D 与之对比。根据 4.4.2 节内容,基于切比雪夫的 MOEA/D 与传统多目标优化方法相似,都是将多目标优化问题采用线性或非线性的方式聚合成单目标优化问题,与传统多目标优化方法不同的是,MOEA/D 结合了进化算法,通过生成权值向量的种群得到多个单目标问题,从而逼近 Pareto 解前沿。

下面针对主目标函数法、固定权系数加权求和法及变权系数加权求和法进行具体说明。

9.4.1　主目标函数法

如 4.3.1 节所述,主目标函数法的基本设想是:在极小化的各目标函数中,选择其中之一作为目标函数,而将其余目标函数分别赋值,降为约束条件,构成新的单目标函数极小化模型,然后求解。对于本章的直升机传动系统主减速器主传动链,以传动效率 η 为目标函数,质量 w 降为约束条件,且要小于某个指标 C_1,即其优化问题可简述为

$$\min_{X \in D \subset \mathbf{R}^n} \eta(X), \ \boldsymbol{X} = [x_1, \ x_2, \ \cdots, \ x_n]^T \tag{9.32}$$

$$\boldsymbol{D} = \begin{cases} w \leqslant 98 \\ J_{\eta 1} \leqslant 10^{-6} \\ J_{\eta 2} \leqslant 10^{-6} \\ J_{\eta 3} \leqslant 2.5 \times 10^{-5} \\ J_{w1} \leqslant 10^{-6} \\ J_{w2} \leqslant 2.5 \times 10^{-5} \\ J_{w3} \leqslant 2.5 \times 10^{-5} \end{cases}$$

另外,对于本章的直升机传动系统主减速器主传动链,也可以质量 w 为目标函数,传动效率 η 降为约束条件,且要小于某个指标 C_1,即其优化问题可简述为

$$\min_{X \in D \subset \mathbf{R}^n} w(X), \ \boldsymbol{X} = [x_1, \ x_2, \ \cdots, \ x_n]^T \tag{9.33}$$

$$\boldsymbol{D} = \begin{cases} \eta \leqslant 0.9674 \\ J_{\eta 1} \leqslant 10^{-6} \\ J_{\eta 2} \leqslant 10^{-6} \\ J_{\eta 3} \leqslant 2.5 \times 10^{-5} \\ J_{w1} \leqslant 10^{-6} \\ J_{w2} \leqslant 2.5 \times 10^{-5} \\ J_{w3} \leqslant 2.5 \times 10^{-5} \end{cases}$$

这种方法简单易行,但在很大程度上依赖设计者的经验,而且片面强调了某个指标的重要性,可能使得到的设计优化方案不合理。因此,该算法有较大的局限

性,虽然突出了最重要的性能指标,但不可能在择优过程中进一步综合调整其与其他性能指标的关系。

9.4.2　固定权系数加权求和法

固定权系数加权求和法是评价函数法(4.3.2节)的一种,它的基本设想是:将各目标函数无量纲处理后,依其在整体设计中的重要程度,分别乘以不同的加权系数,叠加后构成新的目标函数。

对于本章的直升机传动系统主减速器主传动链优化问题,采用固定权系数加权求和法的目标函数为

$$\mathrm{GOBJ} = \lambda_1 w/w^{(0)} + \lambda_2 \eta/\eta^{(0)}, \quad \lambda_1 + \lambda_2 = 1 \tag{9.34}$$

式中,λ_1、λ_2为加权系数;$w^{(0)}$、$\eta^{(0)}$分别为优化前的质量与传动效率,由此其优化问题可表示为

$$\min_{X \in D \subset \mathbf{R}^n} \mathrm{GOBJ}(X), \quad X = [x_1, x_2, \cdots, x_n]^{\mathrm{T}} \tag{9.35}$$

$$D = \begin{cases} J_{\eta 1} \leqslant 10^{-6} \\ J_{\eta 2} \leqslant 10^{-6} \\ J_{\eta 3} \leqslant 2.5 \times 10^{-5} \\ J_{w 1} \leqslant 10^{-6} \\ J_{w 2} \leqslant 2.5 \times 10^{-5} \\ J_{w 3} \leqslant 2.5 \times 10^{-5} \end{cases}$$

固定系数加权求和法可以利用不同的加权因子,协调多个性能指标间的关系,与主目标函数法相比,效果有一定的改善。但解对加权系数的选择有很大的依赖性,而加权系数的选择又带有很大的经验性,实际应用中经常出现某一目标函数优化太快,从而压制其他目标函数进一步优化,最后的解可能是总的多目标函数得到优化,但某些目标函数反而恶化,以致实际上不是可行解。

9.4.3　变权系数加权求和法

变权系数加权求和法的实质是加权系数根据优化过程中各目标函数的改变率不断调整,以抑制某一学科目标函数变化过快,从而使各学科目标函数能以较同步的方式优化,获得有效解,具体步骤如下:

利用变权系数加权求和法建立的多目标函数为

$$\mathrm{GOBJ} = \lambda_w w/w^{(0)} + \lambda_\eta \eta/\eta^{(0)}, \quad \lambda_w + \lambda_\eta = 1 \tag{9.36}$$

令

$$\Delta w = w^{(n)} - w^{(n-1)}, \ \Delta \eta = \eta^{(n)} - \eta^{(n-1)} \qquad (9.37)$$

若 $\Delta w < 0$ 且 $\Delta \eta < 0$，则表示两个目标均受到优化，接受优化解；否则，抛弃优化解，调整加权系数。

若 $\Delta w \geqslant 0$ 且 $\Delta \eta < 0$，则有

$$\begin{cases} \lambda_w = \lambda_w + \delta \\ \lambda_\eta = \lambda_\eta - \delta \end{cases}, \ \delta = 0.1 \times 0.97^{(c \times n)} \qquad (9.38)$$

若 $\Delta w < 0$ 且 $\Delta \eta \geqslant 0$，则有

$$\begin{cases} \lambda_w = \lambda_w - \delta \\ \lambda_\eta = \lambda_\eta + \delta \end{cases}, \ \delta = 0.1 \times 0.97^{(c \times n)} \qquad (9.39)$$

式中，n 为优化迭代次数；$w^{(n)}$ 为迭代第 n 次时传动系统主减速器主传动链的质量；$\eta^{(n)}$ 为迭代第 n 次时的传动效率；λ_w 为质量 w 的加权系数；λ_η 为传动效率 η 的加权系数；δ 为加权系数调整步长；c 为幂指数调整系数。

在这里，需要重点关心的是 δ 的取值。随着优化迭代次数 n 的增加，我们希望加权系数的调整能够越来越小，即 δ 随着 n 的增加而收敛于 0，因此 δ 采用幂指数的形式是合适的。但在选用幂指数调整系数 c 时要注意，既不能使 δ 收敛过快，起不到调整加权系数的作用；也不能使 δ 收敛过慢，使整个优化过程过于漫长，甚至求不出优化解。

9.5　多学科设计优化结果

9.5.1　传统多目标设计优化结果

针对前述 4 种多目标优化方法对某直升机传动系统主减速器主传动链进行多学科设计优化，每种方法各有侧重地研究各种算法工具对多学科设计优化结果的影响。

方法 1 采用主目标函数法，以传动效率最大为目标，以重量及一致性约束为约束条件进行优化；方法 2 采用主目标函数法，以质量最小为目标，以传动效率及一致性约束为约束条件进行优化；方法 3 通过固定权系数加权求和法进行多学科设计优化，λ_1 为体积（代表质量）的优化加权系数，λ_2 为效率的优化加权系数，不同的加权系数对优化结果的影响很大，当加权系数取得欠妥时，会导致某一目标量取得非常好的结果，而另一目标量变坏的情况，这里取 $\lambda_1 = 0.5$，$\lambda_2 = 0.5$；方法 4 通过变权系数加权求和法进行多学科设计优化，选取初始加权系数 $\lambda_w = 0.5$，$\lambda_\eta = 0.5$。针对这 4 种方法，均采用多岛遗传算法进行求解。

这些算法的优化结果及设计参数对比分别见表 9.13、表 9.14，结果表明了变权系数加权求和法的优越性。

表 9.13 不同多目标优化方法对比

多目标优化方法		主目标函数法	主目标函数法	固定权系数加权求和法	变权系数加权求和法
目标函数		传动效率	质量	传动效率+质量	传动效率+质量
优化前	传动效率	0.967 4			
	质量/kg	98.03			
优化后	传动效率	0.973 0	0.967 4	0.965 0	0.973 2
	质量/kg	98.5	84.43	79.86	89.86

表 9.14 主要参数优化前后对比

设计变量	物理意义	优化前	最优解			
			方法 1	方法 2	方法 3	方法 4
Z_{s1}	第一级锥齿轮小齿轮齿数	27	28	23	26	25
Z_{l1}	第一级锥齿轮大齿轮齿数	79	81	78	75	75
Z_{s2}	第二级锥齿轮小齿轮齿数	19	17	17	16	16
Z_{l2}	第二级锥齿轮大齿轮齿数	97	87	86	82	84
Z_{g3}	太阳轮齿数	35	38	33	33	41
Z_{p3}	行星轮齿数	43	46	47	50	43
Z_{c3}	固定齿圈齿数	125	137	126	118	137
a_1	第一级锥齿轮压力角/(°)	22.5	20	25	25	25
a_2	第二级锥齿轮压力角/(°)	20.0	22.5	25	20	20
a_{gp3}	太阳轮-行星轮基圆压力角/(°)	23.623 2	23.699 5	23.714 5	23.707 5	23.712 8
a_{pc3}	行星轮-固定齿圈基圆压力角/(°)	15.595 2	17.233 3	17.542 6	18.654 1	15.545 2
β_1	第一级锥齿轮螺旋角/(°)	30.0	32	29	27	31
β_2	第二级锥齿轮螺旋角/(°)	30.0	29.5	33	33	28.5
b_1	第一级锥齿轮齿宽/mm	31.0	31.5	31	30	29
b_2	第二级锥齿轮齿宽/mm	54.0	54.5	52	53.5	53
b_{g3}	太阳轮齿宽/mm	60.0	60	65	50	61
b_{p3}	行星轮齿宽/mm	58.0	64	56	57	58
b_{c3}	固定齿圈齿宽/mm	58.0	64	56	57	58
m_1	第一级锥齿轮模数	3.15	3.35	3.5	3	3.1

续　表

设计变量	物理意义	优化前	最优解			
			方法 1	方法 2	方法 3	方法 4
m_2	第二级锥齿轮模数	5.20	5.4	5	5.05	5.3
m_{gp3}	太阳轮-行星轮基圆模数	4.103	3.95	4.2	4.2	4.0
m_{pc3}	行星轮-固定齿圈基圆模数	3.902	3.76	3.88	3.84	3.7

由表 9.13 可知,采用主目标函数法的方法 1 和方法 2,其目标函数都有较大的收益,但另一项作为约束条件的性能收益很小甚至为零。采用固定权系数加权求和法的方法 3,其质量减小是最多的,但传动效率反而比优化前降低了,事实上不是一种优化解,产生这种现象的原因是加权系数取得不合理。采用变权系数加权求和法的方法 4,其加权系数初值与方法 3 一样,而优化效果好很多。

9.5.2　智能多目标设计优化结果

采用 4.4.2 节的切比雪夫 MOEA/D 进行设计优化时,其参数设置如下:种群规模为 100,邻居规模设为 20,交叉因子为 0.95,变异因子为 0.05。该项工作共涉及 2 个优化目标,22 个优化变量,6 个一致性约束条件,20 个其他约束条件,涉及的状态变量或不变参数约 100 个。系统级进行 21 次迭代,子系统级共进行 3 879 次迭代,从优化结果中选取了 4 个 Pareto 解。其中,第一级螺旋锥齿轮大齿轮齿数 Z_{l1}、第二级螺旋锥齿轮大齿轮齿数 Z_{l2} 和固定齿圈齿数 Z_{c3} 根据各级传动比计算并圆整后得到。行星齿轮传动为角度正变位传动,行星轮-固定齿圈压力角 a_{pc3} 由式(9.40)计算得到:

$$\frac{\cos a_{gp3}}{\cos a_{pc3}} = \frac{Z_{g3} + Z_{p3}}{Z_{c3} - Z_{p3}} \tag{9.40}$$

表 9.15 示出了这 4 个 Parato 解对应的主传动链相关参数与优化前的对比,表 9.16 示出了 Parato 解与优化前的结果对比。由表 9.16 可以看出,4 组 Pareto 解的效率与质量大致成正比,即当效率增大时,质量也会增加,表明最大化效率与最小化质量是相互矛盾的,这与工程经验相符。行星齿轮的 4 组 Pareto 解与优化前结果的二维齿形对比图见图 9.9~图 9.11,由于锥齿轮的二维齿形沿轴向变化,不便进行对比,所以这里不给出优化前后二维齿形对比图。

从图 9.9~图 9.11 可以看出,Pareto 解第 3 组与第 4 组的行星齿轮齿形基本一致,且根据表 9.16 以及设计经验表明 Pareto 解第 3 组与第 4 组均具有较好的性能,这里选择 Pareto 解第 4 组作为最优方案。图 9.12~图 9.17 示出了齿轮优化前与最优方案的三维结构对比图。

表 9.15　主要参数优化前后对比

设计变量	物 理 意 义	优化前	Pareto 解			
			第 1 组	第 2 组	第 3 组	第 4 组
Z_{s1}	第一级锥齿轮小齿轮齿数	27	25	27	24	24
Z_{l1}	第一级锥齿轮大齿轮齿数	79	83	74	67	67
Z_{s2}	第二级锥齿轮小齿轮齿数	19	18	17	17	17
Z_{l2}	第二级锥齿轮大齿轮齿数	97	88	82	86	86
Z_{g3}	太阳轮齿数	35	39	33	33	33
Z_{p3}	行星轮齿数	43	43	49	47	47
Z_{c3}	固定齿圈齿数	125	129	136	126	126
a_1	第一级锥齿轮压力角/(°)	22.5	25.0	22.5	25.0	25
a_2	第二级锥齿轮压力角/(°)	20.0	25.0	25.0	25.0	20.0
a_{gp3}	太阳轮-行星轮基圆压力角/(°)	23.623 2	24.009 1	24.217 3	24.057 4	24.057 5
a_{pc3}	行星轮-固定齿圈基圆压力角/(°)	15.595 2	18.826 9	19.098 0	18.511 9	18.512 0
β_1	第一级锥齿轮螺旋角/(°)	30.0	31.5	30.5	32.5	32.5
β_2	第二级锥齿轮螺旋角/(°)	30.0	33.0	32.0	32.5	35.0
b_1	第一级锥齿轮齿宽/mm	31.0	29.5	29.5	31.5	31.5
b_2	第二级锥齿轮齿宽/mm	54.0	52.0	53.5	53.0	53.0
b_{g3}	太阳轮齿宽/mm	60.0	61.0	53.0	65.0	59.0
b_{p3}	行星轮齿宽/mm	58.0	61.0	53.0	58.0	59.0
b_{c3}	固定齿圈齿宽/mm	58.0	61.0	53.0	58.0	59.0
m_1	第一级锥齿轮模数	3.15	3.00	3.05	3.20	3.15
m_2	第二级锥齿轮模数	5.20	5.25	5.35	5.35	5.30
m_{gp3}	太阳轮-行星轮基圆模数	4.103	4.05	4.10	4.10	4.10
m_{pc3}	行星轮-固定齿圈基圆模数	3.902	3.80	3.80	3.86	3.88

表 9.16　优化目标优化前后对比

优化目标	优化前	Pareto 解			
		第 1 组	第 2 组	第 3 组	第 4 组
传动效率	0.967 4	0.973 5	0.973 1	0.972 8	0.972 0
质量/kg	98.03	97.60	92.75	89.61	87.87

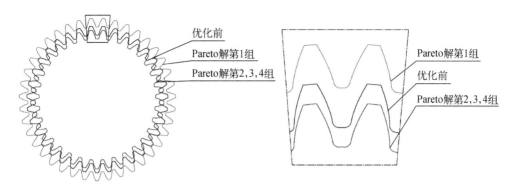

图 9.9　太阳轮优化前后齿形对比

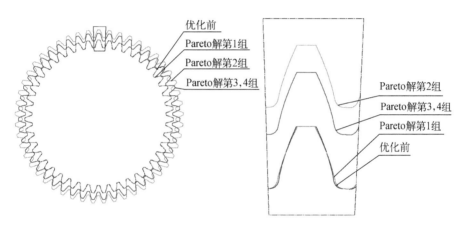

图 9.10　行星轮优化前后齿形对比

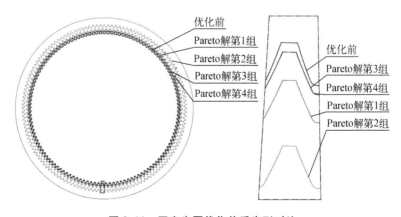

图 9.11　固定齿圈优化前后齿形对比

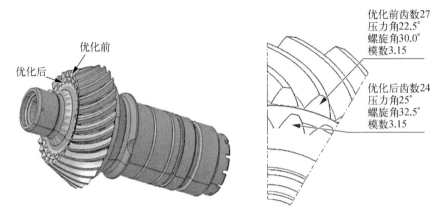

优化前齿数27
压力角22.5°
螺旋角30.0°
模数3.15

优化后齿数24
压力角25°
螺旋角32.5°
模数3.15

优化前

优化后

图 9.12　优化前后第一级锥齿轮小齿轮三维结构对比

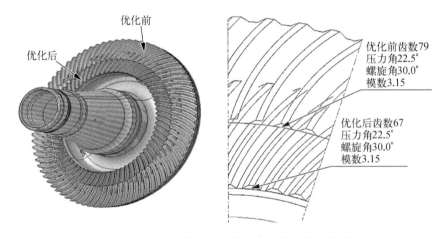

优化前齿数79
压力角22.5°
螺旋角30.0°
模数3.15

优化后齿数67
压力角22.5°
螺旋角30.0°
模数3.15

优化前

优化后

图 9.13　优化前后第一级锥齿轮大齿轮三维结构对比

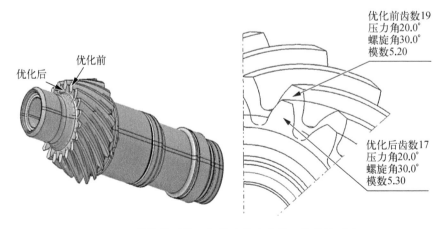

优化前齿数19
压力角20.0°
螺旋角30.0°
模数5.20

优化后齿数17
压力角20.0°
螺旋角30.0°
模数5.30

优化前

优化后

图 9.14　优化前后第二级锥齿轮小齿轮三维结构对比

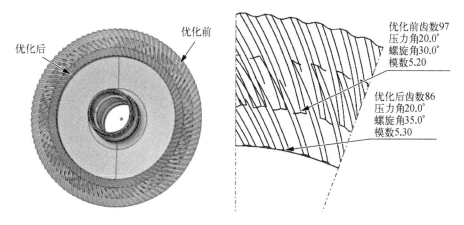

图 9.15　优化前后第二级锥齿轮大齿轮三维结构对比

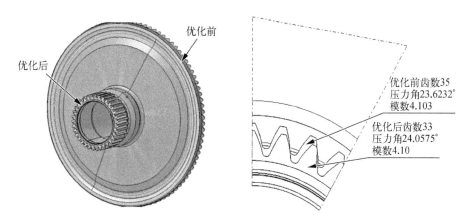

图 9.16　优化前后太阳轮三维结构对比

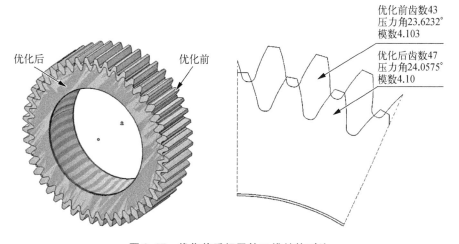

图 9.17　优化前后行星轮三维结构对比

参考文献

曹海波,朱如鹏,李政民卿,2011. 直升机传动系统质量估算的四种方法分析[J]. 机械制造与研究,40(4): 5-6.

孙之钊,萧秋庭,徐桂祺,1990. 直升机强度[M]. 北京: 航空工业出版社.

王三民,沈允文,孙智民,2001. 基于动态损失功率的行星齿轮传动效率计算[J]. 机械传动,25(2): 4-8.

Braun R D, Kroo I, 1995. Development and application of the collaborative optimization architecture in a multidisciplinary design environment[R]. Hampton: NASA Langley Research Center.

John J C, Robert C B, 1988. Advanced transmission studies[C]. 44th Annual Forum of the American Helicopter Society, Washington.

Krantz T L, Kish J G, 1992. Advanced rotorcraft transmission (ART) program summary[C]. AIAA/SAE/ASME/ASEE 28th Joint Propulsion Conference and Exhibit, Nashville.

Lombardo D C, 1993. Helicopter Structures: A review of load, fatigue design techniques and usage monitoring[R]. Melbourne: Aeronautical Research Laboratory, AR-007-137.

Robert C B, 1992. Summary highlights of the advanced rotorcraft transmission (ART) program[C]. AIAA/SAE/ASME/ASEE 28th Joint Propulsion Conference and Exhibit, Nashville.

Robert F H, James J Z, 2006. Current research activities in drive system technology in support of the NASA rotorcraft program[C]. The Vertical Lift Aircraft Design Conference, San Francisco.

Sobieszczanski S J, Haftka R T, 2013. Multidisciplinary aerospace design optimization: Survey of recent developments[J]. Structural & Multidisciplinary Optimization, 14(1): 1-23.

Yin Z Y, Mi D, Zhang L Z, et al., 2016. Multidisciplinary and multi-objective design optimization of advanced helicopter power transmission system[C]. International Conference on Power Transmissions, Chongqing.

第10章

考虑热弹流润滑的直升机传动系统
主减速器主传动链多学科设计优化

10.1　概　　述

　　直升机传动系统齿轮具有高速、重载的特点,在工作时通过轮齿之间的滚滑运动来传递功率,啮合处实际接触面积较小,因而在啮合齿面接触区产生很大的接触压应力,此时润滑作用十分突出。

　　机械润滑可降低轮齿接触表面间的摩擦及磨损,提高机械传动效率和可靠性,降低噪声和能耗。目前,国内外均有相应标准可计算齿轮的弯曲强度、接触强度及啮合强度。但在这些标准的接触强度计算中,对润滑的作用只是简单地通过润滑系数予以考虑,润滑系数是通过并不充分的实验数据获取的,因此具有较大的局限性。此外,其他研究及工程实践均表明,润滑黏度对轮齿寿命影响很大。因此,新一代直升机传动齿轮设计应该更充分地考虑润滑作用。

　　在齿轮传动润滑研究方面,Tower 于 1883 年在实验中发现了流体动力学润滑现象。1886 年,Reynolds 应用流体动力学(N-S 方程)从理论上解释了 Tower 的实验结果,并导出了描述流体动压分布规律的著名的雷诺方程。1916 年,Martin 将齿轮与齿条的啮合等效为圆柱在平面上的滚动并求解雷诺方程,这项研究标志着齿轮润滑研究的开始。

　　当齿轮工作时,两个啮合轮齿表面之间的相对运动可将润滑油带入接触区,并建立一定的油压动压支撑外载荷,形成保护工作表面的油膜。油膜的形成需要以下三个条件:

　　(1) 两个表面之间有相对的滚动或滑动;

　　(2) 两个表面之间有楔形间隙,润滑油从大口进入,小口流出;

　　(3) 两个表面之间的润滑剂有一定黏度。

　　当齿轮受载啮合时,接触面积较小,接触压应力很高,使接触区油膜厚度变得极薄,润滑黏度随压力按指数规律呈数量级增大,并有较明显的表面弹性变形发生。在此情况下,弹性效应、黏度-压力效应、黏度-温度效应等因素的影响加大,不能忽略。计入润滑剂的黏度-压力效应和表面弹性变形等因素影响的流体动压润滑称为弹性流体动压润滑,通常简称为弹流润滑。在此基础上再考虑黏度-温度效应因素的影响,则称为热弹性流体动压润滑,简称热弹流润滑。

1949年,Grubin首次将雷诺方程和弹性变形理论结合起来,得到了线接触弹流润滑的一个近似解,标志着弹流润滑理论的诞生。此后的研究主要集中于齿面弹流压力分布及油膜厚度的数值计算、弹流润滑对齿轮接触应力的影响、齿轮传动过程中的非稳态效应及齿轮时变热弹流润滑模拟、粗糙度对直齿轮热弹流润滑的影响等方面。目前,热弹流润滑方法已具备在直升机传动系统齿轮设计中推广应用的条件,对于直升机传动系统常用的直齿圆柱齿轮、斜齿圆柱齿轮、直齿圆锥齿轮、弧齿圆锥齿轮等,均有学者对其进行了研究。

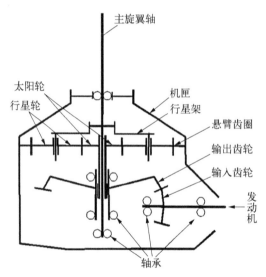

但上述研究主要针对热弹流相关的理论、方法及简单应用方面,针对齿轮优化设计工作的较少,针对主传动链多学科设计优化的就更少。为此,本章以传递功率为500 kW级的某传动系统主减速器主传动链(图10.1)为研究对象,介绍基于热弹流的传动系统主减速器主传动链多学科设计优化,作为这类更准确的工程设计优化方法应用于传动系统整机多学科设计优化的一个示例。

这里要指出的是,本章的多学科设计优化对象的构型与第9章的不尽相同,构件尺寸及传递功率的大小则完全不同。还需要指出的是,相较于第9章,本章除了采用上述的热弹流润滑分析,在结构、质量、强度及振动分析中则采用分析精度更高的有限元法,努力使优化结果更准确;此外,所用优化策略也与之前第9章中的有所不同。

图 10.1　某传动系统主减速器中主传动链示意图

10.2　系 统 分 解

某传动系统主减速器主传动链涉及的构件包括输入齿轮、输出齿轮、太阳轮、3个行星齿轮、齿圈、行星架、旋翼轴,共9个。其中,输入齿轮和输出齿轮为一对相互啮合的直齿圆锥齿轮,太阳轮、行星齿轮、齿圈均为直齿圆柱齿轮,3个行星轮同时与太阳轮和齿圈啮合。该主传动链的有限元模型如图10.2所示。

在该主传动链多学科设计优化工作中,考虑了包括结构、传热、强度及热弹流等多个学科的多个变量。根据主传动链各构件的实际工作状况,对不同的构件开展不同的学科分析。针对输入齿轮、输出齿轮、太阳轮及行星齿轮,根据齿轮工作特点主要开展热弹流及强度振动分析;针对齿圈和行星架则开展强度分析;针对旋翼轴开展强度及振动分析。基于单学科可行方法建立多学科设计优化流程,如图10.3 所示。对于齿轮,热弹流及强度振动分析流程如图 10.4 所示。在多学科设计优化过程中,通过热弹流分析获取了啮合面油膜压力和温度,这些参数将作为齿轮分析的边界条件,开展温度场和结构强度分析,在满足应力、温升等约束条件下,使目标函数(质量、油膜压力等)最小,最终获得优化结果。

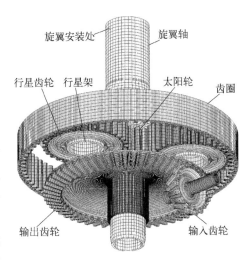

图 10.2　某传动系统主减速器主传动链有限元模型

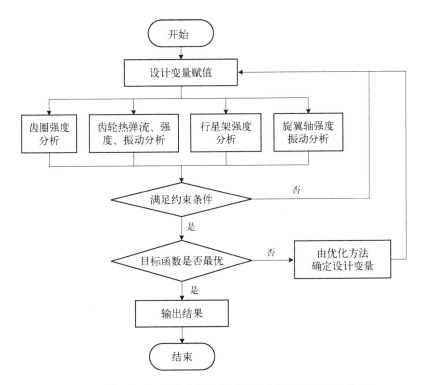

图 10.3　基于 IDF 的传动系统主减速器主传动链 MDO 流程

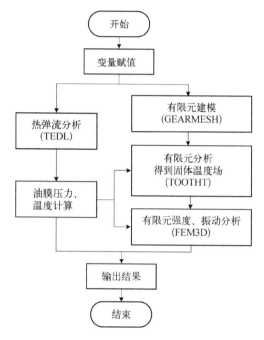

图 10.4　齿轮热弹流及强度振动分析流程

10.3　系　统　建　模

10.3.1　MDO 物理建模

1. 结构质量

该主传动链的质量通过各构件质量相加得到。由于优化过程中各构件材料一样,所以可通过体积计算获得质量。有限元法进行结构质量计算的公式如下:

$$W = \sum_{i=1}^{N_{part}} \rho_i V_i = \sum_{i=1}^{N_{part}} \rho_i \sum_{j=1}^{n_{el}} \iiint_\Omega \mathrm{d}x\mathrm{d}y\mathrm{d}z \qquad (10.1)$$

由此定义归一化质量:

$$W_1 = W/W_0 \qquad (10.2)$$

式中,W 为系统总质量;N_{part} 为构件数,此处为 9;ρ_i 为各构件的材料比重;n_{el} 为构件有限元模型单元数;Ω 为构件有限元单元模型的空间区域;W_1 为归一化质量;W_0 为初始质量。

2. 热弹流理论及计算

1) Hertz 线接触弹性理论

弹性理论是研究弹流润滑问题的基础,为弹流润滑问题的求解提供初值,也可用于轮齿接触强度的初步计算。一对渐开线直齿圆柱齿轮和直齿圆锥齿轮轮齿受载荷前的接触区近似为一条直线,这种线接触问题与轴承等结构的点接触有区别。它可转换为一对圆柱体的接触,采用 Hertz 线接触弹性理论进行计算。

图 10.5 为单对齿啮合及其简化示意图,图 10.5(a) 为单对齿啮合示意图,其中 A 为啮合线与小齿轮基圆的切点,B、D 为齿轮、小齿轮单对齿啮合区内界点,C 为节点,E 为啮合线与大齿轮基圆切点,图 10.5(b) 为简化后的一对圆柱体接触计算示意图。

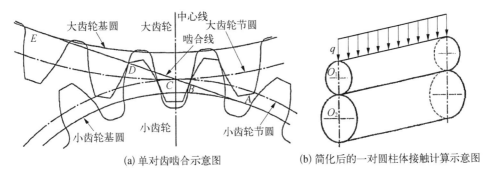

(a) 单对齿啮合示意图　　　　　(b) 简化后的一对圆柱体接触计算示意图

图 10.5　单对齿啮合及其简化示意图

Hertz 线接触弹性理论研究两个接触弹性圆柱体受压后产生的局部应力和应变的分布规律。图 10.6 为两个弹性圆柱体等效为一个弹性圆柱体和一个刚性平面在载荷线密度 q 的作用下沿 z 轴相互挤压的示意图,可以看出初始接触位置附近材料发生局部变形,形成宽度为 $2b$ 的狭长矩形接触面。

接触半宽 b 可表达为

$$b = \sqrt{\frac{8qR}{\pi E}}$$

$$R = \frac{R_1 R_2}{R_1 + R_2} \qquad (10.3)$$

$$E = \frac{2E_1 E_2}{E_1(1 - \xi_2^2) + E_2(1 - \xi_1^2)}$$

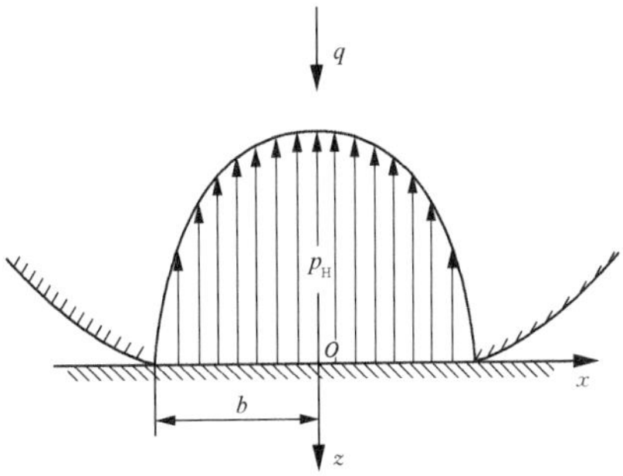

图 10.6　Hertz 线接触状态示意图

式中,R_1、R_2 分别为两个圆柱的半径;E_1、E_2 分别为两个圆柱材料的弹性模量;ξ_1、ξ_2 分别为两个圆柱材料的泊松比。

接触区上的接触应力 σ_H 依照半椭圆规律分布:

$$\sigma_H(x) = \sigma_{Hertz}\sqrt{1 - \frac{x^2}{b^2}}, \quad -b \leq x \leq b \qquad (10.4)$$

式中，σ_{Hertz} 为最大 Hertz 接触应力：

$$\sigma_{Hertz} = \frac{2q}{\pi b} = \sqrt{\frac{qE}{2\pi R}} \tag{10.5}$$

2）热弹流理论

（1）雷诺方程。

雷诺方程是用于计算油膜压力和油膜厚度的偏微分方程。忽略润滑油沿齿宽方向的端泄效应，雷诺方程可表达为

$$\frac{d}{dx}\left(\frac{\rho_g h^3}{\mu} \frac{dp}{dx}\right) = 12u \frac{d(\rho_g h)}{dx} \tag{10.6}$$

边界条件为

进口：

$$p(x_0) = 0$$

出口：

$$p(x_e) = 0, \quad \frac{dp(x_e)}{dx} = 0$$

式中，p 为油膜压力；h 为油膜厚度；$u = \dfrac{u_1 + u_2}{2}$ 为卷吸速度，u_1、u_2 分别为两圆柱齿在啮合点处沿齿廓的切线速度；x 为坐标变量；ρ_g 为滑油密度；μ 为油膜黏度。

雷诺方程揭示了润滑膜中润滑油膜厚度 h、黏度 μ、密度 ρ_g 和速度 u 之间的关系，是流体润滑分析的基础。

（2）能量方程。

能量方程用于计算温度分布。不考虑流体介质沿齿宽方向的流动，并忽略对流传热项及压缩发热项，有

$$\rho_g cu \frac{\partial T}{\partial x} + \frac{T}{\rho_g} \frac{\partial \rho_g}{\partial T}\left(u \frac{\partial \rho_g}{\partial x}\right) - k \frac{\partial^2 T}{\partial z^2} = \mu \left(\frac{\partial u}{\partial z}\right)^2 \tag{10.7}$$

式中，T 为油膜温度（K）；c 为流体的比热容（J/（kg·K））；k 为流体热导率（W/（m·K））。

在式（10.7）中有 $\dfrac{\partial^2 T}{\partial z^2}$ 项，在上下两个界面上需要给定温度边界条件：

$$T(x, 0) = \frac{k}{\pi \rho_{g1} c_1 k_1 u_1} \int_{-\infty}^{x} \frac{\partial T}{\partial z}\bigg|_{x, 0} \frac{ds}{\sqrt{x - s}} + T_0 \tag{10.8}$$

$$T(x, h) = \frac{k}{\pi \rho_{g2} c_2 k_2 u_2} \int_{-\infty}^{x} \frac{\partial T}{\partial z} \bigg|_{x, h} \frac{\mathrm{d}s}{\sqrt{x - s}} + T_0 \quad (10.9)$$

式中，T_0 为初始温度（K）。

（3）弹性变形方程。

根据油膜压力分布计算固体界面弹性变形 $v(x)$：

$$v(x) = -\frac{2}{\pi E} \int_{s_1}^{s_2} p(s) \ln(x - s) \mathrm{d}s \quad (10.10)$$

（4）油膜厚度方程。

根据固体界面的弹性变形计算油膜厚度分布 $h(x)$：

$$h(x) = h_0 + \frac{x^2}{2R} + v(x) \quad (10.11)$$

（5）黏度压力-黏度温度方程。

根据油膜压力分布和温度分布计算油膜黏度分布 μ：

$$\mu = \mu_0 \exp\left\{ (\ln \mu_0 + 9.67) \left[\left(1 + \frac{p}{p_0} \right)^z \left(\frac{T - 138}{T_0 - 138} \right)^{-1.1} - 1 \right] \right\} \quad (10.12)$$

式中，μ_0 为大气压（$p=0$）下的黏度（Pa·s）。

（6）密度压力-密度温度方程。

根据油膜压力分布和温度分布计算油膜密度分布 ρ：

$$\rho_g = \rho_{g0} \left[1 + \frac{c_0 p}{1 + c_b p} + c_1 (T - T_0) \right] \quad (10.13)$$

式中，ρ_{g0} 为大气压（$p=0$）下的密度（kg/m³）；c_0 为常数（Pa⁻¹），一般可取为 0.6；c_b 为常数（Pa⁻¹），一般可取为 1.7；c_1 为常数（K⁻¹），一般可取为 0.00065。

（7）载荷平衡方程。

压力的合力应等于外部作用力，即应满足如下载荷平衡方程：

$$\int_{x_0}^{x_e} p(x) \mathrm{d}x = q \quad (10.14)$$

3）热弹流润滑计算方法

弹流润滑问题具有强非线性特点，计算过程的数值稳定性较差。为了减少运算参数，改善计算过程的稳定性，增加解的通用性，需要对基本方程进行无量纲化。定义各无量纲参数如下：

$$X = \frac{x}{b}, \ H = \frac{Rh}{b^2}, \ P = \frac{p}{p_H}, \ U = \frac{\mu_0 u}{ER}, \ \rho_g' = \frac{\rho_g}{\rho_{g0}}$$

$$e = \frac{\rho'_g H^3}{\mu t}, \ t = \frac{12\mu_0 U R^2}{b^2 p_H}, \ T' = \frac{T}{T_0}, \ A = \frac{\rho_{g0} c U T_0}{b}, \ B = \frac{U p_H}{b}$$

$$C = -\frac{k T_0 R}{b^2}, \ D = -\mu_0 \left(\frac{UR}{b^2}\right)^2, \ \mu' = \frac{\mu}{\mu_0}, \ Z = \frac{z}{h_0} \quad (10.15)$$

式中,X 为无量纲坐标值;H 为无量纲膜厚;P 为无量纲压力;U 为无量纲速度;ρ'_g 为无量纲密度;T' 为无量纲温度;μ' 为无量纲黏度;Z 为无量纲坐标值;e、t、A、B、C、D 等为无量纲中间变量。

将上述无量纲参数代入式(10.6)~式(10.14)可将基本方程无量纲化。

(1) 雷诺方程。

$$\frac{d}{dX}\left(e\frac{dP}{dX}\right) = \frac{d(\rho'_g H)}{dX} \quad (10.16a)$$

边界条件为

进口:

$$P(X_0) = 0$$

出口:

$$P(X_e) = 0, \ \frac{dP(X_e)}{dX} = 0$$

利用中心和向前差分格式离散无量纲化的雷诺方程式(10.16a),得到离散化后的差分雷诺方程:

$$\frac{e_{i-1/2} P_{i-1} - (e_{i-1/2} + e_{i+1/2}) P_i + e_{i-1/2} P_{i+1}}{\Delta X^2} = \frac{\rho'_{gi} H_i - \rho'_{gi-1} H_{i-1}}{\Delta X}$$

$$(10.16b)$$

式中,$e_{i\mp1/2} = \frac{1}{2}(e_i + e_{i\mp1})$;$\Delta X = X_i - X_{i-1}$。

(2) 能量方程。

$$A\rho'_g U \frac{\partial T}{\partial X} + B \frac{U T'}{\rho'_g} \frac{\partial \rho'_g}{\partial T'} \frac{\partial P}{\partial X} + C \frac{\partial^2 T}{\partial Z^2} + D\mu'\left(\frac{\partial U}{\partial Z}\right)^2 = 0 \quad (10.17a)$$

将式(10.17a)离散化后,得

$$A\rho'_g U\left(\frac{T_{i,k} - T_{i-1,k}}{\Delta X}\right) + B\frac{T'}{\rho'_g}\frac{\partial \rho'_g}{\partial T'}\left(U\frac{P_{i,j} - P_{i-1,j}}{\Delta X}\right)$$

$$(10.17b)$$

$$+ C\frac{T_{i,k+1} - 2T_{i,k} + T_{i,k-1}}{\Delta Z^2} + D\mu'\left(\frac{U_{i,k+1} - U_{i,k}}{\Delta Z}\right) = 0$$

式中,k 为膜厚方向节点序号,ρ'_g、μ'、$\dfrac{\partial \rho'_g}{T'}$ 等可通过解析式进行计算,不必差分。

（3）弹性变形方程。

$$V(X) = -\frac{1}{\pi} \int_{X_0}^{X_e} P(S) \ln |X - S| \, dS \tag{10.18a}$$

将式（10.18a）离散化后,得

$$V(X_i) = -\frac{1}{\pi} \sum_{j=1}^{N} K_{ij} P_j \tag{10.18b}$$

式中,K_{ij} 为弹性变形刚度系数:

$$K_{ij} = \Delta X\{(i - j + 0.5)[\ln(i - j + 0.5) - 1] \\ - (i - j - 0.5)(\ln |i - j - 0.5| - 1)\} + \ln(\Delta X)$$

（4）膜厚方程。

根据固体界面的弹性变形计算油膜厚度分布:

$$H(X) = H_0 + \frac{X^2}{2R} + V(X) \tag{10.19a}$$

将式（10.19a）离散化后,得

$$H_i = H_0 + \frac{X^2}{2} - \frac{1}{\pi} \sum_{j=1}^{N} K_{ij} P_j \tag{10.19b}$$

（5）黏度压力-黏度温度方程。

根据油膜压力分布和温度分布计算油膜黏度分布:

$$\mu' = \exp\{(\ln \mu_0 + 9.67)[(1 + 5.1 \times 10^{-9} P \times p_H)^{0.68} - 1]\} \tag{10.20}$$

此方程无须离散化。

（6）密度压力-密度温度方程。

根据油膜压力分布和温度分布计算油膜密度分布:

$$\rho'_g = 1 + \frac{c_0 p}{1 + c_b p} + c_1(T - T_0) \tag{10.21}$$

此方程无须离散化。

（7）载荷平衡方程。

$$\int_{X_0}^{X_e} P(X) \, dX = q \tag{10.22a}$$

将式(10.22a)离散化后,得

$$\Delta X \sum_{i=1}^{N} \frac{P_i + P_{i+1}}{2} = \frac{\pi}{2} \tag{10.22b}$$

由于能量方程中的温度、黏度-压力和黏度-温度方程中的黏度以及膜厚方程中的弹性变形都随压力变化,所以可先给定一个初始压力分布(如赫兹接触压力)和温度分布(如均匀温度分布)计算膜厚和黏度值。然后将其代入雷诺方程,求解当前压力分布,对前一次的压力分布进行迭代修正;然后代入能量方程,求解当前温度,利用当前温度修正黏度值,再迭代求解压力。如此反复,直至两次迭代得到的压力差小于给定值。由此可求得最终的压力分布、弹性变形、膜厚和温度分布等,具体计算步骤如下:

(1) 开始。

(2) 输入原始参数,即节点数 N、膜厚方向层数 N_z、归一化坐标初值 X_0 和坐标终值 X_e、载荷 Q、等效弹性模量 E、等效接触半径 R、润滑油黏度 μ_0、平均速度 U、初始温度 T_0、热传导系数 K_0、比热系数 c、初始密度 ρ_{g0}、滑滚比 C_u、迭代系数 C_1、温度迭代系数 C_t 等。

(3) 差分网格生成。

(4) 给定初始温度分布。

(5) 采用式(10.4)计算初始压力分布。

(6) 采用式(10.18b)计算弹性变形量,式(10.19b)计算膜厚,式(10.20)计算黏度值,式(10.21)计算密度值。

(7) 采用差分法求解雷诺方程(10.16a),获得当前压力分布。

(8) 采用差分法求解能量方程(10.17a),获得当前温度分布。

(9) 当前压力和前次计算压力之差的均值是否小于给定值,若否,则转第(5)步;若是,则转第(10)步。

(10) 输出计算结果。

(11) 停止。

3. 强度分析

在进行基于热弹流润滑的传动系统主减速器主传动链 MDO 中,强度设计采用三维有限元法进行求解,其计算方法参见 5.3.1 节。

4. 振动分析

在传动系统研制和使用过程中,对于辐板较薄的齿轮,其辐板的振动是较为常见的故障现象,因此对于薄辐板齿轮,设计时必须充分考虑辐板振动问题。

齿轮辐板的振动也采用有限元法进行分析,其计算方法参见 5.3.1 节及相关参考文献。

10.3.2　MDO 数学建模

采用单级优化策略中的单学科可行方法建立该传动系统主减速器主传动链 MDO 数学模型。在整个多学科设计优化过程中,一共包含 21 个设计变量、21 个约束条件、3 个目标函数。

1. 设计变量

该主传动链多学科设计优化的 21 个设计变量列于表 10.1 中。

表 10.1　主传动链设计变量列表

设 计 变 量				
序　号	符　号	名　　称	单　位	变化范围
1	D_1	太阳轮、行星轮、齿圈齿宽	mm	50～60
2	R_2	太阳轮、行星轮齿根圆弧半径	mm	0.5～0.7
3	D_3	行星齿轮轮体空腔宽度	mm	8～12
4	R_4	行星轮轮体侧面圆弧槽半径	mm	1～6
5	D_5	行星轮轮体侧面圆弧槽中心点到内孔边距离	mm	10～18
6	R_6	行星轮轮体空腔倒圆半径	mm	4～6
7	D_7	行星轮轮体空腔顶部到内孔边距离	mm	15～20
8	D_8	输入、输出齿轮齿宽	mm	25～35
9	R_9	输入、输出齿轮齿根圆弧半径	mm	0.04～0.80
10	X_{10}	输出齿轮辐板中线根部 x 坐标	mm	−10～10
11	D_{11}	输出齿轮辐板根部宽度	mm	5～13
12	R_{12}	输出齿轮辐板根部倒圆半径	mm	3～12
13	X_{13}	输出齿轮辐板弯折处 x 坐标	mm	−12～−2
14	R_{14}	输出齿轮辐板弯折处 r 坐标	mm	40～100
15	D_{15}	输出齿轮辐板弯折处宽度	mm	3～9
16	R_{16}	输出齿轮辐板弯折处倒圆半径	mm	3～18
17	R_{17}	输出齿轮辐板-轮缘处倒圆半径	mm	2～8
18	D_{18}	输出齿轮辐板-轮缘处宽度	mm	3～10

续　表

		设　计　变　量		
序　号	符　号	名　　称	单　位	变化范围
19	R_{19}	旋翼轴内孔半径	mm	16~22
20	R_{20}	行星架齿轮支承轴根部倒圆半径	mm	1~8
21	μ_{21}	润滑油动力黏度	Pa·S	0.005~0.060

注：一般来说，工程上相啮合的一对齿，其齿宽及齿根半径等不会完全一样，会有细小差别，本章为了减小优化规模，按照理想状态取为一样。

在表 10.1 列出的设计变量中，第 1~7 项属于太阳轮、行星齿轮和齿圈的结构参数。由于行星齿轮相比太阳轮和齿圈轮体厚度较大，具有更大的优化改进空间，所以第 3~7 项设计变量是专门针对行星齿轮轮体结构设置的（图 10.7）。对第 1~7 项设计变量说明如下。

（1）齿宽。

齿宽包括太阳轮、行星齿轮和齿圈的齿宽。轮齿的弯曲应力和接触应力均与该参数成反比，此外该参数对齿轮质量、振动特性等均有重要影响。可在满足强度振动要求的基础上减小齿宽，以便减轻系统质量，见图 10.8。

（2）齿根圆弧半径。

齿根圆弧半径包括太阳轮和行星轮的齿根圆弧半径，并取相同值。齿根圆弧部位由于形状突变往往是高应力区，该参数对齿根圆弧部位应力的影响很大，亦见图 10.8。

（3）行星齿轮轮体空腔宽度。

由图 10.7 可看出，行星齿轮轮体空腔宽度主要起减重的作用，同时对轮体强度有一定影响。通过合理选取该参数值可减轻行星齿轮的质量，同时保证轮体足

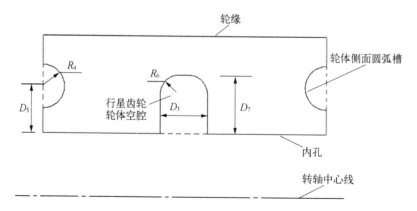

图 10.7　行星齿轮轮体设计变量示意图

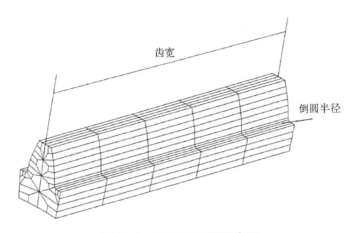

图 10.8　轮齿设计变量示意图

够的强度。

（4）行星齿轮轮体侧面圆弧槽半径。

行星齿轮轮体侧面圆弧槽半径对齿轮质量及轮体的应力有一定的影响,此处主要起减重作用。

（5）行星齿轮轮体侧面圆弧槽中心点到内孔边距离。

行星齿轮轮体侧面圆弧槽中心点到内孔边距离用于 R_4 的径向定位。

（6）行星齿轮轮体空腔倒圆半径。

行星齿轮轮体空腔倒圆半径在轮体空腔中起圆弧过渡的作用,避免该处应力集中。

（7）行星齿轮轮体空腔顶部到内孔边距离。

行星齿轮轮体空腔顶部到内孔边距离用于确定轮体空腔的半径,主要起减重的作用。

在表 10.1 列出的设计变量中,第 8~18 项属于输入齿轮和输出齿轮的结构参数。第 8 项为二者的齿宽,第 9 项为二者轮齿齿根圆弧半径。如图 10.9 所示,第 10~18 项为输出齿轮辐板的结构参数。由于该齿轮辐板相对较薄,通过优化这些参数值可避开共振转速,保证辐板足够的强度及尽可能轻的输出齿轮质量。由于输入齿轮的径向尺寸很小,所以不对其辐板结构进行优化。

如图 10.10 所示,旋翼轴结构有一个设计变量。由该图可以看出,旋翼轴为空心轴,其内孔半径作为设计变量,列于表 10.1 的第 19 项。通

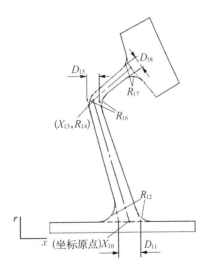

**图 10.9　输出齿轮辐板结构
设计变量示意图**

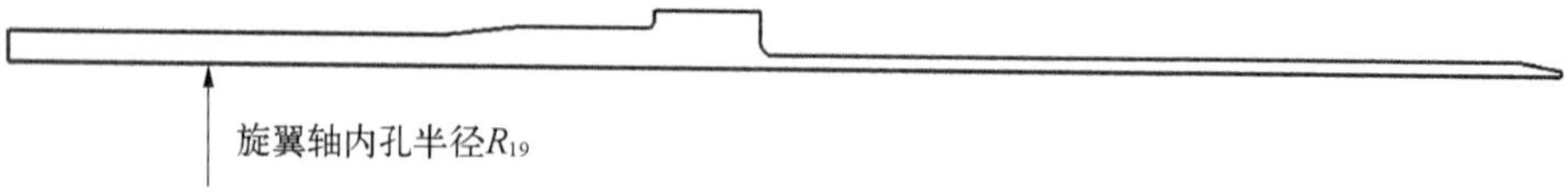

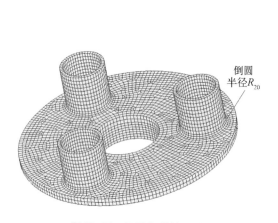

图 10.10　旋翼轴结构设计变量示意图

过优化该半径值可在保证足够寿命和足够临界转速裕度的基础上减轻旋翼轴的质量。

　　如图 10.11 所示,行星架结构有一个设计变量,即三个圆柱结构与圆板交界处的倒圆半径。此处是行星架的高应力区,合理选取该值可保证该结构具有足够的强度。

图 10.11　行星架结构设计
变量示意图

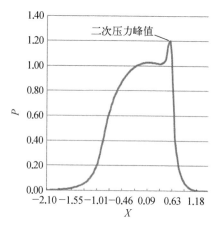

图 10.12　润滑油动力黏度较大时
油膜压力分布

　　润滑油动力黏度 μ_{21} 被列于表 10.1 的第 21 项。润滑油动力黏度是随温度变化的,该变量取 35℃时的值。该参数对油膜压力和油膜温度有影响,而油膜压力和油膜温度又会直接影响轮齿实际的接触应力、温度分布和油膜厚度分布。μ_{21} 选择不当可能导致不能建立合适的油膜厚度,进而引起齿面点蚀的发生,或者导致油膜压力过大、温度过高并对轮齿寿命产生不利影响。当 μ_{21} 取值过大(如 $\mu_{21}=0.06$)时,该行星轮轮齿油膜压力分布如图 10.12 所示,油膜压力会在轮齿啮合处出现较大的二次压力峰值,图中压力达到赫兹压力值(P_H)的 1.2 倍。

　　2. 目标函数

　　如表 10.2 所示,该主传动链多学科设计优化的目标函数包括传递功率不变这一前提下的系统归一化质量、太阳轮-行星齿轮最大无量纲油膜压力、输入齿轮-输出齿轮最大无量纲油膜压力共 3 个。

表 10.2　主传动链目标函数列表

目　标　函　数			
序　号	符　号	名　　　称	目标类型
1	W_1	系统归一化质量	min
2	P_x	太阳轮-行星齿轮最大无量纲油膜压力	min
3	P_z	输入齿轮-输出齿轮最大无量纲油膜压力	min

3. 约束条件

该主传动链多学科设计优化共包含 21 个约束条件,如表 10.3 所示。需要说明的是,行星齿轮与齿圈轮齿之间为内啮合,其润滑状态较好,故在约束条件中未考虑行星齿轮-齿圈轮齿油膜最小油膜厚度、油膜最大温升和油膜最高温度;通常传动系统的疲劳强度设计会考虑一定的疲劳强度安全系数,为简化优化规模,本算例仅考虑了轮齿的疲劳强度安全系数,而辐板、旋翼轴及行星架由于安全系数较高未被考虑。此外,第 21 项旋翼临界转速计算的详细介绍参见 5.3.1 节及参考文献。

表 10.3　主传动链约束条件列表

约　束　条　件			
序　号	名　　　称	单　位	变化范围
1	输出齿轮最小共振裕度	%	≥12
2	行星齿轮轮齿弯曲安全系数	—	≥1
3	行星齿轮轮齿接触安全系数	—	≥1
4	输出齿轮轮齿弯曲安全系数	—	≥1
5	输出齿轮轮齿接触安全系数	—	≥1
6	太阳轮齿根最大当量应力	MPa	≤630
7	齿圈齿根最大当量应力	MPa	≤630
8	行星齿轮齿根最大当量应力	MPa	≤630
9	输入齿轮齿根最大当量应力	MPa	≤630
10	输出齿轮齿根最大当量应力	MPa	≤630
11	行星齿轮轮辐最大当量应力	MPa	≤630

约　束　条　件			
序　号	名　称	单　位	变化范围
12	输出齿轮轮辐最大当量应力	MPa	≤630
13	旋翼轴最大当量应力	MPa	≤600
14	行星架最大当量应力	MPa	≤600
15	太阳轮-行星齿轮最小油膜厚度	μm	≥0.45
16	输入齿轮-输出齿轮轮齿最小油膜厚度	μm	≥0.45
17	太阳轮-行星齿轮油膜最大温升	℃	≤150
18	太阳轮-行星齿轮油膜最高温度	℃	≤185
19	输入齿轮-输出齿轮轮齿油膜最大温升	℃	≤150
20	输入齿轮-输出齿轮轮齿油膜最高温度	℃	≤185
21	旋翼轴临界转速裕度	%	≥20

这些约束条件具体分为以下 8 大类。

1）输出齿轮最小共振裕度

输出齿轮辐板较薄,比较容易出现振动问题。根据各节径的频率计算其共振裕度 K_{mn}:

$$K_{mn} = \frac{|f_{ex} - f_{mn}|}{f_{ex}}$$

式中, f_{mn} 为输出齿轮需要考虑的 m 节径 n 阶前行波固有频率(Hz); f_{ex} 为激振频率,由下式计算:

$$f_{ex} = \frac{n_m \times z}{60}\ (\text{Hz})$$

式中, n_m 为输入齿轮转速(r/min); z 为输入齿轮齿数。

这里约束最小共振裕度 K_{min},要求满足 $K_{min} \geqslant 0.12$。

2）弯曲疲劳强度和接触疲劳强度

由式(9.22)和式(9.26)可知,对于啮合的一对齿轮,其弯曲应力和接触应力大小是相等的,故此处选择行星齿轮和输出齿轮的弯曲应力和接触应力进行约束。轮齿的弯曲应力 σ_F 和许用弯曲应力 σ_{FP} 采用9.3.1节中所述方法进行计算。弯曲安全系数为

$$n_f = \frac{\sigma_{FP}}{\sigma_F} \geq 1 \qquad (10.23)$$

在计算许用接触应力 σ_{FP} 时,用到的参数应力循环系数 Y_N 与疲劳寿命相关,一般取与无限寿命对应的值。因此,满足式(10.23)就意味着轮齿具有无限弯曲疲劳寿命。

由于油膜对齿轮接触应力有一定影响,所以采用热弹流分析方法计算接触应力 σ_H。这样,接触安全系数应满足

$$n_h = \frac{\sigma_{HP}}{\sigma_H} \geq 1 \qquad (10.24)$$

3) 齿根最大应力

轮齿根部倒圆最大应力小于限制值 σ_{rlim} 可使该部位具有无限寿命。轮齿根部承受脉动载荷,通过古德曼转换并考虑一定的裕度取 $\sigma_{rlim} = 630$ MPa,即

$$\sigma_{rmax} - 630 \leq 0 \qquad (10.25)$$

4) 齿轮轮辐最大应力

试算表明,输入齿轮、太阳轮和齿圈轮辐的应力较低,在优化中可以不予以考虑,仅考虑输出齿轮和行星齿轮的轮辐应力。虽然行星齿轮轮辐比较厚实,一般应力较低,但在优化过程中轮辐结构形状在不断变化,可能产生应力集中的现象,因此在优化模型中应予以考虑。齿轮轮辐最大应力的限制值取 $\sigma_{wlim} = 630$ MPa,即

$$\sigma_{wmax} - 630 \leq 0 \qquad (10.26)$$

5) 旋翼轴最大应力

旋翼轴的内半径作为设计变量,在优化过程中其最大应力会发生变化。将旋翼轴最大应力列入约束条件以保证其足够的强度。旋翼轴的最大应力 σ_{MSmax} 小于限制值 $\sigma_{MSlim} = 600$ MPa,即

$$\sigma_{MSmax} - 600 \leq 0 \qquad (10.27)$$

6) 行星架最大应力

行星架的最大应力 σ_{SPmax} 小于限制值 $\sigma_{SPlim} = 600$ MPa,即

$$\sigma_{SPmax} - 600 \leq 0 \qquad (10.28)$$

7) 最小油膜厚度

齿面并非绝对光滑而有一定的凹凸不平,如果油膜过薄,则部分金属将相互接触,从而造成齿面的损伤。齿面油膜的膜厚比定义为

$$\lambda = \frac{h_{\min}}{\sqrt{R_{a1}^2 + R_{a2}^2}} \qquad (10.29)$$

式中, $h_{\min}$ 为最小油膜厚度; R_{a1} 和 R_{a2} 分别为两啮合齿面的粗糙度。

膜厚比 λ 是判断齿轮润滑状态的一个重要参数。按其值大小的不同,可划分为如下三类润滑状态:

(1) 当 $\lambda \leqslant 0.9$ 时,属于边界润滑状态。此时,齿面很难形成动压油膜,轮齿载荷主要靠齿面粗糙峰之间的直接接触来承担。

(2) 当 $0.9 < \lambda < 3$ 时,属于混合润滑状态,即部分弹性润滑状态。在此状态下轮齿载荷由弹性油膜与粗糙峰接触共同承担。

(3) 当 $\lambda \geqslant 3$ 时,属于全膜润滑状态。此时,齿面粗糙峰基本被润滑油膜覆盖,弹流油膜承担了绝大部分轮齿载荷,很少发生齿面粗糙峰之间的直接接触。

作者根据直升机传动系统齿轮的特点,对圆锥齿轮进行了大量试验,试验结果表明:当 $\lambda \geqslant 0.8$ 时,即可保证齿面处于良好的膜润滑状态。

因此,相应的约束条件为

$$0.8 - \lambda \leqslant 0$$

该主传动链各齿轮齿面均采用了磨齿加工,对应的粗糙度 R_a 范围为 $0.2 \sim 0.4\ \mu m$,取约束条件为

$$0.45 - h_{\min} \leqslant 0$$

8) 油膜最大温升及油膜最高温度

油膜温升过大或油膜温度过高会使滑油黏性发生变化,并引起轮齿温度变化,产生不利影响,约束数学表达式为

$$\begin{cases} dT_{\max} - dT_{\mathrm{p}} \leqslant 0 \\ T_{\max} - T_{\mathrm{p}} \leqslant 0 \end{cases} \qquad (10.30)$$

式中, $dT_{\max}$ 为油膜最大温升; dT_{p} 为油膜温升限制值,取 $dT_{\mathrm{p}} = 150℃$; $T_{\max}$ 为油膜最高温度; T_{p} 为油膜最高温度限制值,取 $T_{\mathrm{p}} = 185℃$ 。

10.4 系 统 求 解

优化平台搭建所使用的是自编优化软件 GEAR_OPT 等。采用 4.4.1 节介绍的改进的强度 Pareto 进化算法(SPEA - Ⅱ)进行求解,迭代残差设置为 10^{-3} ,总迭代次数为 2 547 次。

10.5　多学科设计优化结果

10.5.1　主传动链优化结果

主传动链多学科优化前后设计变量值对比列于表 10.4。表 10.5 列出了主传动链优化前后优化目标对比。从表 10.5 中可以看出,主传动链质量大幅度降低,减小了 16.2%,优化效果大于第 9 章的。另外,无量纲油膜压力也分别取得了 10.4% 及 3.8% 的效果。主传动链优化前后约束条件对比见表 10.6,由表可知,输出齿轮最小共振裕度、行星架最大当量应力优化前不满足设计要求,经过多学科设计优化后,各性能指标均满足设计要求。

表 10.4　主传动链多学科优化前后设计变量值对比

设 计 变 量					
序　号	符　号	名　　称	单　位	初始值	优化值
1	D_1	太阳轮、行星轮、齿圈齿宽	mm	60.00	50.12
2	R_2	太阳轮、行星轮齿根圆弧半径	mm	0.60	0.49
3	D_3	行星轮轮体空腔宽度	mm	10.00	6.00
4	R_4	行星轮轮体侧面圆弧槽半径	mm	3.00	12.03
5	D_5	行星轮轮体侧面圆弧槽中心点到内孔边距离	mm	15.00	6.06
6	R_6	行星轮轮体空腔倒圆半径	mm	5.00	16.21
7	D_7	行星轮轮体空腔顶部到内孔边距离	mm	17.00	12.07
8	D_8	输入、输出齿轮齿宽	mm	30.00	29.15
9	R_9	输入、输出齿轮齿根圆弧半径	mm	0.80	0.89
10	X_{10}	输出齿轮辐板中线根部 x 坐标	mm	-3.76	-9.91
11	D_{11}	输出齿轮辐板根部宽度	mm	12.70	9.68
12	R_{12}	输出齿轮辐板根部倒圆半径	mm	8.00	7.89
13	X_{13}	输出齿轮辐板弯折处 x 坐标	mm	-10.10	-4.15
14	R_{14}	输出齿轮辐板弯折处 r 坐标	mm	73.20	95.33
15	D_{15}	输出齿轮辐板弯折处宽度	mm	7.80	4.09
16	R_{16}	输出齿轮辐板弯折处倒圆半径	mm	8.00	5.01

续　表

		设 计 变 量			
序　号	符　号	名　　　称	单　位	初始值	优化值
17	R_{17}	输出齿轮辐板-轮缘处倒圆半径	mm	3.00	4.96
18	D_{18}	输出齿轮辐板-轮缘处宽度	mm	6.00	4.05
19	R_{19}	旋翼轴内孔半径	mm	16.00	22.24
20	R_{20}	行星架齿轮支承轴根部倒圆半径	mm	1.00	5.11
21	μ_{21}	润滑油动力黏度	Pa·S	0.05	0.03

表 10.5　主传动链优化前后优化目标对比

	优 化 目 标				
序　号	名　　　称	单　位	初始值	优化值	优化率/%
1	系统归一化质量	—	1.0	0.838	16.2
2	太阳轮-行星齿轮最大无量纲油膜压力	—	1.17	1.048	10.4
3	输入齿轮-输出齿轮最大无量纲油膜压力	—	1.04	1.00	3.8

表 10.6　主传动链优化前后约束条件对比

	约 束 条 件			
序　号	名　　　称	单　位	初始值	优化值
1	输出齿轮最小共振裕度	%	8.9	16.0>12
2	行星齿轮轮齿弯曲安全系数	—	1.15	1.042>1
3	行星齿轮轮齿接触安全系数	—	1.82	1.74>1
4	输出齿轮轮齿弯曲安全系数	—	1.15	1.04>1
5	输出齿轮轮齿接触安全系数	—	1.82	1.31>1
6	太阳轮齿根最大当量应力	MPa	311.7	411.2<630
7	齿圈齿根最大当量应力	MPa	303.4	402.6<630
8	行星齿轮齿根最大当量应力	MPa	324.1	423.3<630

续　表

约　束　条　件				
序　号	名　　称	单　位	初始值	优化值
9	输入齿轮齿根最大当量应力	MPa	550.9	577.4<630
10	输出齿轮齿根最大当量应力	MPa	561.5	587.0<630
11	行星齿轮轮辐最大当量应力	MPa	287.6	321.6<630
12	输出齿轮轮辐最大当量应力	MPa	553.3	506.9<630
13	旋翼轴最大当量应力	MPa	217.1	351.6<600
14	行星架最大当量应力	MPa	690.6	566.9<600
15	太阳轮-行星齿轮最小油膜厚度	μm	0.681	0.58>0.45
16	输入齿轮-输出齿轮最小油膜厚度	μm	1.10	0.84>0.45
17	太阳轮-行星齿轮油膜最大温升	℃	87.3	63.8<150
18	太阳轮-行星齿轮油膜最高温度	℃	122.3	98.8<185
19	输入齿轮-输出齿轮油膜最大温升	℃	148.8	132.7<150
20	输入齿轮-输出齿轮油膜最高温度	℃	183.8	167.7<185
21	旋翼轴临界转速裕度	%	160.4	97.1>20

10.5.2　太阳轮-行星齿轮优化结果

太阳轮-行星齿轮优化前后的油膜压力、油膜厚度及油膜温升等具有如图10.13所示的分布特征。对比图10.13(a)和图10.13(b)可以看出,优化前油膜压力有一个较大的二次峰值,且无量纲油膜压力值超过了1,表明超过了采用赫兹公式计算的接触应力。由于油膜最大压力被作为目标函数的一部分,在优化的过程中适当减小了润滑油动力黏度,所以优化后的油膜压力有所降低。由图10.13(c)和图10.13(d)可看出,优化前后的油膜厚度分布状况基本一致,最小油膜厚度有所减小,最小油膜厚度值为0.58 μm,满足约束条件要求。由图10.13(e)和图10.13(f)可以看出,优化前温度分布也有一个较大的二次峰值。由于优化过程中润滑油动力黏度适当减小,油膜最高温度随之减小。

优化前后行星齿轮轮廓如图10.14所示,从该图可以看出,优化后轮体掏空的部分加大,由此可减轻齿轮的质量。

优化后行星轮轮齿弯曲安全系数为1.042,接触安全系数为1.74,满足设计要求。优化后行星轮轮齿温升分布、轮齿根部倒圆处当量应力分布和轮辐当量应力

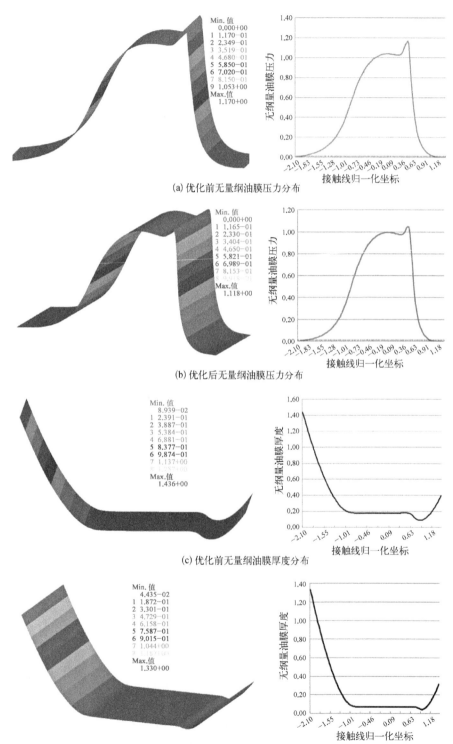

(a) 优化前无量纲油膜压力分布

(b) 优化后无量纲油膜压力分布

(c) 优化前无量纲油膜厚度分布

(d) 优化后无量纲油膜厚度分布

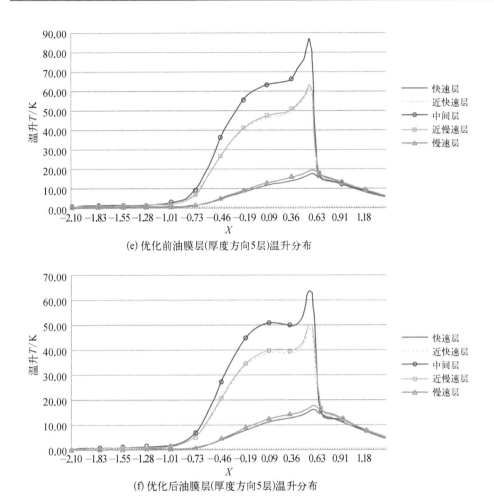

(e) 优化前油膜层(厚度方向5层)温升分布

(f) 优化后油膜层(厚度方向5层)温升分布

图 10.13　太阳轮-行星齿轮热弹流计算结果

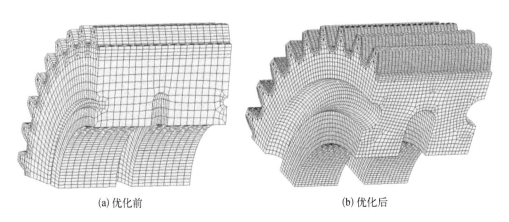

(a) 优化前　　　　　　　　　　　　　　(b) 优化后

图 10.14　优化前后行星齿轮轮廓

分布见图 10.15。需要说明的是,太阳轮、齿圈的轮齿根部当量应力分布与行星轮的基本一致,这里不再列出。

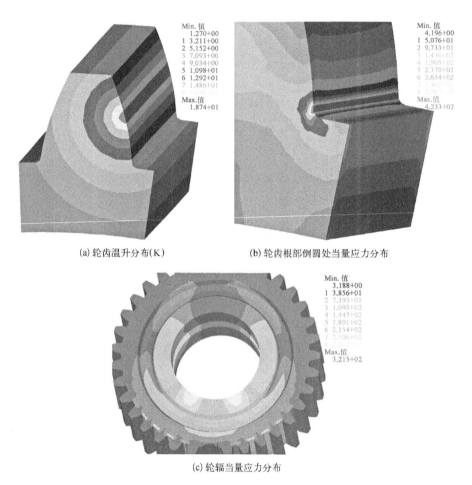

(a) 轮齿温升分布(K)　　　　　(b) 轮齿根部倒圆处当量应力分布

(c) 轮辐当量应力分布

图 10.15　优化后行星轮轮齿温升及当量应力分布

10.5.3　输入齿轮-输出齿轮优化结果

　　输入齿轮-输出齿轮优化后齿面压力分布、油膜厚度及沿厚度分层的温升分布见图 10.16。由图 10.16(a) 和图 10.16(b) 可以看出,优化前后的油膜压力分布差别不大,优化前无量纲油膜压力略大于 1,而优化后的无量纲油膜压力接近 1。由图 10.16(c) 和图 10.16(d) 可以看出,优化前后的油膜厚度分布状况基本一致,最小油膜厚度有所减小,最小油膜厚度值为 0.84 μm,满足约束条件要求。由图 10.16(e) 和图 10.16(f) 可以看出,优化前后油膜温升分布状况相差不太大,优化前油膜最大温升为 148.8℃,优化后降低到 132.7℃,满足约束条件。

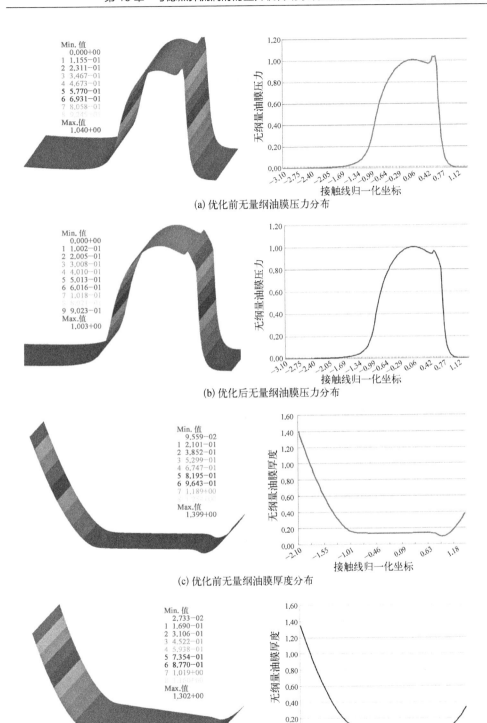

(a) 优化前无量纲油膜压力分布

(b) 优化后无量纲油膜压力分布

(c) 优化前无量纲油膜厚度分布

(d) 优化后无量纲油膜厚度分布

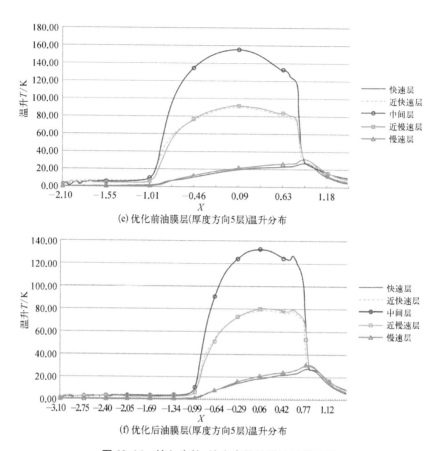

(e) 优化前油膜层(厚度方向5层)温升分布

(f) 优化后油膜层(厚度方向5层)温升分布

图 10.16 输入齿轮-输出齿轮热弹流计算结果

优化前后输出齿轮轮廓如图 10.17 所示。优化后输出齿轮轮齿弯曲安全系数为 1.04,接触安全系数为 1.31,满足设计要求。

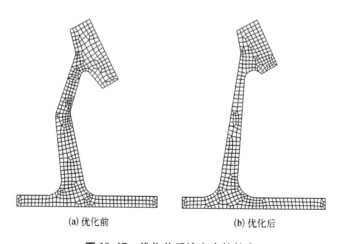

(a) 优化前   (b) 优化后

图 10.17 优化前后输出齿轮轮廓

图 10.18 为输出齿轮 2 节径 1 阶振型(图(a),1 弯)和 2 阶振型(图(b),2弯),优化前后的振型基本一致。

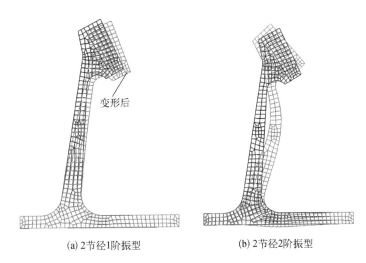

(a) 2节径1阶振型　　　　　　(b) 2节径2阶振型

图 10.18　优化后输出齿轮振型图

图 10.19 为输出齿轮优化前后轮齿温升分布及齿根倒圆处当量应力分布图。最高温升从优化前的 155.3℃降低到优化后的 66.5℃。优化前齿根倒圆处最大当量应力为 561.5 MPa,优化后为 587.0 MPa,有所增大,但小于 600 MPa 约束值。优化后齿根倒圆处最大当量应力有所增大主要是由齿宽减小所致。输入齿轮轮齿根部当量应力分布与输出齿轮基本一致,这里不再列出。

图 10.20 为采用有限元法计算的输出齿轮辐板当量应力分布图,优化前最大当量应力为 553.3 MPa,由于辐板根部倒圆的增加,优化后当量应力减小到506.9 MPa,具有无限寿命。

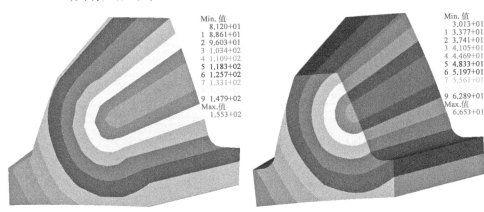

(a) 优化前轮齿温升分布(℃)　　　　　　(b) 优化后轮齿温升分布(℃)

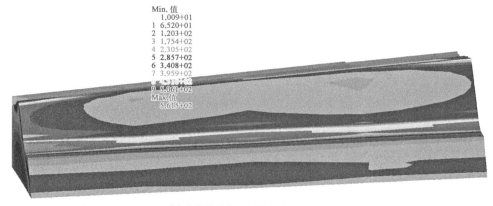

(c) 优化前齿根倒圆处当量应力分布(MPa)

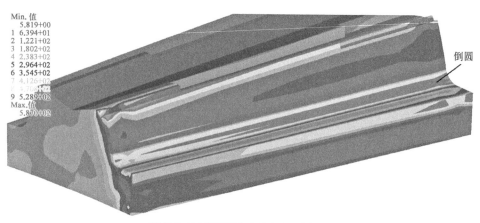

(d) 优化后齿根倒圆处当量应力分布(MPa)

图 10.19 输出齿轮优化前后轮齿温升分布及齿根倒圆处当量应力分布

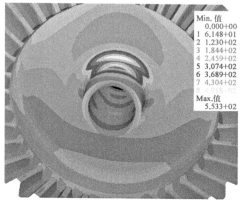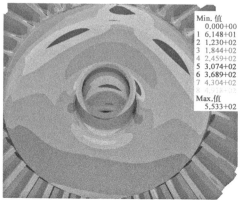

(a) 优化前

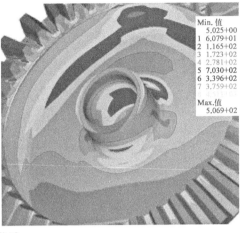

(b) 优化后

图 10.20　输出齿轮辐板当量应力分布(MPa)

10.5.4　行星架优化结果

行星架优化前后当量应力分布见图 10.21,因为结构具有旋转循环对称性,所以仅需示出结构的 1/3 循环段。优化前最大当量应力为 690.6 MPa,大于限制值 600 MPa,不满足约束条件。优化后的最大当量应力减小到 566.9 MPa,小于限制值,满足约束条件。

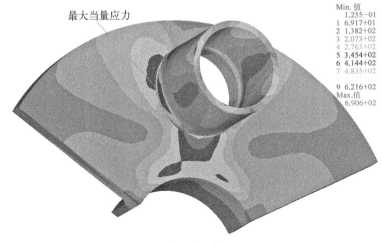

(a) 优化前

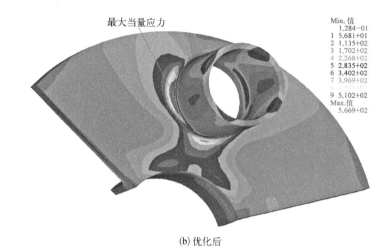

(b) 优化后

图 10.21　行星架优化前后当量应力分布(MPa)

10.5.5　旋翼轴优化结果

旋翼轴优化前后当量应力分布见图 10.22。优化前最大当量应力为 217.1 MPa,优化后的最大当量应力增加到 351.6 MPa,但仍小于限制值。旋翼轴前 3 阶振型见图 10.23。

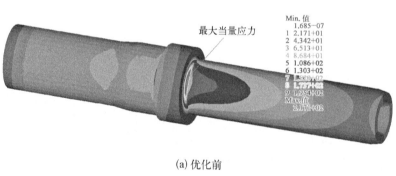

(a) 优化前

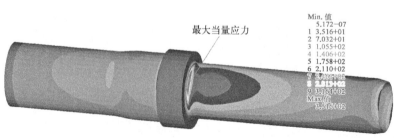

(b) 优化后

图 10.22　旋翼轴优化前后当量应力分布(MPa)

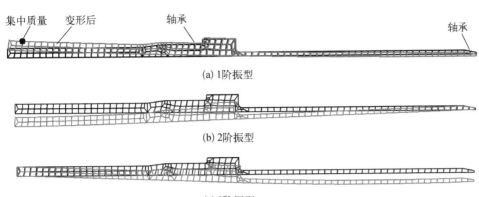

(a) 1阶振型

(b) 2阶振型

(c) 3阶振型

图 10.23　旋翼轴前 3 阶振型

参考文献

蔡莹,1998. 传动热弹流润滑分析[J]. 南方冶金学院学报,19(1)：32－37.

黄平,2012. 润滑数值计算方法[M]. 北京：高等教育出版社.

康丽霞,曹义华,宁向荣,2011. 直升机传动系统疲劳定寿技术研究[J]. 航空动力学报,26(6)：1431－1435.

李朵朵,高创宽,2004. 齿轮传动非稳态热弹流润滑数值计算模型的研究[J]. 太原理工大学学报,35(4)：410－413.

李润方,王建军,1997. 齿轮系统动力学—振动、冲击、噪声[M]. 北京：科学出版社.

穆志韬,曾本银,2009. 直升机结构疲劳[M]. 北京：国防工业出版社.

王优强,卞荣,2009. 连续波状粗糙度对直齿轮热弹流润滑的影响[J]. 机械工程学报,45(8)：112－118.

王优强,黄丙习,佟景伟,等,2006. 渐开线直齿轮时变热弹流润滑模拟[J]. 机械强度,28(3)：363－368.

王优强,李鸿琦,佟景伟,等,2004. 渐开线直齿圆柱齿轮非稳态热弹流润滑分析[J]. 中国机械工程,15(10)：852－855.

温诗铸,2007. 润滑理论研究的进展与思考[J]. 摩擦学报,27(6)：498－503.

Cramer E J, Dennis J J E, Frank P D, et al., 1994. Problem formulation for multidisciplinary optimization[J]. SIAM Journal on Optimization, 4(4)：754－776.

Dowson D, Higginson G R, 1959. A numerical solution to the elastohydrodynamic problem[J]. Journal of Mechanical Engineering Science, 1：6－15.

Grubin A N, 1949. Investigating of the Contact of Machine Components[M]. Moscow：Central Scientific Research Institute for Technology and Mechanics.

Hohn B R, Michaelis K, 2004. Influence of oil temperature on gear fatigue[J]. Tribology International, 37：103－109.

Krantz T L, Kish J G, 1992. Advanced rotorcraft transmission (ART) program summary[C]. AIAA/SAE/ASME/ASEE 28th Joint Propulsion Conference and Exhibit, Nashville.

Lubrecht A A, Napel W E T, Multigrid B R, 1986. An alternative method for calculating film thickness and pressure profiles in elastohydrodynamically lubricated line contacts[J]. Journal of Tribology, 108(4): 551 - 556.

Martins J R, Lambe A B, 2013. Multidisciplinary design optimization: A survey of architectures[J]. AIAA Journal, 51(9): 2049 - 2075.

Palmgren A, 1959. Ball and Roller Bearing Engineering[M]. Philadelphia: SKF Industries.

Reynolds O, 1886. On the theory of lubrication and its application to Mr. Beauchamp Tower's experiments, including an experiment determination of the viscosity of olive oil[J]. Philosophy Transaction, 177: 157 - 234.

Wang J, Qu S Y, Tang P R, 2001. Simplified multigrid technique for the numerical solution to the steady-state and transient ehl line contacts and the arbitrary entrainment EHL point contacts[J]. Tribology International, 34: 191 - 202.

Wang Y Q, Li H Q, Tong J W, et al., 2003. Transient thermo-elastohydrodynamic lubrication of gear teeth[J]. Lubrication Science, 15(4): 295 - 310.

Weck M, Kruse A, Gohritz A, 1978. Determination of surface fatigue of gears material by roller tests [J]. Journal of Mechanical Design, 100(3): 433 - 439.